"十三五"国家重点图书出版规划项目

中国河口海湾水生生物资源与环境出版工程

庄 平 主编

长江口渔业资源
增殖与养护

冯广朋 庄 平 张 涛 等 编著

中国农业出版社

北 京

图书在版编目（CIP）数据

长江口渔业资源增殖与养护/冯广朋等编著．—北京：中国农业出版社，2018.12
中国河口海湾水生生物资源与环境出版工程／庄平主编
ISBN 978-7-109-24717-8

Ⅰ.①长…　Ⅱ.①冯…　Ⅲ.①长江口－水产资源－资源保护　Ⅳ.①S937

中国版本图书馆 CIP 数据核字（2018）第 230928 号

中国农业出版社出版
（北京市朝阳区麦子店街 18 号楼）
（邮政编码 100125）
策划编辑　郑　珂　黄向阳
责任编辑　林珠英　黄向阳

北京通州皇家印刷厂印刷　　新华书店北京发行所发行
2018 年 12 月第 1 版　　2018 年 12 月北京第 1 次印刷

开本：787mm×1092mm　1/16　印张：18.25
字数：375 千字
定价：130.00 元
（凡本版图书出现印刷、装订错误，请向出版社发行部调换）

内容简介

　　本书以长江口渔业资源和生态环境调查监测为基础，根据长江口理化环境、生物环境、水生动物资源以及食物网特征，结合历史资料和资源增殖实践经验，对长江口增殖放流的渔业种类、技术体系、效果评估等进行了分析归纳，总结了长江口中华绒螯蟹资源增殖和漂浮湿地生境替代修复的两个案例，同时，探讨了长江口渔业资源增殖的管理措施和发展前景。

　　本书可供渔业渔政管理部门和渔业资源养护研究人员，以及相关院校师生参考使用。

丛书编委会

本书编写人员

冯广朋　庄　平　张　涛　赵　峰　宋　超
王思凯　罗　刚　杨　刚　顾孝连　黄孝锋
刘鉴毅　耿　智　黄晓荣

丛书序

中国大陆海岸线长度居世界前列，约 18 000 km，其间分布着众多具全球代表性的河口和海湾。河口和海湾蕴藏丰富的资源，地理位置优越，自然环境独特，是联系陆地和海洋的纽带，是地球生态系统的重要组成部分，在维系全球生态平衡和调节气候变化中有不可替代的作用。河口海湾也是人们认识海洋、利用海洋、保护海洋和管理海洋的前沿，是当今关注和研究的热点。

以河口海湾为核心构成的海岸带是我国重要的生态屏障，广袤的滩涂湿地生态系统既承担了"地球之肾"的角色，分解和转化了由陆地转移来的巨量污染物质，也起到了"缓冲器"的作用，抵御和消减了台风等自然灾害对内陆的影响。河口海湾还是我们建设海洋强国的前哨和起点，古代海上丝绸之路的重要节点均位于河口海湾，这里同样也是当今建设"21世纪海上丝绸之路"的战略要地。加强对河口海湾区域的研究是落实党中央提出的生态文明建设、海洋强国战略和实现中华民族伟大复兴的重要行动。

最近20多年是我国社会经济空前高速发展的时期，河口海湾的生物资源和生态环境发生了巨大的变化，亟待深入研究河口海湾生物资源与生态环境的现状，摸清家底，制定可持续发展对策。庄平研究员任主编的"中国河口海湾水生生物资源与环境出版工程"经过多年酝酿和专家论证，被遴选列入国家新闻出版广电总局"十三五"国家重点图书出版规划，并且获得国家出版基金资助，是我国河口海湾生物资源和生态环境研究进展的最新展示。

该出版工程组织了全国 20 余家大专院校和科研机构的一批长期从事河口海湾生物资源和生态环境研究的专家学者,编撰专著 28 部,系统总结了我国最近 20 多年来在河口海湾生物资源和生态环境领域的最新研究成果。北起辽河口,南至珠江口,选取了代表性强、生态价值高、对社会经济发展意义重大的 10 余个典型河口和海湾,论述了这些水域水生生物资源和生态环境的现状和面临的问题,总结了资源养护和环境修复的技术进展,提出了今后的发展方向。这些著作填补了河口海湾研究基础数据资料的一些空白,丰富了科学知识,促进了文化传承,将为科技工作者提供参考资料,为政府部门提供决策依据,为广大读者提供科普知识,具有学术和实用双重价值。

中国工程院院士

2018 年 12 月

前　言

　　长江口渔业产量巨大，是我国著名的渔场之一。鱼类有300多种，也是中华鲟、中华绒螯蟹、日本鳗鲡、长江江豚、淞江鲈等珍稀水生动物的重要产卵场、索饵场、育幼场和洄游通道。历史上主要经济鱼类为凤鲚、刀鲚、前颌间银鱼、鮻、鲻、鲥等；虾蟹类以中华绒螯蟹和白虾最具经济价值，形成了长江口渔场凤鲚、刀鲚、前颌间银鱼、白虾、冬蟹五大渔汛。长江口独特的生态环境条件造就了河口生态系统丰富的渔业资源，中华绒螯蟹、日本鳗鲡、银鱼、刀鲚等优良种质资源对我国淡水养殖业的可持续发展发挥着重要支撑作用，为我国成为世界第一水产养殖大国奠定了重要物质基础。

　　然而，随着长江口工农业迅速发展，人口急剧增加，以及水工建设、滩涂围垦、过度捕捞、环境污染等综合影响的不断加剧，导致近年来长江口生态环境日趋恶化，生态系统全面衰退。其主要表现为：水域污染造成长江口产卵场、种苗场、育肥场的生态环境受到严重破坏，渔业资源的增殖与恢复能力下降；水生生物群落结构发生变化，生物多样性指数降低；底栖生物种类数量减少，饵料基础衰退。时至今日，长江口渔场原有的五大渔汛，除凤鲚还能维持一定产量外，其余种类产量均急剧下降。需在长江口完成重要生活史阶段的中华鲟和胭脂鱼等濒危珍稀鱼类数量显著减少。长江口水域生态系统功能衰退，将对水生生物的可持续利用带来重大影响，也会严重阻碍我国渔业经济的发展。上述严峻的现实受到了政府的高度重视，开展增殖放流，养护水生生物资源，已经成为各方共识。当务之急是必须进行生态环境综合修复与渔业资源合理利用，有效控制长江口生态系统继续衰退趋势，采取多种措施恢复和重建长江河口健康的生态系统，充分保护和合理利用长江口优质的渔业资源。

开展增殖放流和生态修复，可以补充经济鱼类和珍稀水生生物种群数量，维护生物多样性，改善渔业生态环境，提高资源利用效率，促进渔业增效、渔民增收和渔业经济健康持续发展。针对目前捕捞强度居高不下、渔业资源严重衰退、捕捞生产效益下降、渔民收入增长缓慢的形势，为有效保护和积极恢复渔业资源，促进我国渔业持续健康发展，党中央十七届三中全会通过的《中共中央关于推进农村改革发展若干重大问题决定》明确要求"加强水生生物资源养护，加大增殖放流力度"，为水生生物资源增殖放流明确了方向。2006 年，国务院颁布了《中国水生生物资源养护行动纲要》，要求"重点针对已经衰退的重要渔业资源品种和生态荒漠化严重水域，采取各种增殖方式，加大增殖力度，不断扩大增殖品种、数量和范围""科学确定人工鱼礁（巢）的建设布局、类型和数量，注重发挥人工鱼礁（巢）的规模生态效应""制定增殖技术标准、规程和统计指标体系，建立增殖计划申报审批、增殖苗种检验检疫和放流过程监理制度，强化日常监管和增殖效果评价工作"。

近年来，长江口的渔业行政主管部门大力推进水生生物增殖放流工作。上海市自 2002 年开始在长江口放流长吻鮠；2004 年提出养护渔业资源的理念，开始大范围开展渔业资源增殖放流，放流品种达到 8 个，明确了渔业资源增殖放流的性质与要求，确定了长江口、杭州湾北岸、淀山湖和黄浦江上游作为上海市的四个重要放流水域；2005 年渔业资源增殖放流经费纳入了市级财政预算，放流区域覆盖上海市重要的天然渔业水域；2008 年放流各类鱼、蟹、贝等亲体、苗种、夏花 20 883 万尾（只）。随着长江口放流规模日益加大，渔业资源修复工作取得了良好的生态、经济和社会效益。多年的实践证明，长江口渔业资源增殖放流是恢复水生生物资源的有效手段，其重要意义在于保护与合理利用渔业资源、促进渔业可持续发展；保障国家食物安全、提高人民健康水平；转变渔业发展方式、促进渔业可持续发展；改善水域生态环境、推进节能减排与环境保护；贯彻落实长江大保护精神、促进国家生态文明建设。目前，长江口渔业资源增殖放流面临着难得的历史机遇：贯彻落实生态保护和渔业绿色发展政策，为推动增殖放流创造了良好的政策环境；公共财政投入和资源保护力度的加大，为推动增殖放流提供了必要的物质保障；社会各界参与资源保护的积极性不断提高，为推动增殖放流营造了良好的社会氛围。

近年来，许多单位和科研人员积极开展长江口渔业资源增殖放流技术研究，取得了一些重要技术成果，如放流苗种中间培育技术、放流区域生态环境监测技术、水生动物麻醉和标志技术等。然而，在增殖放流工作高速发展的同时，也暴露出科技支撑不足，存在着盲目放流的现象。2009 年开始，中国水产科学研究院东海水产研究所陆续承担了国家公益性行业（农业）科研专项"淡水水生生物资源增殖放流及生态修复技术研究"和"长江口重要渔业资源养护与利用关键技术集成与示范"、农业农村部财政专项"长江口重要水生生物及产卵场、索饵场调查"、上海市科技兴农重点攻关项目"长江口鱼类产卵场恢复重建关键技术研究"、上海市农业委员会项目"青草沙水库邻近水域生态修复"、企业委托生态补偿项目"东海大桥海上风电场工程渔业资源修复"等研究。本书是这些项目的综合研究成果之一，主要围绕长江口增殖放流中存在的技术问题进行较为全面的总结和分析。全书基于增殖放流工作的前、中、后三个环节，共分为七章，第一章至第三章主要介绍了增殖放流基础资料，包括长江口生态环境和生物资源、水生动物食物网特征和主要增殖放流物种；第四章至第六章主要介绍了增殖放流技术体系，包括渔业资源增殖放流和养护技术、长江口中华绒螯蟹资源增殖和长江口水生动物生境替代修复；第七章为增殖放流的综合管理与前景展望。

本书的编写分工如下：第一章，由宋超、杨刚、张涛编写；第二章，由王思凯、宋超、刘鉴毅编写；第三章，由张涛、冯广朋、杨刚编写；第四章，由冯广朋、黄晓荣、黄孝锋编写；第五章，由冯广朋、

庄平、耿智编写；第六章，由赵峰、黄孝锋、庄平编写；第七章，由
罗刚、顾孝连、冯广朋编写。全书由冯广朋负责规划组织、统稿、定
稿等。期望本书的出版，能为我国渔业资源增殖放流事业的可持续发
展提供一些有益借鉴。

我国开展渔业资源增殖放流和生态修复工作起步较晚，资源增殖
和养护过程中很多关键性科学问题尚需进一步深入研究。本书的编写
尚存在作者经验不足、学识和水平有限等问题，恳请广大同仁和读者
批评指正。

编著者

2018 年 10 月

目 录

第一章
长江口生态环境和渔业资源

长江是世界第三大河，我国第一大河，其渔业资源具有巨大的价值和重要的地位（陈大庆 等，2002）。长江口是我国最大的河口，生物资源丰富多样，这主要是因为长江径流源源不断地为河口带来大量营养物质，使其成为我国多种重要渔业物种的繁衍栖息地，是渔业生产最发达的地区之一（庄平 等，2013）。但它同时又是生态环境极其敏感脆弱的地区，面临着诸多危机和挑战：城市污水和工农业废水的大量排放，使入海污染物显著增加，对长江口生态安全构成威胁；入海泥沙减少，河口和滨海湿地丧失，水生生物失去了赖以生存和繁衍的场所，湿地生态功能面临衰退；东海海平面上升，使得海洋动力作用增强，盐水入侵作用加强，导致部分水域的生境条件发生重大改变（庄平，2012）。因此，近年来长江口渔业资源生物多样性呈现下降趋势，生态系统的脆弱性增加，一些水域已经出现荒漠化的征兆。

第一节 长江口概况

长江口是太平洋西岸的第一大河口，位于我国东海岸带的中部。河口是一个复杂的自然综合体，它是海岸的组成部分，却又不形成海岸；它是河流的尾闾，却又不限于陆地约束的范围。长江通江达海，外引内连，形成了独特的水文和水质条件，同时，又对流域的自然变化和人类作用响应极为敏感。

一、地理位置

长江全长 6 300 km，是我国的第一大河，发源于世界屋脊青藏高原的唐古拉山脉各拉丹冬雪山西南侧，正源沱沱河，南源当曲河，北源楚玛尔河。长江干流流经青海、西藏、四川、云南、重庆、湖北、湖南、江西、安徽、江苏和上海 11 个省（自治区、直辖市），共汇集了数百条支流，流域总面积达 180 万 km²。其中，长江干流宜昌以上为上游，宜昌至鄱阳湖口为中游，湖口以下为下游。自安徽大通向下至水下三角洲前缘为长达 700 km 的河口区。

长江口潮汐最远可影响到安徽大通，称为潮区界，自此以下称为长江河口区。根据水文动力条件和河槽演变特征，河口区可分为三段：大通至江阴，约 400 km 江域，多为稳定江心洲河型，为近口段；江阴至口门，长约 220 km，淡水径流和海水潮流相互消长，河槽分汊多变，为河口段；口门再向外至 30～50 m 等深线附近，以潮流作用为主，为口外海滨。其中，河口段又以江苏常熟的徐六泾为节点分为两段：江阴至徐六泾为南通河段；徐六泾向下，河道展宽，长江开始分汊。崇明岛把长江分为北支和南支；南支在浏河口以下被长兴岛、横沙岛又分为北港和南港；南港在口门附近被九段沙分为北槽和南槽，形成了长江口"三级分汊、四口入海"的格局（图1-1）。

图1-1 长江口三级分汊示意图

长江口目前有四大冲积岛屿，即崇明岛、长兴岛、横沙岛和九段沙。其中，崇明岛是世界最大的河口冲积岛，全岛面积 1 267 km²，成陆于唐朝武德年间（618—626 年），有近 1 400 年历史；长兴岛成陆于清朝咸丰年间（1851—1861 年），至今 160 多年；横沙岛形成于清朝光绪年间（1875—1908 年），有 110 多年历史；九段沙直到 20 世纪中叶才逐步发展成为河口沙岛，目前海拔 0 m 以上的面积近 200 km²。

二、基本特征

长江口位于欧亚大陆东部、北亚热带地区，属于季风气候类型，温度适宜，雨量充沛，光照充足，具有冬冷夏热、四季分明的气候特征。冬季受北方冷空气影响，夏季受太平洋副热带高压影响，春末、夏初为梅雨季节，季节性差异显著。

长江口年平均气温 15.2～15.8 ℃，最热 7 月，平均气温为 27.3～28.3 ℃；最冷 1 月，平均气温为 2.7～3.6 ℃。年平均水温 17.0～17.4 ℃，8 月最高，平均水温为 27.5～28.8 ℃；2 月最低，平均水温为 5.6～6.7 ℃。长江口水温梯度差异较小，但是在水深大于 5 m 的水域，具有比较明显的垂直变化。年平均日照时数在 1 800～2 000 h，口区北部比南部日照时数多，最多可达 2 160 h，最少为 1 908 h。年平均湿度为 80%，年均蒸发量在 1 300～1 500 mm。

长江口水量充沛，大通站日均流量可达 30 000 m³/s，最大日均流量为 92 600 m³/s（1954 年 8 月），最小日均流量为 4 620 m³/s（1979 年 3 月），平均洪峰流量 56 000 m³/s。长江径流量主要靠降雨形成，年际变化较为稳定；年内分布与降雨相似，下游及口区洪季为 6—9 月，期间径流占全年的 50.9%，12 月至翌年 3 月为枯水期，期间径流仅占全年的 14.6%（图 1-2）。

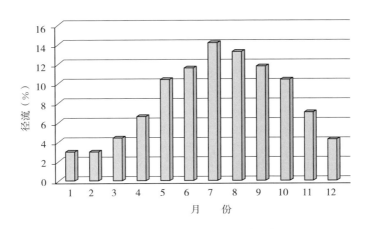

图 1-2 大通站径流量年内分布比例

长江口潮汐来自中国东海潮波，平均周期为 12 h 25 min，大潮期间日潮不等现象明显，河口处南槽中浚站多年平均潮差 2.66 m，最大潮差 4.62 m，属于中等强度的潮汐河口。由于近河口段以下河床纵比降很缓，过水断面也大，枯水期潮波进入河口段后还继续向上延伸达 600 km 左右，所以纳潮量巨大，潮汐动力强劲。长江口各河段的含沙量分布受径流和潮汐运动的对冲作用，以及各地形地貌等多种因素的共同作用，总体上悬沙浓度分布是西高东低，在 122°30′E 以东海域悬沙浓度显著降低，而向西在长江口拦门沙一带悬沙浓度较高。涨潮时悬沙浓度明显大于落潮。长江口悬沙属细颗粒范畴，悬沙颗粒组成主要在 0.001 2～0.05 mm。入海泥沙主要向东偏南扩散，并成为杭州湾和浙江沿海细颗粒泥沙的重要来源之一。

长江口受到东边黑潮暖流、北侧黄海冷水团与苏北沿岸流、南面台湾暖流与浙闽沿岸流的共同影响，咸淡水交汇并反复对冲，形成了独特和多样的栖息生境，具有丰富的饵料资源和复杂多变的环境条件，为多种水生生物提供了生存场所，是多种重要渔业物种的产卵场、育幼场、索饵场和洄游通道，成为全球生物多样性和渔产潜力最高的区域之一。适宜的气候条件、独特多样的栖息环境和丰富的饵料资源等因素共同造就了我国最大的河口渔场——长江口渔场，历史上曾盛产凤鲚（*Coilia mystus*）、刀鲚（*Coilia nasus*）、前颌间银鱼（*Hemisalanx prognathus*）、白虾（*Exopalamon* spp.）和中华绒螯蟹

（*Eriocheir sinensis*），形成了著名的五大渔汛。长江口是多种渔业经济物种生活史过程中必不可少的场所，包括日本鳗鲡（*Anguilla japonica*）、长吻鮠（*Leiocassis longirostris*）、鮻（*Liza haematocheila*）、鲻（*Mugil cephalus*）、大黄鱼（*Larimichthys crocea*）、小黄鱼（*Larimichtlys polyactis*）、棘头梅童鱼（*Collichthys lucidus*）、中国花鲈（*Lateolabrax maculatus*）、银鲳（*Pampus argenteus*）、暗纹东方鲀（*Takifugu obscurus*）、日本蟳（*Charybdis japonica*）、三疣梭子蟹（*Portunus trituberculatus*）、日本沼虾（*Macrobrachium nipponense*）、葛氏长臂虾（*Palaemon gravieri*）等50余种；同时，还是中华鲟（*Acipenser sinensis*）、淞江鲈（*Trachidermus fasciatus*）等多种珍稀濒危物种的必经洄游通道（陈渊泉 等，1999）。长江口孕育的早期资源是长江流域及近海水域渔业资源补充群体的重要来源，一些优质苗种资源，如中华绒螯蟹苗种和日本鳗鲡苗种等支撑着我国重要经济水产动物养殖业（庄平 等，2006）。

第二节　理化环境

2015年，开展了长江口理化环境的周年调查。调查区域由西向东为徐六泾至122°45′E水域，由北向南为启东嘴至南汇嘴水域；共设置6个断面、14个站点，各断面经度间距15′左右（表1-1）。根据长江口"三级分汊、四口入海"的格局，在北支、南支、南支北港、南支南港、南港北槽、南港南槽分别设站，涵盖长江口南北支和口内外水域（图1-3）。

表1-1　长江口生态环境调查站位

站位	E	N	站位	E	N
Z1	121.05°	31.76°	Z8	122.00°	31.60°
Z2	121.13°	31.76°	Z9	122.00°	31.37°
Z3	121.60°	31.74°	Z10	122.00°	31.08°
Z4	121.48°	31.50°	Z11	122.18°	31.63°
Z5	121.75°	31.63°	Z12	122.18°	31.42°
Z6	122.75°	31.46°	Z13	122.18°	31.25°
Z7	121.75°	31.30°	Z14	122.18°	31.00°

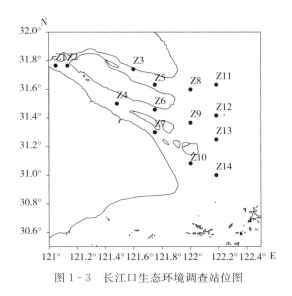

图 1-3　长江口生态环境调查站位图

一、水质概况

1. 水温

长江口水域处于北温带地区，水温受太阳辐射、气候、径流、海流、水深等因素综合影响，四季分明，季节变化十分明显。调查水域年平均水温 18.3 ℃，其中，夏季水温最高，平均水温达到 27.0 ℃；春季平均水温为 21.9 ℃；秋季 16.4 ℃；冬季 7.7 ℃（图 1-4）。

2. 盐度

长江口盐度分布梯度变化较大，长江径流对盐度的季节变化具有较大影响，丰水期盐度下降，枯水期盐度有所上升。总体上来看，平均盐度由大到小依次为：冬季（12.07）＞秋季（8.68）＞夏季（6.99）＞春季（5.75）。从空间上看，长江口水域的盐度分布总体表现为由南向北逐渐增高的趋势（图 1-5）。

3. pH

长江口水域 pH 总体为中性偏碱，平均值多数在 8.00 左右。平均 pH 为春季 8.05，夏季 7.90，秋季 8.09，冬季 8.09（图 1-6）。

4. 溶解氧

主要随水温季节变化而产生波动，冬季溶解氧平均含量最高，为 12.00 mg/L，秋季次之，9.34 mg/L，春季 8.12 mg/L，夏季 7.02 mg/L。由于长江口常年受到入海径流和海水潮汐交互作用，因此溶解氧全年均处于较高水平（图 1-7）。

5. 无机氮

主要组成特征是亚硝酸盐和氨氮含量较低，硝酸盐含量约占总量的 90%。调查期间，春季、夏季、秋季和冬季的无机氮平均含量分别为 1.99 mg/L、1.80 mg/L、2.05 mg/L

和 2.14 mg/L，均超过海水Ⅱ类标准，也超过Ⅳ类标准（图 1-8）。

6. 活性磷酸盐

调查期间，春季、夏季、秋季和冬季的活性磷酸盐平均含量分别为 0.04 mg/L、0.05 mg/L、0.06 mg/L 和 0.05 mg/L，均超过海水Ⅳ类标准（图 1-9）。

7. 活性硅酸盐

调查期间，春季、夏季、秋季和冬季的活性硅酸盐平均含量分别为 2.51 mg/L、2.86 mg/L、3.49 mg/L 和 2.48 mg/L（图 1-10）。

8. COD$_{Mn}$

除冬季外，调查水域有机污染物含量相对较低，冬季平均值较高，是因为北支个别站位 COD$_{Mn}$值较高所致，属偶发现象。春季、夏季、秋季和冬季的 COD$_{Mn}$平均含量分别为 2.26 mg/L、2.95 mg/L、2.71 mg/L 和 7.45 mg/L，除冬季外，均低于海水Ⅱ类标准（图 1-11）。

9. 石油类

调查期间，春季、夏季、秋季和冬季的石油类平均含量分别为 0.023 mg/L、0.021 mg/L、0.025 mg/L 和 0.023 mg/L，各季均低于海水Ⅱ类标准（图 1-12）。

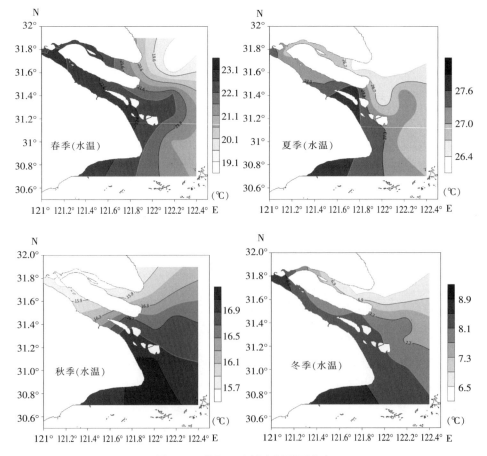

图 1-4　长江口水域水温平面分布

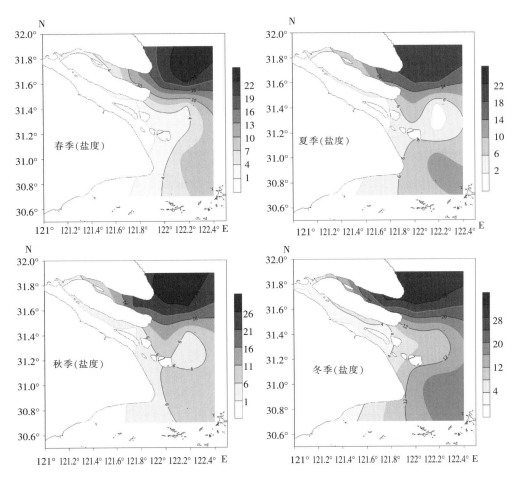

图 1-5　长江口水域盐度平面分布

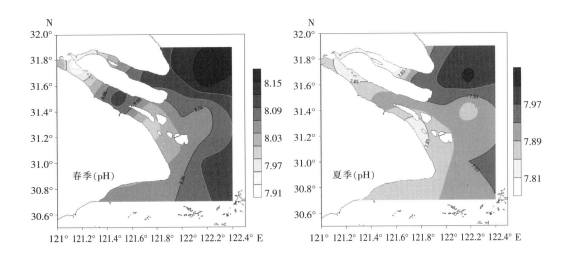

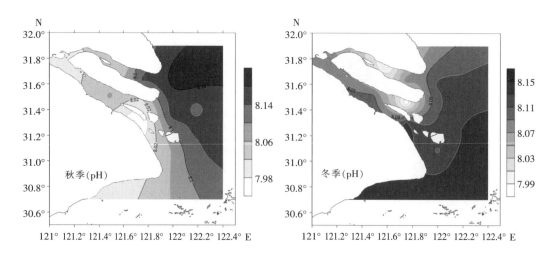

图 1-6　长江口水域 pH 平面分布

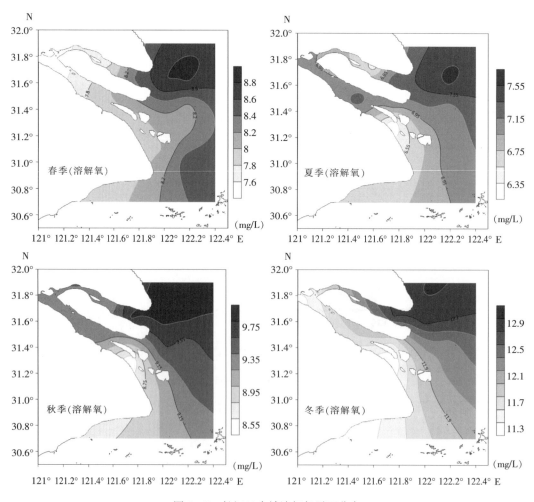

图 1-7　长江口水域溶解氧平面分布

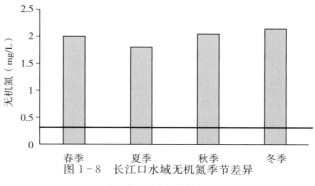

图 1-8 长江口水域无机氮季节差异

（横线为海水Ⅱ类标准）

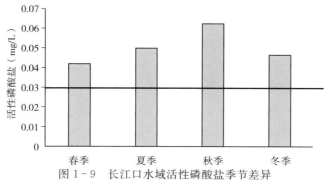

图 1-9 长江口水域活性磷酸盐季节差异

（横线为海水Ⅱ类标准）

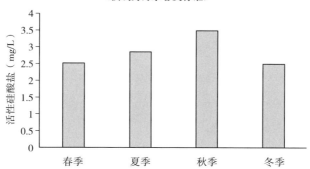

图 1-10 长江口水域活性硅酸盐季节差异

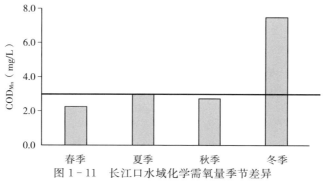

图 1-11 长江口水域化学需氧量季节差异

（横线为海水Ⅱ类标准）

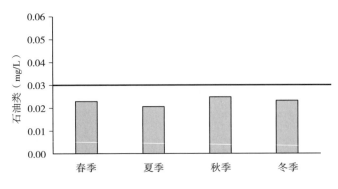

图 1-12　长江口水域石油类季节差异

（横线为海水Ⅱ类标准）

二、水质评价

总体来看，长江口调查水域的主要污染因子为无机氮和活性磷酸盐等营养盐，超标明显，均超过Ⅳ类海水水质标准。另外，COD_{Mn}在冬季有所超标，但全年来看，基本达到Ⅱ类海水标准。

从活性磷酸盐的平面分布来看，北支近启东水域基本处于Ⅱ～Ⅲ类，而南支及受长江冲淡水影响的水域则属于劣Ⅳ类（图 1-13）。由此可见，长江口活性磷酸盐的污染主要来自于长江径流输入。

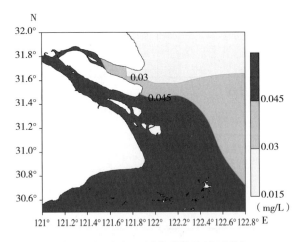

图 1-13　长江口活性磷酸盐平面分布

相较于活性磷酸盐，长江口无机氮污染更为严重，调查水域均属于劣Ⅳ类，且超海水水质Ⅳ类标准3倍。其中，以长江口内干流以及口外近岸无机氮污染为甚（图 1-14）。

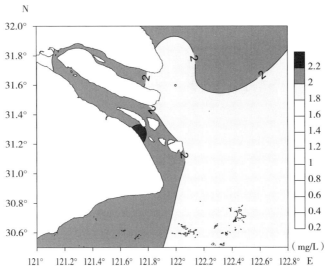

图 1-14　长江口无机氮平面分布

第三节　生物环境

长江口生物环境周年调查站点和断面设置与理化环境调查一致。叶绿素 a 使用有机玻璃采水器取表、底两层水样，按《海洋监测规范》，采用分光光度法在 722 型分光光度计上测定不同波段光密度值，按叶绿素 a 计算公式，计算叶绿素 a 含量。浮游植物监测，采用浅水Ⅲ型浮游生物网从底层至表层垂直拖网及采水获取。水深≤10 m 时，采表层样；水深＞10 m，采表层和底层样，采水 500 mL；现场用 5% 福尔马林溶液固定，带回实验室进行称重、分类、鉴定和计数。浮游动物采用浅水Ⅰ型浮游生物网从底层至表层垂直拖网获取，所获标本均经 5% 福尔马林溶液固定带回实验室进行称重、分类、鉴定和计数。浮游动物生物量为湿重。

一、叶绿素 a

长江口春季、夏季、秋季和冬季叶绿素 a 平均含量分别为 3.85 μg/L、6.14 μg/L、3.15 μg/L 和 2.42 μg/L。其中，夏季平均含量最高。叶绿素 a 的分布和季节变化，一定程度上反映了水域环境因子对浮游植物生长的影响，也反映了海洋生态系统的发展状况。结合叶绿素 a 的平面分布图，全年最高区域在夏季的长江口南支南港和北支水域，推测夏季这两个区域是长江口水生生物的密集分布区（图 1-15）。

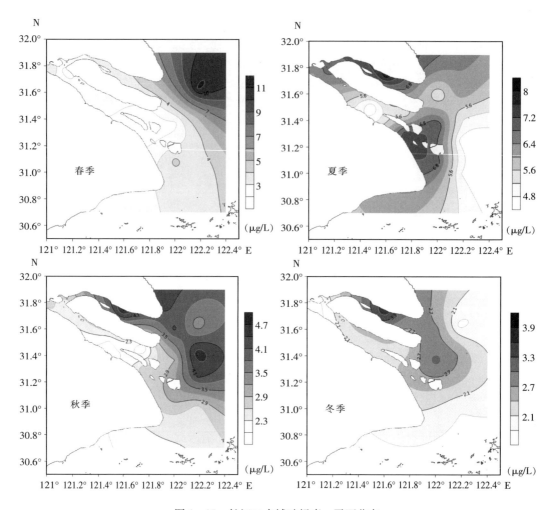

图 1-15　长江口水域叶绿素 a 平面分布

二、浮游植物

全年共鉴定出浮游植物 53 种。其中，硅藻门 28 属 39 种，占物种总数的 73.58%；甲藻门 3 属 6 种；绿藻门 2 属 3 种；蓝藻门 3 属 3 种；隐藻门 1 属 1 种；裸藻门 1 属 1 种。硅藻是调查区的主要浮游植物类群（表 1-2）。

表 1-2　长江口水域浮游植物种类名录

门类	物种	拉丁名
硅藻	三舌辐裥藻	*Actinoptychus trilingulatus*
	细线条月形藻	*Amphora lineolata*

（续）

门类	物种	拉丁名
	星杆藻	*Asterionella* sp.
	派格辊形藻	*Bacillaria paxillifera*
	透明辐杆藻	*Bacteriastrum hyalinum*
	旋链角毛藻	*Chaetoceros curvisetus*
	洛氏角毛藻	*Chaetoceros lorenzianus*
	蛇目圆筛藻	*Coscinodiscus argus*
	格氏圆筛藻	*Coscinodiscus granii*
	琼氏圆筛藻	*Coscinodiscus jonesianus*
	虹彩圆筛藻	*Coscinodiscus oculus-iridis*
	辐射圆筛藻	*Coscinodiscus radiatus*
	圆筛藻	*Coscinodiscus* sp.
	小环藻	*Cyclotella* sp.
	矮小短棘藻	*Detonula pumila*
	布氏双尾藻	*Ditylum brightwellii*
硅藻	太阳双尾藻	*Ditylum sol*
	脆杆藻	*Fragilaria* sp.
	哈氏半盘藻	*Hemidiscus hardmannianus*
	针杆藻	*Hyalosynedra* sp.
	颗粒直链藻	*Melosira granulata*
	狭形颗粒直链藻	*Melosira granulata* var. *angustissima*
	念珠直链藻	*Melosira moniliformis*
	舟形藻	*Navicula* sp.
	洛氏菱形藻	*Nitzschia lorenziana*
	中华齿状藻	*Odontella sinensis*
	活动齿状藻	*Odontella mobiliensis*
	具槽帕拉藻	*Paralia sulcata*
	具翼漂流藻	*Planktoniella blanda*
	近缘斜纹藻	*Pleurosigma affine*
	细长翼鼻状藻	*Proboscia alata* f. *gracillima*
	尖刺伪菱形藻	*Pseudo-nitzschia pungens*
	刚毛根管藻	*Rhizosolenia setigera*
	骨条藻	*Skeletonema* spp.

（续）

门类	物种	拉丁名
硅藻	泰晤士扭鞘藻	*Streptotheca thamesis*
	伏氏海线藻	*Thalassionema frauenfeldii*
	菱形海线藻	*Thalassionema nitzschioides*
	离心列海链藻	*Thalassiosira eccentrica*
	蜂窝三角藻	*Triceratium favus*
甲藻	叉状角藻	*Ceratium furca*
	梭状角藻	*Ceratium fusus*
	三角角藻	*Ceratium tripos*
	具尾鳍藻	*Dinophysis caudata*
	长形原多甲藻	*Protoperidinium oblongum*
	原多甲藻	*Protoperidinium* sp.
蓝藻	鱼腥藻	*Anabeana* sp.
	钝顶螺旋藻	*Spirulina platensis*
	铁氏束毛藻	*Trichodesmium thiebautii*
绿藻	双角盘星藻	*Pediastrum duplex*
	单角盘星藻	*Pediastrum simplex*
	四棘栅列藻	*Scenedesmus quadricauda*
隐藻	啮蚀隐藻	*Cryptomonas erosa*
裸藻	裸藻	*Euglenophyta* sp.

春季初步鉴定出浮游植物 27 种。其中，硅藻门 15 属 22 种，占物种总数的 81.48%；绿藻门 2 属 3 种；蓝藻门和隐藻门各 1 属 1 种。浮游植物细胞丰度介于 8～11 760 个/L，平均细胞丰度为 782 个/L。优势度 $Y \geqslant 0.02$ 的物种为骨条藻、琼氏圆筛藻、狭形颗粒直链藻，主要优势物种骨条藻优势度为 0.61，平均细胞丰度为 634 个/L。从浮游植物平面分布来看，春季调查水域涨落潮期间浮游植物密集区变动不大（图 1-16、图 1-17）。

夏季初步鉴定出浮游植物 38 种。其中，硅藻门 19 属 28 种，占物种总数的 73.68%；甲藻门 3 属 4 种；蓝藻门 3 属 3 种；隐藻门、裸藻门和绿藻门各 1 属 1 种。浮游植物细胞丰度为 104～6 685 个/L，平均细胞丰度 1 692 个/L。优势度 $Y \geqslant 0.02$ 的物种为骨条藻、

琼氏圆筛藻、虹彩圆筛藻、铁氏束毛藻、离心列海链藻，主要优势物种骨条藻优势度为
0.42，平均细胞丰度为 825 个/L。从浮游植物平面分布来看，夏季调查水域涨落潮期间
浮游植物密集区靠近长江口南支邻近水域（图 1-16、图 1-17）。

　　秋季初步鉴定出浮游植物 28 种。其中，硅藻门 15 属 22 种，占物种总数的 78.57%；
甲藻门 2 属 4 种；蓝藻门和绿藻门各 1 属 1 种。浮游植物细胞丰度为 49~94 800 个/L，
平均细胞丰度为 6 480 个/L。优势度 Y≥0.02 的物种为骨条藻，主要优势物种骨条藻优
势度为 0.96，平均细胞丰度为 6 229 个/L。从浮游植物平面分布来看，秋季调查水域浮游
植物密集区相比其他季节向口门内部迁移较为明显（图 1-16、图 1-17）。

　　冬季初步鉴定出浮游植物 25 种。其中，硅藻门 13 属 22 种，占物种总数的 88.00%；
甲藻门、蓝藻门及绿藻门各 1 属 1 种。浮游植物细胞丰度为 2~6 287 个/L，平均细胞丰
度为 559 个/L。优势度 Y≥0.02 的物种为琼氏圆筛藻、骨条藻、离心列海链藻、虹彩圆
筛藻，主要优势物种琼氏圆筛藻优势度为 0.23，平均细胞丰度为 198 个/L。从浮游植物
平面分布来看，冬季调查水域涨落潮期间浮游植物密集区均靠近长江口北支邻近水域，
落潮期间向南支方向略有偏移（图 1-16、图 1-17）。

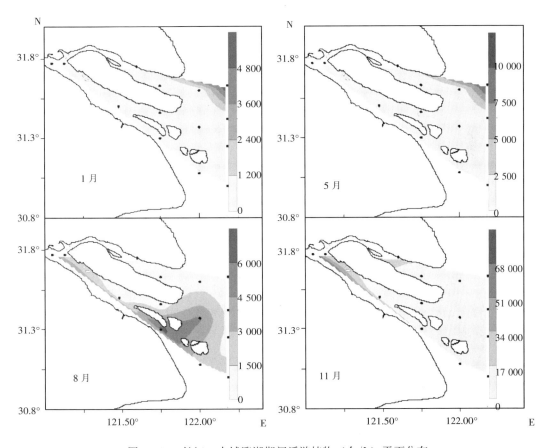

图 1-16　长江口水域涨潮期间浮游植物（个/L）平面分布

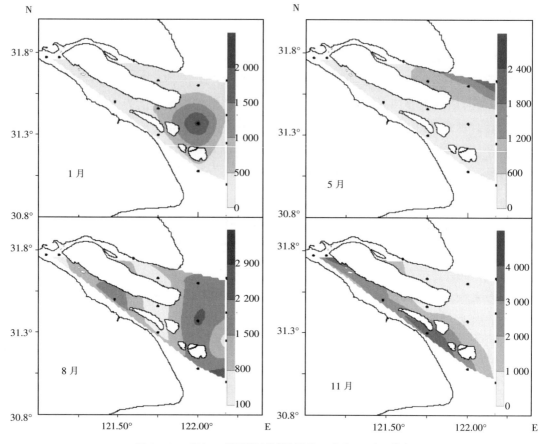

图 1-17　长江口落潮期间浮游植物（个/L）平面分布

长江河口浮游植物群落可分为 3 个类群：

1. 淡水类群

主要分布于长江河口，随径流进入河口，分布区可至 122.50°N，分布范围和个体数量指示着长江淡水入海流路的方向和流量的相对大小。代表种为颗粒直链藻、格孔盘星藻、栅藻（*Scenedesmus* spp.）、水绵（*Spirogyra*）和黄丝藻（*Tribonema* sp.）等。

2. 河口和近岸低盐性类群

属于本类群的种类最多（约占总种数的 80%），可细分为半咸水类群、低盐近岸暖温性类群和广耐性近岸种。半咸水类群代表种类为缘状中鼓藻（*Bellerochea malleus*）和具槽直链藻（*Melosira sulcata*）等，出现数量不大；低盐近岸暖温性类群代表种类为布氏双尾藻（*Ditylum brightwellii*）、尖刺菱形藻（*Nitzschia pungens*）、短角弯角藻（*Eucampia zodiacus*）和刚毛根管藻（*Rhizosoleria setigera*）等，洪水期数量比枯水期高，但出现数量均不大，以短角弯角藻的数量相对较多；广耐性近岸种代表种类为骨条藻和圆筛藻（*Coscinodiscus* sp.），本类群对环境具广泛的耐受力，是长江口混浊带的优势种。

3. 外海高盐类群

由外区海水携带而来，代表种类为高温高盐性的洛氏角刺藻（*Chaetoceros lorenzianus*）、齿角刺藻（*C. denticulateus*）、密聚角刺藻（*C. coarctatus*）和平滑角刺藻（*C. laevis*）等，以及低温高盐性的笔根管藻（*Rhizosolenia styliformis*）。

对多样性指数的统计表明，春季 Shannon-Wiener 多样性指数为 0.08～2.48，平均为 1.39；Margalef 丰富度指数为 0.08～0.93，平均为 0.57。夏季 Shannon-Wiener 多样性指数为 0.58～3.37，平均为 2.03；Margalef 丰富度指数为 0.16～0.96，平均为 0.67。秋季 Shannon-Wiener 多样性指数为 0.04～1.68，平均为 0.70；Margalef 丰富度指数为 0.02～0.56，平均为 0.24。冬季 Shannon-Wiener 多样性指数为 0.20～3.31，平均为 2.04；Margalef 丰富度指数为 0.10～0.97，平均为 0.69（表 1-3）。

表 1-3　长江口水域浮游植物平均丰度（个/L）和多样性指数

项目	春季	夏季	秋季	冬季
平均丰度	782	1 692	6 480	559
Shannon-Wiener 多样性指数（H'）	1.39	2.03	0.70	2.04
Margalef 丰富度指数（d）	0.57	0.67	0.24	0.69
Pielou 物种均匀度指数（J）	1.00	1.16	0.99	3.15

三、浮游动物

全年共采集浮游动物 49 种［不包括 13 种浮游幼虫（体）、仔鱼和鱼卵］，可分为九大类群，分别为腔肠动物、轮虫类、枝角类、桡足类、涟虫类、端足类、毛颚类、糠虾类和十足类。其中，桡足类种类最多，有 26 种，占总种类数的 53.06%；腔肠动物（水母类）8 种，占总种类数的 16.33%；枝角类 6 种，占总种类数的 12.24%；糠虾类 3 种；毛颚类 2 种；轮虫类、涟虫类、端足类、十足类各 1 种。表明长江口水域浮游动物种类组成主要以小型浮游甲壳动物为主，且桡足类占绝对优势（图 1-18，表 1-4）。

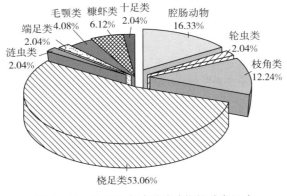

图 1-18　长江口水域浮游动物的种类组成

表 1-4　长江口水域浮游动物种类名录及出现次数

类别	种类数	中文名	拉丁名	出现次数
腔肠动物	8	锥状多管水母	*Aequorea conica*	1
		卡拟杯水母	*Phialucium arolinae*	5
		弗洲指突水母	*Blackfordia virginica*	3
		大不列颠鲍氏水母	*Bougainvillia britannica*	1
		五角水母	*Muggiaea atlantica*	2
		海月水母	*Aurelia aurita*	2
		球型侧腕水母	*Pleurobrachia globosa*	6
		卵形瓜水母	*Beroe ovata*	1
轮虫类	1	萼花臂尾轮虫	*Brachionus calyciflorus*	3
枝角类	6	长肢秀体溞	*Diaphanosoma leuchtenbergianum*	7
		角突网纹溞	*Ceriodaphnia cornuta*	1
		微型裸腹溞	*Moina micrura*	12
		蚤状溞	*Daphnia pulex*	4
		僧帽溞	*Daphnia cucullate*	4
		长额象鼻溞	*Bosmina longirostris*	6
桡足类	26	小拟哲水蚤	*Paracalanus parvus*	52
		针刺拟哲水蚤	*Paracalanus aculeatus*	5
		克氏纺锤水蚤	*Acartia clausi*	11
		太平洋纺锤水蚤	*Acartia pacifica*	19
		四刺窄腹剑水蚤	*Limnoithona tetraspina*	56
		中华哲水蚤	*Calanus sinicus*	14
		华哲水蚤	*Sinocalanus sinensis*	65
		太平洋真宽水蚤	*Eurytemora pacifica*	1
		汤匙华哲水蚤	*Sinocalanus dorrii*	80
		细巧华哲水蚤	*Sinocalanus tenellus*	10
		球状许水蚤	*Schmackeria forbesi*	47
		指状许水蚤	*Schmackeria inopinus*	26
		火腿许水蚤	*Schmackeria poplesia*	48
		精致真刺水蚤	*Euchaeta concinna*	1
		中华胸刺水蚤	*Centropages sinensis*	6
		背针胸刺水蚤	*Centropages dorsispinatus*	10
		刺尾角水蚤	*Pontella spinicauda*	2
		真刺唇角水蚤	*Labidocera euchaeta*	31
		虫肢歪水蚤	*Tortanus vermiculus*	64
		特异荡镖水蚤	*Neutrodiaptomus incongruens*	14

（续）

类别	种类数	中文名	拉丁名	出现次数
桡足类	26	右突新镖水蚤	*Neodiaptomus schmackeri*	1
		英勇剑水蚤	*Cyclops strenuuss*	15
		广布中剑水蚤	*Mesocyclops heuckarti*	37
		近缘大眼剑水蚤	*Corycaeus affinis*	4
		中华咸水剑水蚤	*Halicyclops sinensis*	1
		小毛猛水蚤	*Microsetella norvegica*	3
涟虫类	1	卵圆涟虫	*Bodotria ovalis*	1
端足类	1	钩虾	*Gammarus* sp.	21
毛颚类	2	拿卡箭虫	*Sagitta bipunctata*	14
		肥胖箭虫	*Sagitta enflata*	4
糠虾类	3	中华节糠虾	*Siriella sinensis*	9
		长额刺糠虾	*Acanthomysis longirostris*	18
		儿岛囊糠虾	*Gastrosaccus kojimaensis*	5
十足类	1	中国毛虾	*Acetes chinensis*	3
浮游幼体	13	藤壶幼体		1
		无节幼体		39
		桡足类幼体		53
		短尾类溞状幼体		44
		短尾类大眼幼体		2
		鱼卵		3
		仔鱼		21
		长尾类幼体		18
		糠虾幼体		26
		多毛类幼体		8
		幼螺		9
		幼蛤		8
		箭虫幼体		7

　　春季共鉴定出浮游动物 23 种，分四大类，以甲壳动物占据绝对优势。涨潮时共出现浮游动物 16 种［不含 6 种浮游幼虫（体）和仔鱼］，分四大类，以甲壳动物占绝对优势，其中，以桡足类占优势，共 9 种，占总种数的 56.25%；枝角类 5 种，占总数 31.25%；其他两类种数均为 1 种。落潮共出现浮游动物 21 种［不含 7 种浮游幼虫（体）和仔鱼］，分四大类，以甲壳动物占绝对优势，其中，以桡足类占优势，共 13 种，占总种数的 61.90%。

　　夏季共鉴定出浮游动物 37 种［不含 13 种浮游幼虫（体）和仔鱼］，分八大类。其中，以桡足类占绝对优势。涨潮时共出现浮游动物 31 种［不含 11 种浮游幼虫（体）和仔鱼］，分七大类。其中，桡足类占绝对优势，共 17 种，占总种数的 54.84%。落潮时共出现浮游动物 32 种［不含 13 种浮游幼虫（体）和仔鱼］，分七大类。以桡足类占绝对优势，共 16 种，占总种数的 50.00%。

秋季共鉴定出浮游动物 28 种［不含 8 种浮游幼虫（体）］，分六大类。其中，以甲壳动物占据绝对优势。涨潮时共出现浮游动物 26 种［不含 7 种浮游幼虫（体）］，分五大类。以桡足类占绝对优势，共 20 种，占总种数的 76.92%。落潮时共出现浮游动物 22 种［不含 6 种浮游幼虫（体）］，分四大类。以桡足类占绝对优势，共 18 种，占总种数的 81.81%。

冬季共鉴定出浮游动物 20 种［不含 3 种浮游幼虫（体）和仔鱼］，分七大类。其中，以甲壳动物占绝对优势。涨潮时出现浮游动物 16 种［不含 3 种浮游幼虫（体）和仔鱼］，分五大类。以甲壳动物占绝对优势，其中，又以桡足类占优势，共 12 种，占总种数的 75.00%。落潮时共出现浮游动物 15 种［不含 2 种浮游幼虫（体）和仔鱼］，分四大类。以甲壳动物占绝对优势，其中，又以桡足类占优势，共 12 种，占总种数的 80%。

长江河口水域径流与潮流、淡水与海水相互作用，北部受苏北沿岸水和南黄海中央水系影响，南部受东南外海暖流余脉的影响，形成一个复杂多变的交汇区（曹勇等，2006）。盐度由河口近岸向近海逐渐增加，造成了浮游动物种类组成和生态类型多样，群落结构复杂。长江口浮游动物群落可分为 5 个类群：

（1）淡水群落　分布在混浊带区盐度小于 3 的水域内。种类组成简单，主要种类有英勇剑水蚤（Cyclops strenuuous）、多刺秀体溞（Diaphanosoma sarsi）、汤匙华哲水蚤（Sinocalanas dorrii）、广布中剑水蚤（Mesocyclops leuckarti）。

（2）半咸水河口群落　分布于受长江径流影响的混浊带。主要种类有虫肢歪水蚤（Tortanus verminculus）、火腿许水蚤（Schmackeria poplesia）、江湖独眼钩虾（Monoculodes limnophilus）、华哲水蚤（Sinocalanus sinensis）等。

（3）低盐近岸群落　分布于长江冲淡水与外海水的交汇混合区。主要种类有背针胸刺水蚤（Centropages dorsispinatus）、真刺唇角水蚤（Labidocera euchaeta）、太平洋纺锤水蚤（Acartia pacifica）、中华假磷虾（Pseudeuphausia sinica）、拿卡箭虫（Sagitta bipunctata）。其中，背针胸刺水蚤和太平洋纺锤水蚤能形成高度密集的高生物量区。

（4）温带外海高盐群落　主要分布于外海海水与长江冲淡水的水系中。主要种类有中华哲水蚤（Calanus sinicus）。

（5）外海高温高盐群落　由台湾暖流的前锋入侵而进入长江河口水域。主要种类有亚强真哲水蚤（Eucalanus subcrassus）、精致真刺水蚤（Euchaeta concinna）、肥胖箭虫（Sagitta enflata）等，其中，肥胖箭虫种群的生物量最高。

对丰度和生物量的统计表明，长江口浮游动物平均总丰度为 495.55 个/m³。春季落潮平均丰度最高，为 16.37～16 512.5 个/m³，均值为 1 341.04 个/m³；冬季落潮平均丰度最低，为 3.21～253.03 个/m³，均值为 81.53 个/m³（表 1-5）。

表 1-5　长江口水域浮游动物平均丰度

单位：个/m³

项目		春季	夏季	秋季	冬季
涨潮	变化范围	39.68～2 101.52	1.52～2 023.81	11.36～741.03	5.00～2 972.92
	平均值	396.53	704.69	140.58	574.40
落潮	变化范围	16.37～16 512.5	7.69～1 300.00	4.63～2 190.83	3.21～253.03
	平均值	1 341.04	388.19	335.91	81.53
总体	变化范围	16.37～16 512.5	1.52～2 023.81	4.63～2 190.83	3.21～2 972.92
	平均值	868.78	547.22	238.24	327.96

浮游动物平均总生物量为 102.06 mg/m³。涨潮平均总生物量 107.77 mg/m³。落潮平均总生物量 96.35 mg/m³（表 1-6）。

表 1-6　长江口水域浮游动物平均生物量

单位：mg/m³

项目	春季		夏季		秋季		冬季		平均总生物量	
	涨潮	落潮	涨潮	落潮	涨潮	落潮	涨潮	落潮	涨潮	落潮
最小值	3.69	1.90	0.51	1.00	2.73	0.54	0.97	1.93	1.98	1.34
最大值	425.32	1441.08	665.58	538.06	285.38	621.35	593.35	73.42	492.41	668.48
平均值	83.12	156.34	177.67	103.00	49.37	104.21	120.91	21.83	107.77	96.35

以优势度 $Y \geqslant 0.02$ 的浮游动物为优势种，统计表明，共有 8 种优势种（表 1-7、表 1-8）。

表 1-7　长江口水域浮游动物优势种优势度（$Y \geqslant 0.02$）

优势种	春季	夏季	秋季	冬季
小拟哲水蚤 *Paracalanus parvus*	—	0.23	0.03	—
太平洋纺锤水蚤 *Acartia pacifica*	—	0.05	—	—
四刺窄腹剑水蚤 *Limnoithona tetraspina*	0.26	0.08	—	—
华哲水蚤 *Sinocalanus sinensis*	0.02	0.02	0.20	0.08
汤匙华哲水蚤 *Sinocalanus dorrii*	0.18	0.02	0.05	0.43
火腿许水蚤 *Schmackeria poplesia*	—	0.02	0.12	0.05
真刺唇角水蚤 *Labidocera euchaeta*	—	0.02	—	—
虫肢歪水蚤 *Tortanus vermiculus*	—	—	0.22	0.15

表 1-8　长江口水域浮游动物优势种平均丰度

单位：个/m³

优势种	春季		夏季		秋季		冬季	
	丰度	丰度%	丰度	丰度%	丰度	丰度%	丰度	丰度%
小拟哲水蚤	—	—	109.6	26.28	11.45	4.90	—	—
太平洋纺锤水蚤	—	—	46.34	11.11				
四刺窄腹剑水蚤	435.54	65.10	44.30	10.62				
华哲水蚤	41.56	6.21	14.68	3.52	65.54	28.04	40.19	12.66
汤匙华哲水蚤	132.8	19.85	16.54	3.97	19.20	8.21	190.44	60.00
火腿许水蚤	—	—	18.63	4.47	44.02	18.83	43.20	13.61
真刺唇角水蚤	—	—	23.20	5.56	—	—	—	—
虫肢歪水蚤	—	—	117.42	28.15	50.26	21.50	—	—

春季出现 3 种优势种，依次分别为四刺窄腹剑水蚤、汤匙华哲水蚤和华哲水蚤。其中，四刺窄腹剑水蚤的优势度最高，为 0.26；平均丰度为 435.53 个/m³，占总丰度的 65.10%。

夏季出现 8 种优势种，按优势度高低依次分别为小拟哲水蚤、虫肢歪水蚤、四刺窄腹剑水蚤、太平洋纺锤水蚤、火腿许水蚤、真刺唇角水蚤、汤匙华哲水蚤和华哲水蚤。其中，小拟哲水蚤优势度最高，为 0.23；其平均丰度为 109.6 个/m³，占总丰度的 26.28%。

秋季出现 5 种优势种，华哲水蚤优势度最高，其余依次为虫肢歪水蚤、火腿许水蚤、汤匙华哲水蚤和小拟哲水蚤。其中，华哲水蚤平均丰度为 65.54 个/m³，占总丰度的 28.04%。

冬季出现 3 种优势种，按优势度高低依次分别为汤匙华哲水蚤、华哲水蚤和火腿许水蚤。其中，汤匙华哲水蚤优势度最高；平均丰度为 190.44 个/m³，占总丰度的 60.00%。

对多样性分析的统计表明，长江口浮游动物多样性存在一定的变动。

春季涨潮丰富度指数 (d) 均值为 1.40，变化范围在 0.80～2.12。Shannon-Wiener 多样性指数 (H') 均值为 1.29，最高值位于 S11 站位，为 2.31。均匀度指数 (J') 平均值为 0.46，小于 0.50。涨潮浮游动物种间分布不均匀，Shannon-Wiener 多样性指数 (H') 均值小于 2。落潮丰富度指数 (d) 均值为 1.22，变化范围在 0.67～2.10。多样性指数 (H') 平均值为 1.37，最高值位于 S3 站，为 2.45。均匀度指数 (J') 平均值为 0.52，大于 0.50。落潮浮游动物种间分布较均匀，Shannon-Wiener 多样性指数 (H') 均值小于 2（表 1-9）。

夏季涨潮 Shannon-Wiener 多样性指数（H'）均值为 2.40，变化范围在 1.10～3.34。丰富度指数（d）平均值为 2.24。均匀度指数（J'）平均值为 0.64，大于 0.5。夏季涨潮浮游动物种间分布较均匀，Shannon-Wiener 多样性指数（H'）均值大于 2。落潮 H' 均值为 2.32，变化范围在 0.36～3.20。丰富度指数（d）平均值为 2.52。均匀度指数（J'）平均值为 0.63，大于 0.5。夏季落潮浮游动物种间分布较均匀，H' 均值大于 2（表 1-9）。

秋季涨潮 Shannon-Wiener 多样性指数（H'）均值为 2.25，变化范围在 1.03～3.30。丰富度指数（d）平均值为 1.96。均匀度指数（J'）平均值为 0.72，大于 0.5。夏季涨潮浮游动物种间分布较均匀，H' 均值大于 2。落潮 H' 均值为 1.71，变化范围在 0.34～2.88。丰富度指数（d）平均值为 1.64。均匀度指数（J'）平均值为 0.59，大于 0.5。夏季落潮浮游动物种间分布较均匀，H' 均值小于 2（表 1-9）。

冬季涨潮丰富度指数（d）均值为 0.90，变化范围在 0.18～1.82。Shannon-Wiener 多样性指数（H'）均值为 0.84，最高值位于 S10 站位，为 1.69。均匀度指数（J'）平均值为 0.43，小于 0.50。涨潮浮游动物种间分布较均匀，H' 均值小于 1。落潮丰富度指数（d）均值为 1.10，变化范围在 0.40～1.91。H' 平均值为 1.23，最高值位于 S5 站位，为 2.20。均匀度指数（J'）平均值为 0.54，大于 0.50。落潮浮游动物种间分布较均匀，H' 均值小于 2（表 1-9）。

表 1-9　长江口水域浮游动物生物多样性指数

指数	春季		夏季		秋季		冬季	
	涨潮	落潮	涨潮	落潮	涨潮	落潮	涨潮	落潮
丰富度指数 d	1.40	1.22	2.24	2.52	1.96	1.64	0.90	1.10
Shannon-Wiener 多样性指数 H'	1.29	1.37	2.40	2.32	2.25	1.71	0.84	1.23
均匀度指数 J'	0.46	0.52	0.64	0.63	0.72	0.59	0.43	0.54

第四节　底栖生物

2010—2011 年，在崇明东滩设置 3 个断面，分别代表崇明东滩淡水和海水交汇纵向梯度上的 3 个典型代表区域，断面潮间带类型各不相同。其中，东旺沙断面（D）为海水冲刷区，常年冲淤，受潮汐影响不明显，基质为软泥质，属河口半关闭潮间带；捕鱼港断面（B）为淡水与海水交换区，冲淤频繁，受潮汐影响较显著，基质为泥沙质，属河口半敞开潮间带；团结沙断面（T）为淡水冲刷区域，常年受径流冲刷，水量充沛，基质为沙质，属河口敞开潮间带（图 1-19）。各断面走向与海岸线垂直，在断面高、中、低潮区各设 3～4 个采样点（共 29 个样点），站位点使用 GPS 定位，以站位点为中心在周边 5 m内按 20 cm×20 cm×25 cm 规格平行取样 6 次。使用孔径 1 mm 的不锈钢分样筛筛选，收集全部生物样本，75％乙醇现场固定保存。现场随机收集水样和沉积物样品。样品保存与处理均按《海洋调查规范》（GB 12763.6—2007）进行。每个季节采样 1 次。

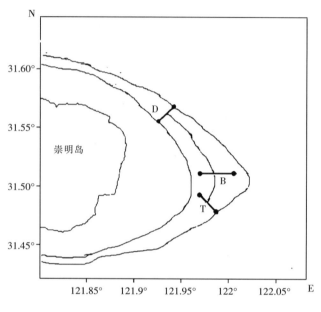

图 1-19　潮间带采样断面分布

D. 东旺沙断面　B. 捕鱼港断面　T. 团结沙断面

一、种类组成

东滩潮间带大型底栖动物物种组成见表 1-10，共有 83 种，隶属 4 门 42 科。其中，甲壳动物 29 种（占总量 34.94％），软体动物 25 种（占总量 30.12％），环节动物 23 种（占总量 27.71％），昆虫幼虫及鱼类各 3 种（占总量 3.61％）。软体动物、环节动物和甲壳动物占总种数 92.77％，三者是构成崇明东滩大型底栖动物的主要种群。不同季节崇明东滩大型底栖动物物种数春季＞夏季＞秋季，分别为 56 种、53 种和 49 种。春、秋两季为环节动物＞甲壳动物＞软体动物，夏季为甲壳动物＞环节动物＞软体动物（图 1-20，A）。三断面大型底栖动物物种数 D＞B＞T，分别为 60 种、50 种和 48 种。断面主要种群物种数分布变化较大，东旺沙为环节动物＞软体动物＞甲壳动物，捕鱼港为甲壳动物＞软体动物＞环节动物，团结沙为环节动物＞甲壳动物＞软体动物（图 1-20，B）。

表 1-10　东滩潮间带大型底栖动物种类组成

类群及物种	D	B	T
寡毛纲 Oligochaeta			
霍普水丝蚓 *Limnodrilus hoffmeisteri*	+	+	
多毛纲 Polychaeta			
吻沙蚕科 Glyceridae			
长吻沙蚕 *Glycera chirori*			+
角吻沙蚕科 Goniadidae			
日本角吻沙蚕 *Goniada japonica*	+		+
沙蚕科 Nereididae			
疣吻沙蚕 *Tylorrhynchus heterochaetu*	+		
双齿吻沙蚕 *Perinereis aibuhitensis*	+	+	
多齿围沙蚕 *P. nuntia*	+	+	
日本刺沙蚕 *Neanthes japonica*	+	+	+
齿吻沙蚕科 Nephtyidae			
寡鳃齿吻沙蚕 *Nephtys polybranchi*	+		
多鳃齿吻沙蚕 *N. oligobranchia*	++	++	++
圆锯齿吻沙蚕 *Dentinephys glabra*	+	+	+
齿吻沙蚕科未定种 *Nephtyidae* sp.	+		
欧努菲虫科 Onuphidae			
智利巢沙蚕 *Diopatra chiliensis*	+		
索沙蚕科 Lumbrinerdae			
异足索沙蚕 *Lumbrineris heteropoda*	+	+	+
小头虫科 Capitellidae			
小头虫 *Cppitella capitata*	++	++	++
丝异蚓虫 *Heteromastus filiformis*	++	++	++
背蚓虫 *Notomastus latericeus*	+	++	+
中蚓虫 *Mediomastus califoyaiensis*	+		+
异蚓虫 *Capitellethus dispar*	+		
颤蚓科 Tubificidae			

（续）

类群及物种	D	B	T
颤蚓 *Tubificidae* sp.	+	+	+
不倒翁虫科 Sternaspidae			
不倒翁虫 *Sternaspis scutata*			+
龙介虫科 Serpulidae			
旋鳃虫 *Spirobranchus giganteus*	+	+	+
腹足纲 Gastropoda			
狭口螺科 Stenothyridae			
光滑狭口螺 *Stenothyra glabra*	++++	++	+
微小螺科 Elachisinidae			
微小螺 *Elachisina* spp.			+
拟沼螺科 Assimineidae			
拟沼螺 *Assiminea* spp.	+	++++	+
绯拟沼螺 *Assiminea latericea*	++	+	++
堇拟沼螺 *Assiminea violacea*	++	+	++
拟沼螺属未定种 *Assiminea* sp.			+
汇螺科 Potamididae			
中华拟蟹守螺 *Certhidea sinensis*	+	+	++
尖锥拟蟹守螺 *Certhidea largillierti*	++	+	++
玉螺科 Naticidae			
微黄镰玉螺 *Lunatia gilva*	+		
织纹螺科 Nassariidae			
半褶织纹螺 *Nassarius semiplicatus*	+		
阿地螺科 Atyidae			
泥螺 *Bullacta exarata*	++	++	
囊螺科 Restusidae			
解氏囊螺 *Retusa cecillii*	+		
石磺科 Onchidiidae			
石磺 *Onchidium verruculatum*		+	

（续）

类群及物种	D	B	T
双壳纲 Bivalvia			
贻贝科 Mytilidae			
凸壳肌蛤 *Musculus senhousei*	+		
牡蛎科 Osteridae			
近江牡蛎 *Cressostrea ariakensis*	+		
蚬科 Corbiculidae			
河蚬 *Corbicula fluminea*	+	++++	++++
帘蛤科 Veneridae			
等边浅蛤 *Fomphina veneriformis*	+		
蛤蜊科 Mactridae			
四角蛤蜊 *Mactra veneriformis*		+	
樱蛤科 Tellinidae			
彩虹明樱蛤 *Moerella iridescens*	+	+	+
绿螂科 Glauconomidae			
中国绿螂 *Glauconome chinensis*		+	
竹蛏科 Solenidae			
缢蛏 *Sinonovacula constricta*	+	++	+
篮蛤科 Corbulidae			
焦河篮蛤 *Potamocorbula ustulata*	++	+	
鸭嘴蛤科 Laternulidae			
渤海鸭嘴蛤 *Laternula marilina*		+	
耳螺科 Ellobiidae			
中国耳螺 *Ellobium chinensis*	+		+
紫游螺 *Neritina violacea*		+	+
甲壳纲 Crustacea			
藤壶科 Balanidae			
白脊管藤壶 *Fistulobalanus albicostatys*	+		
盖鳃水虱科 Idotheoidae			

（续）

类群及物种	D	B	T
光背节鞭水虱 *Synidotea laevidorsalis*	+		
蜾蠃蜚科 Corophiidae			
中华裸蠃蜚 *Corophium sinensis*	+	+	+
河蜾蠃蜚 *C. acherusicum*	+	++	+++
日本大鳌蜚 *Crandidierlla japonica*	+	+	+
团水虱科 Sphaeromatidae			
雷伊著名团水虱 *Gnorimosphaeroma rayi*		+	+
钩虾科 Gammaridae			
钩虾 *Gammarus* sp.	+		
合眼钩虾科 Odicerotidae			
中国周眼钩虾 *Peroculodes meridichinensis*		+	+
跳钩虾科 Talitridae			
板跳钩虾 *Orchestia platensis*	+	+	++
平额钩虾科 Haustoriidae			
硬爪始根钩虾 *Eohaustorrius cheliferus*	+	+	++
尖头钩虾科 Phoxocephalidae			
尖叶大弧钩虾 *Grandifoxus cuspis*		+	+
尖颚涟虫科 Leuconidae			
多齿半尖额涟虫 *Hemileucon hinumensis*			+
对虾科 Penaeidae			
中国明对虾 *Fenneropenaeus chinensis*	+		
樱虾科 Sergestidae			
中国毛虾 *Acetes chinensis*	+		
玻璃虾科 Pasiphaeidae			
细鳌虾 *Leptochela gracilis*	+		
长臂虾科 Palaemonidae			
安氏白虾 *Exopalaemon annandalei*	+	+	+
脊尾白虾 *Exopalaemon carinicauda*	+		

（续）

类群及物种	D	B	T
秀丽白虾 *Exopalaemon modestus*	+		
玉蟹科 Leucosiidae			
豆形拳蟹 *Philyra pisum*	+	+	
沙蟹科 Ocypodidae			
弧边招潮蟹 *Uca arcuata*		+	
宽身大眼蟹 *M. dilatatum*		+	+
隆线背脊蟹 *Deiratonotus cristatum*		+	
谭氏泥蟹 *Ilyoplax deschampsi*	+	++	++
四齿大额蟹 *Metopograpsus quadridentatus*		+	+
方蟹科 Grapsidae			
长足长方蟹 *Metaplax longipes*	+		+
中华绒螯蟹 *Eriochier sinensis*	+	+	+
狭额绒螯蟹 *Eriochier leptognathus*	+	+	
中型相手蟹 *S. intermedium*		+	+
天津厚蟹 *Helice tientsinensis*	+	+	+
昆虫纲 Insecta			
鞘翅目幼虫 *Coleoptera* sp.			
水叶甲幼虫 *Chrysomelidae* sp.	+	+	+
双翅目幼虫 *Diptera* sp.			+
蠓幼虫 *Psychodalarva* sp.	+		+
鱼纲 Osteichtyes			
拉氏狼牙虾虎鱼 *Odantamblyopus lacepedii*		+	
大弹涂鱼 *Boleophthalmus pectinirostris*		+	
棘头梅童鱼 *Collichthys lucidus*	+		

注："＋"表示个体数量占总个体数量的 1％以下；"＋＋"表示个体数量占总个体数量的 1％～10％；"＋＋＋"表示个体数量占总个体数量的 10％～20％；"＋＋＋＋"表示个体数量占总个体数量的 20％以上。

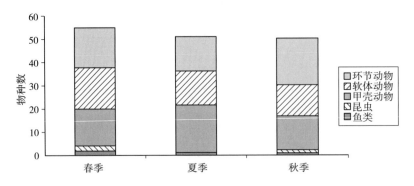

A. 崇明东滩大型底栖动物各种群物种数变化

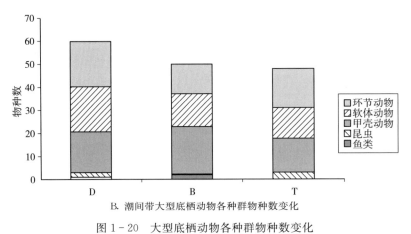

B. 潮间带大型底栖动物各种群物种数变化

图 1-20　大型底栖动物各种群物种数变化

二、丰度与生物量

崇明东滩潮间带大型底栖动物总平均丰度为 637.83 个/m²，总平均生物量为 37.30 g/m²。软体动物平均生物量和平均丰度分别占总量的 81.35% 和 76.04%，为东滩大型底栖动物优势种群；环节动物丰度占比居中，为 12.29%，生物量占比最低，为 3.75%（表 1-11）。

表 1-11　大型底栖动物主要种群丰度和生物量（平均值±标准差）

项目	断面	环节动物	软体动物	甲壳动物	总计
丰度（个/m²）	D	82.14±204.91[a]	738.25±1 517.92[a]	18.83±36.98[a]	877.61±1 639.04[ab]
	B	60.50±80.92[ab]	463.01±948.32[ab]	62.37±81.26[b]	578.60±959.42[bc]
	T	33.04±51.32[c]	303.28±365.57[bc]	100.21±163.39[c]	435.53±419.55[c]
	平均值	59.40	518.76	58.16	637.83

（续）

项目	断面	环节动物	软体动物	甲壳动物	总计
生物量（g/m²）	D	2.10±24.45ᵃ	31.35±62.35ᵃᵇ	13.86±9.32ᵃ	47.44±79.47ᵃ
	B	1.98±2.39ᵃᵇ	36.85±51.51ᵃ	5.73±5.69ᵇ	42.56±93.50ᵃ
	T	1.19±2.58ᵇ	19.19±15.38ᵇ	1.68±1.23ᶜ	22.06±43.05ᶜ
	平均值	1.40	28.33	7.53	37.30

注：同一列参数上方字母相同，代表无显著性差异；反之，代表有显著性差异。

东滩潮间带东旺沙（D）、捕鱼港（B）和团结沙（T）三断面大型底栖动物平均丰度（分别为 893.61 、603.60 和 435.53 个/m²）和平均生物量（分别为 47.44、42.56 和 22.06 g/m²）均为 D>B>T。其中，东旺沙、捕鱼港丰度和生物量无显著差异（$P>0.05$）；捕鱼港、团结沙生物量显著差异（$P<0.05$），丰度均值差异较大，但未达到显著水平（$P>0.05$）；东旺沙、团结沙丰度和生物量均差异极显著（$P<0.01$）。各断面主要类群丰度和生物量占总量比值存在明显差异，捕鱼港、团结沙为软体动物>甲壳动物>环节动物；东旺沙为软体动物>环节动物>甲壳动物。

夏季平均丰度最高（827.04 个/m²），春季平均生物量最高（51.10 g/m²），秋季平均丰度、平均生物量最低（420.18 个/m²、29.28 g/m²）。春、夏季平均生物量存在显著差异（$P<0.05$），平均丰度均值差异较大，但未达到显著水平（$P>0.05$）；夏、秋季平均丰度存在显著差异（$P<0.05$），平均生物量均值差异较大，但未达到显著水平（$P>0.05$）；春、秋季平均生物量存在极显著差异（$P<0.01$），平均丰度均值差异很小，无显著差异（$P>0.05$）。对春季、夏季、秋季三个季度不同断面的丰度和生物量进行大小排序，其中丰度排序一致，均为 D>B>T；生物量排序有所变化，春季为 B>D>T，夏、秋季为 D>B>T。

三、优势种与多样性

按大型底栖动物优势度（$Y>0.02$）来划分，东滩大型底栖动物优势种共 12 种，依次为光滑狭口螺、河蚬、焦河篮蛤、丝异蚓虫、河蜾蠃蜚、中华拟蟹守螺、小头虫、绯拟沼螺（*Assiminea latericea*）、谭氏泥蟹、堇拟沼螺（*Assiminea violacea*）、泥螺、缢蛏。河蚬、焦河篮蛤丰度占总量比值分别为 18.60%、5.94%，生物量占总量比值分别为 14.39%、16.10%。其中，泥螺为春季优势种，中华拟蟹守螺、钩虾类为秋季优势种；河蚬为捕鱼港、团结沙优势种，焦河篮蛤为东旺沙优势种，雷伊著名团水虱（*Gnorimosphaeroma rayi*）为团结沙优势种。

东滩大型底栖动物相对重要性指数值最大的前 10 种，分别为河蚬、缢蛏、光滑狭口螺、焦河篮蛤、泥螺、拟沼螺（*Assiminea*）、丝异蚓虫、河蜾蠃蜚、绯拟沼螺、圆锯齿吻沙蚕（*Dentinephys glabra*）。此外，相对重要值较高的还有谭氏泥蟹、豆形拳蟹（*Philyra pisum*）、彩虹明樱蛤（*Moerella iridescens*）、堇拟沼螺、中华拟蟹守螺。这些物种均属崇明东滩潮间带习见种类。其中，春季 IRI 值较高种类为河蚬、光滑狭口螺、焦河篮蛤、丝异蚓虫；夏季 IRI 值较高种类为河蚬、光滑狭口螺、焦河篮蛤、河蜾蠃蜚；秋季较高值种类为河蚬、光滑狭口螺、焦河篮蛤（表 1 - 12）。

表 1 - 12　底栖动物相对重要性指数（IRI）

季节	D		B		T	
	物种	IRI	物种	IRI	物种	IRI
春季	光滑狭口螺	334.69	河蚬	457.32	河蚬	2 523.91
	焦河篮蛤	321.48	泥螺	130.31	丝异蚓虫	239.28
	泥螺	151.60	光滑狭口螺	95.32	小头虫	125.03
	丝异蚓虫	86.25	缢蛏	91.60	河蜾蠃蜚	70.22
	圆锯齿吻沙蚕	71.97	丝异蚓虫	79.16	绯拟沼螺	48.77
	彩虹明樱蛤	45.94	焦河篮蛤	49.83	堇拟沼螺	22.80
夏季	光滑狭口螺	1 795.30	河蚬	1 191.62	河蚬	3 457.70
	焦河篮蛤	234.60	拟沼螺	503.42	河蜾蠃蜚	215.10
	中华拟蟹守螺	80.95	缢蛏	140.28	丝异蚓虫	24.02
	泥螺	51.24	谭氏泥蟹	36.93	堇拟沼螺	2.71
	缢蛏	33.79	圆锯齿吻沙蚕	24.36	小头虫	21.50
	彩虹明樱蛤	15.22	焦河篮蛤	16.37	圆锯齿吻沙蚕	21.08
秋季	光滑狭口螺	1 262.95	河蚬	1 180.57	河蚬	762.78
	焦河篮蛤	329.99	圆锯齿吻沙蚕	98.98	河蜾蠃蜚	159.26
	中华拟蟹守螺	87.08	焦河篮蛤	296.39	谭氏泥蟹	131.17
	尖锥拟蟹守螺	71.97	拟沼螺	89.91	尖叶大弧钩虾	83.75
	彩虹明樱蛤	34.39	丝异蚓虫	24.08	中华拟蟹守螺	45.14
	绯拟沼螺	57.97	天津厚蟹	24.56	板跳钩虾	32.15

三个断面 Shannon-Wiener 多样性指数（H'）变化规律不同，东旺沙为春季＞秋季＞夏季，捕鱼港、团结沙为秋季＞春季＞夏季；均匀度指数捕鱼港、东旺沙季节变化一致，春季＞秋季＞夏季，团结沙为秋季＞春季＞夏季；丰富度指数团结沙、东旺沙季节变化一致，秋季＞夏季＞春季，捕鱼港为春季＞秋季＞夏季。东旺沙 3 种多样性指数（H'、

J'、D）最低、而丰富度指数 d、生物量和丰度最高（表 1-13），物种数最多，推测这些变化均与断面环境特征密切相关。

表 1-13　大型底栖动物多样性指数 （平均值±标准差）

潮间带	H'	J	D	d
D	1.88±0.77	0.46±0.18	0.54±0.21	2.02±0.73
B	2.08±0.90	0.55±0.20	0.55±0.14	1.74±0.88
T	1.93±0.86	0.54±0.18	0.54±0.22	1.73±0.82

Shannon-Wiener 指数 H' 和 Simpson 多样性指数 D，均与丰度相关；均匀度指数 J' 和丰富度指数 d，与丰度和物种数相关。崇明东滩潮间带大型底栖动物物种 Shannon-Wiener 多样性指数 H'、均匀度指数 J'、Simpson 多样性指数 D、丰富度指数 d 见图 1-21，分布范围分别在 0.59～3.50、0.19～0.79、0.18～0.88 和 0.62～3.22，平均值分别为 1.97、0.52、0.61 和 1.83。

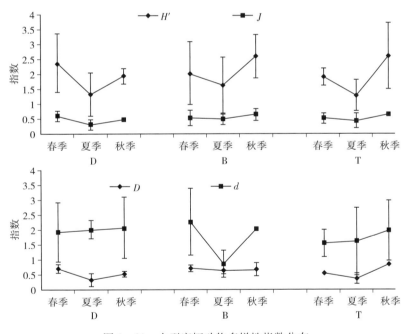

图 1-21　大型底栖动物多样性指数分布

捕鱼港处于淡水和海水频繁交汇处，东旺沙处于海水冲刷区，盐度高、环境变化快且剧烈，物种数最多；团结沙处于淡水冲刷区，盐度低、变化缓慢、幅度小，物种较稳定。垂直面上，Shannon-Wiener 指数和 Simpson 多样性指数均只与丰度相关，均为捕鱼港＞团结沙＞东旺沙，秋季＞春季＞夏季。均匀度指数 J' 和丰富度指数 d，与丰度及物种数相关，均匀度指数 J' 为团结沙＞捕鱼港＞东旺沙，丰富度指数 d 与其相反，为东旺沙＞捕鱼港＞团结沙。高、中潮滩因经济种的存在，人为干扰较严重，低潮滩受近海影响较大，大型底栖动物种类和丰度均随气温、盐度、泥沙含量的季节性变化而变化，并受人类活动影响而变动。

第五节　鱼卵与仔鱼

2015 年，在长江口设置 14 个采样站位进行周年采样，站点设置和理化环境调查相同。利用底拖网采样，按照《海洋调查规范》（GB 12763.6—2007）使用浮游生物网（Ⅰ型）（网长 175 cm、网口内径 50 cm、网口面积 0.2 ㎡、网目 0.505 mm），在各站点进行水平拖网，每站拖网 10 min，拖网速度为 2 n mile/h，用网口流量计计算滤水体积。

一、种类组成

共采集到仔鱼 6 目 16 种，鲤形目种类数最多，为 6 种，占总种类数的 37.50%；鲈形目次之，5 种，占总种类数的 31.25%；其次为鲱形目，2 种，占 12.50%；其余为胡瓜鱼目、鲼形目和鲀形目各 1 种，分别占总种类数的 6.25%（图 1-22）。

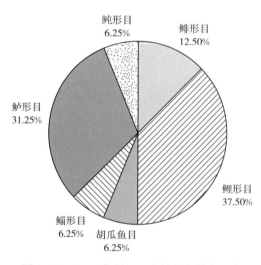

图 1-22　2015 年长江口水域仔鱼种类组成

2 月调查期间，未采集到鱼卵、仔鱼样品；5 月种类数最多，共采集到仔鱼 5 目 12 种，鲤形目种类数最多，共达 6 种，占总种类数的 50.00%，其中，涨潮出现 4 目 9 种，落潮出现 5 目 9 种；8 月共采集到 3 目 6 种，其中，涨潮出现 3 目 6 种，落潮出现 3 目 5 种；11 月仅 1 目 1 种，涨潮和落潮均仅有胡瓜鱼目的有明银鱼 1 种（表 1-14）。

表 1-14 长江口水域仔鱼物种名录

种类	5月		8月		11月	
	涨潮	落潮	涨潮	落潮	涨潮	落潮
凤鲚	+	+	+	+		
中华小公鱼			+			
鲤科鱼类	+	+				
寡鳞飘鱼	+		+	+		
贝氏鳘	+	+				
鳊	+					
鳜	+					
银鲴		+				
有明银鱼					+	+
鲛	+	+				
香斜棘鳉	+	+				
棘头梅童鱼	+	+	+			
阿部鲻虾虎鱼			+	+		
斑尾刺虾虎鱼		+				
大弹涂鱼			+	+		
黄鳍东方鲀		+				

二、栖息密度

长江口水域5月仔鱼种类数和栖息密度最高，8月种类数和栖息密度有所降低，11月水温转冷，产卵索饵的鱼类明显减少，因此，仔鱼栖息密度和种类数均较低（图1-23）。

5月调查期间，仔鱼的平均栖息密度为1.02尾/m³。其中，涨潮期间长江口水域仔鱼平均栖息密度为1.36尾/m³，主要物种为贝氏鳘；落潮期间仔鱼平均栖息密度为0.65尾/m³，主要物种为贝氏鳘和鲤科鱼类。5月长江口仔鱼主要是鲤形目的小型淡水鱼类。

8月调查期间，仔鱼的平均栖息密度为0.23尾/m³。其中，涨潮期间长江口水域仔鱼平均栖息密度为0.17尾/m³，主要物种为中华小公鱼和凤鲚；落潮期间仔鱼平均栖息密度为0.30尾/m³，主要物种也是中华小公鱼和凤鲚。8月长江口仔鱼主要是小型近海鱼类，以及以凤鲚为典型代表的洄游鱼类。

11月调查期间，仔鱼的平均栖息密度为0.18尾/m³。其中，涨潮期间长江口水域仔鱼平均栖息密度为0.18尾/m³，仅有有明银鱼1种，占据绝对优势；落潮期间仔鱼平均栖息密度为0.18尾/m³，同样仅有有明银鱼1种。11月长江口仔鱼种类数较少，主要是具有河口产卵习性的近海小型鱼类占据优势地位。

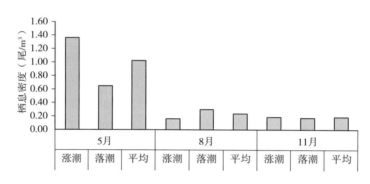

图1-23　长江口水域仔鱼栖息密度的季节变化

三、时空分布

长江口水域仔鱼分布具有明显的时空差异（图1-24）。结合仔鱼的种类组成和栖息密度分析表明，5月涨潮期间仔鱼主要分布在徐六泾以西至长兴岛以东的长江口南支水域，落潮期间主要分布在长兴岛青草沙所在的南支北港水域。因此，春季长江口鱼类产卵场和索饵场主要集中在南支的淡水水域，主要是由于以寡鳞飘鱼为主的鲤形目小型鱼类集中在4—6月产卵所致，符合长江口春季鱼类的产卵繁殖特征；8月涨落潮期间仔鱼均集中分布在九段沙以东及东南方的长江口口门水域，主要是由于中华小公鱼等海洋洄游鱼类以及凤鲚等洄游鱼类，在夏季利用长江口水域产卵索饵。因此，夏季长江口产卵场和索饵场主要分布在咸淡水交汇水域；11月涨落潮期间，仔鱼仅有有明银鱼1种，由于其在长江口北支水域产卵索饵，因此，秋季产卵场和索饵场主要分布在长江口北支口内咸水水域，同时，秋季长江口大部分鱼类开始游至近海水域越冬，且无其他产卵鱼类。

长江口水域春季鱼类的产卵索饵场所主要集中在淡水水域，夏季集中在咸淡水水域，而秋季集中在咸水水域，基本符合长江口水域鱼类的产卵索饵习性，也正是由于不同鱼类的生态习性差异，导致了长江口鱼类产卵场和索饵场的时空差异。

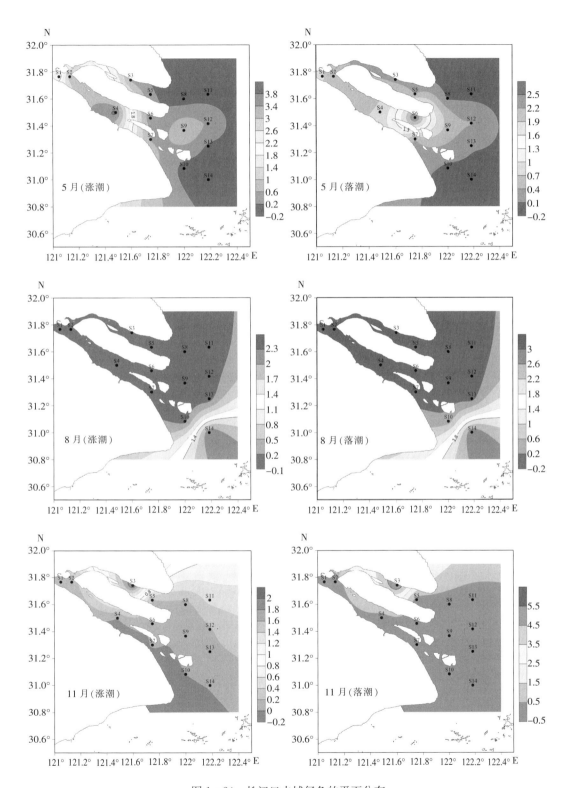

图 1-24　长江口水域仔鱼的平面分布

第六节　渔业资源

2015 年设置 14 个采样位点，站点设置与理化环境调查相同。通过单船拖网方式采样，拖网船的功率为 53 kW，网具为单船底拖网，网具总长 10 m、网口宽 6 m、网口高 2 m、网囊网目 20 mm。每个站位拖网 30 min，拖速 3 n mile/h。各站位均用水质综合分析仪，同步监测温度、盐度和水深等环境因子。样品的采集和分析均参照《海洋调查规范》（GB/T 12763.6—2007），对所有鱼类进行种类鉴定，计数及测定体质量。

一、种类组成

共获得渔获物种类总计 84 种（表 1 - 15）。鱼类 13 目 40 种，占总种类数的 47.62%。其中，鲈形目种类最多（16 种），占总种类数的 19.05%；其次为鲤形目 5 种，占总种类数的 5.95%；鲱形目、鲇形目和鲽形目各 3 种，占 3.57%；鳗鲡目和胡瓜鱼目各 2 种，占 2.38%；其余 6 目均仅有 1 种，各占 1.19%。节肢动物 29 种，占总种类数的 34.52%；软体动物 11 种，占 13.10%；环节动物 2 种，占 2.38%；棘皮动物和腔肠动物各 1 种，各占 1.19%（图 1 - 25）。

5 月和 8 月渔获物的种类数最多，均为 55 种；11 月次之，为 47 种；2 月种类数最少，仅 30 种。鱼类 8 月种类数最多，为 27 种；节肢动物 5 月种类数最多，为 23 种；软体动物 8 月和 11 月最多，均为 9 种（图 1 - 26）。2015 年四季均出现的种类有 19 种，其中，鲈形目和十足目（虾）种类最多，各 6 种；其次为十足目（蟹）2 种；其余鲱形目、鲇形目、鲤形目、鲽形目、狭舌目（螺）各 1 种。从四季均出现的种类组成上可以推测，鲈形目的小型鱼类和部分广布性虾类对河口的依赖程度较高，全年在河口水域进行索饵产卵或在河口完成整个生活史。

表 1 - 15　长江口水域底拖网渔获物种类名录

中文名	拉丁名	2 月	5 月	8 月	11 月
鱼类（40 种）					
日本鳗鲡	*Anguilla japonica*			+	
海鳗	*Muraenesox cinereus*			+	
凤鲚	*Coilia mystus*		+	+	+

（续）

中文名	拉丁名	2月	5月	8月	11月
刀鲚	*Coilia nasus*	+	+	+	+
赤鼻棱鳀	*Thryssa kammalensis*		+		
光泽黄颡鱼	*Peltobagrus nitidus*	+	+	+	+
长吻鮠	*Leiocassis longirostris*		+	+	
丝鳍海鲇	*Arius arius*			+	
贝氏鳘	*Hemiculter bleekeri*			+	
长蛇鮈	*Saurogobio dumerili*	+	+	+	+
吻鮈	*Rhinogobio typus*			+	
鳊	*Parabramis pekinensis*				+
鲫	*Carassius auratua auratus*				+
有明银鱼	*Salanx ariakensis*		+		
短吻大银鱼	*Protosalanx brevirostris*			+	
龙头鱼	*Harpodon nehereus*		+	+	+
鮻	*Liza haematocheila*	+		+	
尖海龙	*Syngnathus acua*				+
中华刺鳅	*Sinobdella sinensis*		+		
短鳍红娘鱼	*Lepidotrigla microptera*		+		
多鳞四指马鲅	*Eleutheronema rhadinum*				+
棘头梅童鱼	*Collichthys lucidus*	+	+	+	+
鮸	*Miichthys miiuy*	+	+	+	+
黄姑鱼	*Nibea albiflora*			+	
香斜棘鳉	*Repomucenus olidus*	+		+	+
中国花鲈	*Lateolabrax maculatus*	+			+
纹缟虾虎鱼	*Tridentiger trigonocephalus*		+		
髭缟虾虎鱼	*Triaenopogon barbatus*	+	+	+	+
长体刺虾虎鱼	*Acanthogobius elongata*		+		
睛尾蝌蚪虾虎鱼	*Lophiogobius ocellicauda*	+	+	+	+
斑尾刺虾虎鱼	*Acanthogobius ommaturus*	+		+	

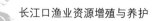

（续）

中文名	拉丁名	2月	5月	8月	11月
矛尾虾虎鱼	*Chaeturichthys stigmatias*	+	+	+	+
拉氏狼牙虾虎鱼	*Odontamblyopus lacepedii*		+	+	+
孔虾虎鱼	*Trypauchen vagina*	+	+	+	+
带鱼	*Trichiurus lepturus*			+	
银鲳	*Pampus argenteus*		+	+	+
半滑舌鳎	*Cynoglossus semilaevis*		+		
窄体舌鳎	*Cynoglossus gracilis*	+	+		+
焦氏舌鳎	*Cynoglossus joyneri*	+	+	+	+
暗纹东方鲀	*Takifugu obscurus*			+	
节肢动物（29种）					
口虾蛄	*Oratosquilla oratoria*	+		+	+
中国毛虾	*Acetes chinensis*		+	+	+
日本沼虾	*Macrobrachium nipponense*	+	+	+	+
日本鼓虾	*Alpheus japonicus*	+	+	+	+
安氏白虾	*Exopalaemon annandalei*	+	+	+	+
脊尾白虾	*Exopalaemon carinicauda*	+	+	+	+
葛氏长臂虾	*Palaemon gravieri*	+	+	+	+
巨指长臂虾	*Palaemon macrodactylus*	+	+	+	+
细巧仿对虾	*Parapenaeopsis tenella*		+	+	+
哈氏仿对虾	*Parapenaeopsis hardwickii*		+		
刀形宽额虾	*Latreutes laminirostris*		+		
中华管鞭虾	*Solenocera crassicornis*				+
脊腹褐虾	*Crangon affinis*	+			
克氏原螯虾	*Procambarus clarkii*		+		
细螯虾	*Leptochela gracilis*		+		
日本蟳	*Charybdis japonica*		+	+	+
中华绒螯蟹	*Eriocheir sinensis*	+	+	+	+
狭额绒螯蟹	*Pseudograpsus albus*	+	+	+	+

（续）

中文名	拉丁名	2月	5月	8月	11月
中华绒螯蟹	*Eriocheir sinensis*		+	+	+
红线黎明蟹	*Matuta planipes*		+		
日本平家蟹	*Heikea japonica*	+		+	
三疣梭子蟹	*Portunus trituberculatus*		+	+	+
绒毛细足蟹	*Raphidopus ciliates*				+
无齿螳臂相手蟹	*Chinomantes dehaani*			+	
豆形拳蟹	*Phillyra pisum*	+	+	+	
拟穴青蟹	*Scylla paramamosain*		+	+	
白脊管藤壶	*Fistulobalanus albicostatus*		+	+	+
日本旋卷蜾蠃蜚	*Corophium volutator*		+		
光背节鞭水虱	*Synidotea laevidorsalis*		+		
软体动物（11种）					
河蚬	*Corbicula fluminea*			+	
毛蚶	*Scapharca kagoshimensis*		+	+	+
小荚蛏	*Siliqua minima*		+	+	+
焦河篮蛤	*Potamocorbula ustulata*		+	+	+
等边浅蛤	*Gomphina veneriformis*		+	+	+
红带织纹螺	*Nassarius succinctus*				+
纵肋织纹螺	*Nassarius variciferus*	+	+	+	+
半褶织纹螺	*Nassarius semiplicatus*		+	+	+
尖锥拟蟹守螺	*Cerithidea largillierti*		+		+
香螺	*Neptunea cumingi*			+	
尤氏枪乌贼	*Loligo ujii*				+
环节动物（2种）					
丝异蚓虫	*Heteromastus filiformis*		+		
圆锯齿吻沙蚕	*Dentinephtys glabra*		+		
棘皮动物（1种）					
棘刺锚参	*Protankyra bidentata*	+			
腔肠动物（1种）					
海葵	*Anthopleura* sp.	+			

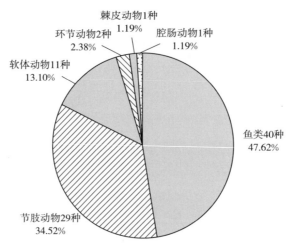

图 1-25 长江口水域水生动物种类组成

2月调查时渔获物种类30种，其中，鱼类6目15种，节肢动物12种，软体动物1种，棘皮动物1种，腔肠动物1种。出现频率最高的是刀鲚和棘头梅童鱼（12个站，85.71%）；其次为狭额绒螯蟹（11个站，78.57%）。

5月调查时获得渔获物种类55种，其中，鱼类9目23种，节肢动物23种，软体动物7种，环节动物2种。焦河篮蛤出现频率最高（11个站，78.57%）；其次为棘头梅童鱼、焦氏舌鳎和日本沼虾（10个站，71.43%）。

8月调查时获得渔获物种类55种，其中，鱼类10目27种，节肢动物19种，软体动物9种。安氏白虾的出现频率最高，各站位均有分布（14个站，100%）；其次为棘头梅童鱼和拉氏狼牙虾虎鱼（13个站，92.86%）。

11月调查时获得渔获物种类47种，其中，鱼类7目21种，节肢动物17种，软体动物9种。出现频率最高的是安氏白虾（12个站，85.71%）；其次为刀鲚、葛氏长臂虾和三疣梭子蟹（10个站，71.43%）。

鱼类的种类数量随季节变化呈现递增趋势（图1-26），在8月达到最高，其中，鱼

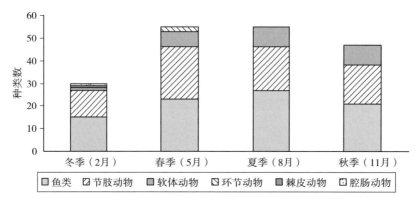

图 1-26 长江口水域拖网渔获物种类组成

类各季均为鲈形目最多，这种现象符合长江口是由淡水鱼类区系向东海鱼类区系过渡的水域特征，进一步推测长江口水域对多种近海鲈形目鱼类具有重要的功能价值；此外，节肢动物在各季均占据较高比例，接近鱼类的种类数，推测长江口水域的生境现状更加利于节肢动物生存。

二、生态类型

根据不同鱼类在生活史过程中对长江口水域的利用程度，将鱼类分为4种生态类型，分别为淡水鱼类、洄游鱼类、河口定居鱼类和近海鱼类。各季生态类型组成具有显著差异（图1-27，A），其中，5月和8月近海鱼类占据绝对优势地位，2月洄游鱼类占据绝对优势地位，11月近海和洄游鱼类占据优势地位。另外，河口定居鱼类在各季均占据一定的地位，这一类型鱼类几乎完全适应了长江口的生态环境，其生活史过程完全依赖于河口水域。

与8、11月相比，2月洄游鱼类的栖息密度并未大幅变化（图1-27，B），主要是由于其他生态类型的鱼类栖息密度较低导致洄游鱼类优势显著。其中，2月主要是刀鲚（每100 m² 0.22尾）居多；5月主要是大量的棘头梅童鱼幼鱼（每100 m² 3.33尾）出现；8月是由于棘头梅童鱼（每100 m² 0.30尾）、龙头鱼幼鱼（每100 m² 0.19尾）和焦氏舌鳎（每100 m² 0.17尾）等小型鱼类在河口索饵育肥，导致了近海鱼类在河口处于优势地位；11月主要是龙头鱼（每100 m² 0.17尾）、焦氏舌鳎（每100 m² 0.11尾）、鮻幼鱼（每100 m² 0.11尾）等近海鱼类，以及凤鲚（每100 m² 0.30尾）等洄游鱼类共同占据优势地位。因此，长江口水域占据主要优势地位的均为小型鱼类，正是这些不同生态类型的小型鱼类在不同生活史阶段对长江口水域的依赖需求差异，导致了鱼类群落结构的变动。

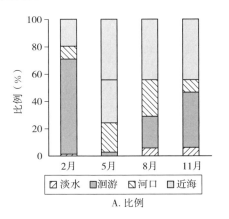
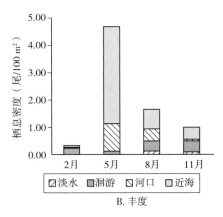

图1-27　长江口水域鱼类生态类型组成的季节差异

三、生物量

渔获物平均栖息密度为每 100 m² 8.33 尾，变化幅度为每 100 m² 0.02～45.08 尾，栖息密度的变化趋势为 8 月＞11 月＞5 月＞2 月；平均生物量为每 100 m² 10.08 g，变化幅度为 0.02～47.74 g，生物量的变化趋势为 8 月＞5 月＞11 月＞2 月（图 1 - 28、图 1 - 29）。由图 1 - 29 可以看出，栖息密度与生物量的数值相差不大，主要是因为 2015 年长江口水域节肢动物比例显著提高。另外，也与鱼类小型个体优势显著有关，说明鱼类有明显小型化趋势。

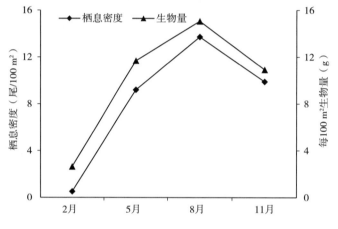

图 1 - 28　长江口底拖网渔获物栖息密度和生物量

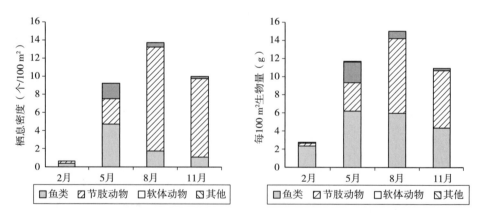

图 1 - 29　长江口水域底拖网渔获物栖息密度和生物量组成

2 月调查时渔获物平均栖息密度为每 100 m² 0.52 尾，平均生物量为 2.64 g。其中，栖息密度中鱼类最高，为每 100 m² 0.31 尾；节肢动物次之，为每 100 m² 0.20 个；软体动物、腔肠动物和棘皮动物均不足每 100 m² 0.01 尾。生物量鱼类最高，每 100 m² 为

2.26 g；其次是节肢动物，每 100 m² 为 0.35 g；腔肠动物每 100 m² 0.03 g；软体动物和棘皮动物每 100 m² 不足 0.01 g（图 1-29）。

5 月调查时渔获物平均栖息密度为每 100 m² 9.20 尾，平均生物量为 11.69 g。栖息密度中鱼类最高，为每 100 m² 4.69 尾；其次为节肢动物，每 100 m² 2.75 尾；软体动物次之，为每 100 m² 1.76 尾；环节动物最低，每 100 m² 0.002 尾。生物量鱼类最高，每 100 m² 为 6.19 g；其次是节肢动物，每 100m² 为 3.18 g；软体动物次之，每 100 m² 为 2.32 g；环节动物最低，每 100 m² 为 0.0008 g（图 1-29）。

8 月调查时渔获物平均栖息密度为每 100 m² 13.72 个，平均生物量为 15.06 g。栖息密度中节肢动物最高，为每 100 m² 11.60 个；其次是鱼类，为每 100 m² 1.63 个；软体动物最低，为每 100 m² 0.49 个。生物量节肢动物最高，每 100 m² 为 8.38 g；其次是鱼类，每 100 m² 为 5.89 g；软体动物最低，每 100 m² 为 0.78 g（图 1-29）。

11 月调查时渔获物平均栖息密度为每 100 m² 9.89 个，平均生物量为 10.92 g。栖息密度中节肢动物最高，为每 100 m² 8.78 个；其次为鱼类，为每 100 m² 0.98 个；软体动物次之，为每 100 m² 0.01 个。生物量节肢动物最高，每 100 m² 为 6.47 g；其次是鱼类，每 100 m² 为 4.27 g；软体动物次之，每 100 m² 为 0.18 g（图 1-29）。

四、优势种

将相对重要性指数 IRI 值大于 10 的种类定为优势种，则 2015 年共出现优势种 6 种，其中，葛氏长臂虾为四季均出现的优势种（图 1-30，表 1-16）。

2 月调查时渔获物优势种按 IRI 值大小依次是刀鲚、葛氏长臂虾、焦氏舌鳎和棘头梅童鱼，IRI 值累计占总 IRI 值的 83.54%。其中，刀鲚的栖息密度和生物量均为最高，分别占总数量和总重量的 41.93% 和 37.13%；刀鲚和棘头梅童鱼的出现频率最高，达到了 85.71%，在 12 个站点中有捕获。

5 月调查时渔获物优势种按 IRI 值大小依次是棘头梅童鱼、焦河篮蛤、葛氏长臂虾和安氏白虾，IRI 值累计占总 IRI 值的 73.50%。其中，棘头梅童鱼的栖息密度最高，占总数量的 36.20%；焦河篮蛤的生物量最高，占总重量的 18.68%；焦河篮蛤的出现频率最高，为 78.57%，在 11 个站点的渔获物中出现。

8 月调查时渔获物优势种按 IRI 值大小依次是安氏白虾和葛氏长臂虾，IRI 值累计占总 IRI 值的 69.09%。其中，安氏白虾的栖息密度和生物量均为最高，分别占总数量和总重量的 52.51% 和 28.61%；安氏白虾的出现频率同样最高，达到了 100.00%，在 14 个站点中均有捕获。

11 月调查时渔获物优势种按 IRI 值大小依次是安氏白虾和葛氏长臂虾，IRI 值累计占总 IRI 值的 74.13%。其中，安氏白虾的栖息密度和生物量均为最高，分别占总数量和总种类的 58.87％和 28.23％；安氏白虾的出现频率同样最高，为 85.71％，在 12 个站点中均有渔获。

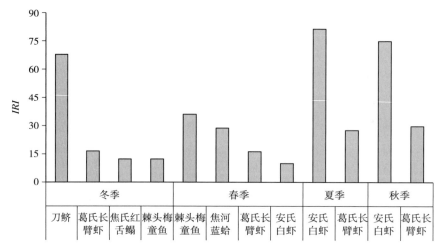

图 1-30　长江口水域底拖网渔获物优势种的 IRI 值

表 1-16　优势种 IRI、IRI％、出现频率及数量、重量百分比

季节	优势种	IRI	IRI（％）	出现频率	数量（％）	重量（％）
冬季	刀鲚	67.76	52.05	85.71	41.93	37.13
	葛氏长臂虾	16.61	12.76	57.14	25.37	3.69
	焦氏舌鳎	12.20	9.37	57.14	6.57	14.77
	棘头梅童鱼	12.19	9.37	85.71	2.91	11.31
春季	棘头梅童鱼	36.10	29.09	71.43	36.20	14.34
	焦河篮蛤	28.78	23.19	78.57	17.94	18.68
	葛氏长臂虾	16.28	13.12	64.29	13.53	11.79
	安氏白虾	10.06	8.11	64.29	9.90	5.76
夏季	安氏白虾	81.13	51.53	100.00	52.51	28.61
	葛氏长臂虾	27.65	17.56	71.43	28.13	10.58
秋季	安氏白虾	74.65	53.08	85.71	58.87	28.23
	葛氏长臂虾	29.61	21.05	71.43	24.12	17.33

长江口水域葛氏长臂虾各季具有明显的空间分布差异（图1-31），2月调查期间，葛氏长臂虾集中分布在长江口南支南港南槽水域，该水域2月期间径流较弱，水深较浅，混浊度较高，饵料生物丰度较高，同时也利于葛氏长臂虾躲避敌害；5月调查期间，其主要分布区域外移，5月期间是其主要繁殖期，抱卵比例达到51.22%，因为5月期间径流较强，由于繁殖需要其分布区向高盐度水域迁移；8月调查期间，主要分布在北支口外水域，向更高盐度水域迁移，此时多数个体完成繁殖过程，抱卵比例降为13.46%，其种群丰度达到全年最高值，已经有新世代群体补充进入种群；11月调查期间，葛氏长臂虾分为两个主要分布区，一部分群体向南支南港南槽迁移，另一部分群体移向北支口内水域，可能主要与秋季饵料生物减少有关，其选择性地向饵料生物较高的水域迁移。

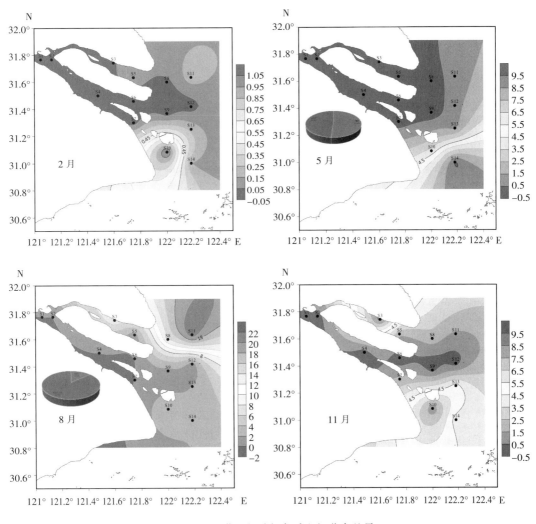

图1-31　葛氏长臂虾各季空间分布差异

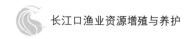

第七节 长江口渔业资源保护对策

长江口是我国渔业种质资源的宝库，栖息着众多水生生物经济物种和名贵珍稀鱼类；长江口渔场曾是我国著名的渔场之一，孕育着五大渔汛；同时，长江口丰富的蟹苗、鳗苗等苗种资源，支撑着我国中华绒螯蟹、日本鳗鲡等主导水产养殖业的发展（陈渊泉等，1999）。但是，由于过度捕捞、环境污染、水工建设等人类活动的干扰，目前渔业资源过度开发利用，导致蟹苗、鳗苗、刀鲚等原有优势渔业资源急剧衰退，渔汛规模缩小甚至消失，渔获物也呈现小型化、低龄化等衰退趋势，长江口渔业资源迫切需要进行科学增殖和保护（庄平 等，2008）。

一、长江口渔业资源的重要功能

滚滚长江自青藏高原呼啸而下，流经 6 300 km，由位于上海市北部的长江口汇入浩瀚东海。长江口是江河之汇，海洋之源，由于独特的地理条件和生态环境，长江口孕育着丰富的渔业资源，是我国渔业生物多样性和种质资源的宝库。

1. 长江口是渔产潜力最高的河口之一，支撑着流域和海区的渔业资源

长江口是太平洋西岸最大的河口，位于中国东海岸带的中部。受长江干流冲淡水与海洋潮汐的交互影响，该水域同时具有淡水和海水这两种特性，由于陆海物质交汇、咸淡水混合、径流和潮流的相互作用，使长江口形成了特殊多样的生境。长江巨大的径流携带巨量泥沙和营养盐沉积于长江口，为长江口渔业资源提供了丰富的生源要素。这些特点使长江口成为世界上渔产潜力最高和生物多样性最高的河口之一，仅鱼类就有300多种，既有终生生活于河口的咸淡水种类，也有种类丰富的淡水和海水种类，以及途经河口的洄游性种类，渔业种质资源极为丰富。长江口具有"三场一通道"（产卵场、索饵场、育幼场和洄游通道）的重要渔业功能，对长江流域和外部海区的渔业资源有着重要的支撑作用。

长江口是中华绒螯蟹、前颌间银鱼、银鲳、凤鲚、菊黄东方鲀、棘头梅童鱼、多鳞四指马鲅、大黄鱼和带鱼等重要经济水生动物的产卵场。这些物种有的充实了流域的淡水渔业资源（如中华绒螯蟹），有的充实了海区的海水渔业资源（如银鲳、菊黄东方鲀、棘头梅童鱼、多鳞四指马鲅、大黄鱼和带鱼等）。

长江口是许多重要水生动物的索饵场和育幼场。巨大的长江径流不断向长江口输送大量营养物质，为生物资源提供了丰富的生源要素，使河口水域成为我国近海初级生产力和浮游生物最丰富的水域，为各种经济鱼类及其幼鱼的生长提供了丰富的饵料基础。长江口渔业资源是邻近水域补充群体的重要来源之一，在长江口出现的鱼类和仔稚幼鱼有 17 目 54 科 140 种，主要以沿岸、半咸水和近海种类为主（蒋玫 等，2006）。

长江口是洄游性渔业生物江海间洄游的通道，是淡水和海水渔业资源交流的重要门户。中华鲟、刀鲚等进行溯河产卵的亲本通过长江口溯游至长江干流繁衍后代，物种资源得以延续；日本鳗鲡、中华绒螯蟹、淞江鲈等降海产卵的亲本也必须经由长江口降河至海洋，完成种群繁衍的重任。

2. 长江口渔场曾是我国著名的渔场之一，孕育着五大渔汛

长江口是我国最大的河口渔场，渔产潜力极高，盛产刀鲚、凤鲚、前颌间银鱼、白虾和中华绒螯蟹等，素有长江口五大渔汛之称。长江口水域的经济鱼类有 50 余种，海洋性种类包括了大黄鱼、小黄鱼、带鱼、绿鳍马面鲀、日本鲭、银鲳、灰鲳等；咸淡水性种类包括了刀鲚、凤鲚、棘头梅童鱼、前颌间银鱼、中国花鲈、暗纹东方鲀、菊黄东方鲀、鲻、淞江鲈等。其中，河口区渔场，即长江口佘山岛以西、杭州湾北岸带河口海岸渔场，主要的渔业资源包括刀鲚、凤鲚、银鱼、日本鳗鲡苗和中华绒螯蟹苗等（王幼槐和倪勇，1984）。长江口近海渔场是许多鱼类的产卵场和索饵场，产量超过 10 000 t 的海洋经济鱼类有带鱼、银鲳、小黄鱼、棘头梅童鱼、海鳗等，其中，带鱼的产量最高。

3. 长江口是我国水产养殖产业最重要苗种来源地之一

我国是世界最大的鳗鲡养殖生产国，已形成集养殖、加工、饲料生产于一体的完整产业链，产业规模世界第一。鳗鲡在我国商品鱼出口创汇中占有重要地位，是水产品出口换汇率最高的外向型渔业，是我国特种水产养殖的四大支柱产业之一，也是农业农村部确定的我国主导水产养殖品种。然而，日本鳗鲡人工育苗繁殖技术难度极大，是世界难题，目前还没有实质性的突破。我国日本鳗鲡养殖业依然全部依赖天然苗种。长江口及邻近水域是我国鳗苗的主要产区，以长江口为中心，加上南北两翼，包括江苏、浙江和上海，即现今所称的长三角地区。1998—2003 年鳗苗平均年产量为 21.4 t，占全国鳗苗总产量的 67.3%，其中，1999—2001 年更是占全国鳗苗总产量的 77.0%～82.3%。上海长江口鳗苗历史最高产量达 4 t。

中华绒螯蟹也是农业农村部确定的我国水产养殖主导品种，自 20 世纪 90 年代以来，由于长江水系野生中华绒螯蟹资源的匮乏衰竭，全国开展了中华绒螯蟹的人工养殖，中华绒螯蟹天然蟹苗产量以长江口居首位，产区的年产蟹苗可达数千千克乃至数万千克。20 世纪 80 年代以前，长江口区蟹苗有过 67.9 t 的高产量，是我国最大的中华绒螯蟹产卵场。长江口中华绒螯蟹的苗种资源和优良种质基础支撑着我国中华绒螯蟹养殖业的发展，目前全国中华绒螯蟹养殖年产量达 70 万 t，年产值 500 亿元。

4. 长江口盛产许多濒危珍稀名贵渔业物种

长江口曾经栖息着许多珍稀濒危的水生动物，其中，珍稀濒危鱼类 6 种：国家 I 级保护动物 2 种（中华鲟、白鲟），国家 II 级保护动物 3 种（淞江鲈、胭脂鱼、花鳗鲡）。另外，在长江口邻近水域出现过或有搁浅记录的水生哺乳类共有 15 种，包括鲸目的须鲸亚目 3 种、齿鲸亚目 11 种、食肉目的鳍足类 1 种，其中，除中华白海豚和白暨豚为国家 I 级重点保护野生动物外，其他均为国家 II 级重点保护野生动物。除上述珍稀濒危物种外，长江口还有许多具有重要经济价值的渔业资源，如刀鲚、凤鲚、暗纹东方鲀、长吻鮠、中国花鲈、鲻、鲹、中华绒螯蟹等。

二、长江口渔业资源的衰退状况

长江口区域是我国人口最密集、人类活动最频繁、经济最发达、岸线开发强度最高的地区之一。日益加剧的人类活动以及长江口资源的开发，使得长江口及其近海环境发生盐水入侵、水质恶化、湿地萎缩、物种更替等显著变异，近年来长江口渔业资源急剧衰退、濒危物种增加、渔汛消失、渔场衰退，有些水域已呈现"荒漠化"趋势。

1. 长江口渔汛消失，种质资源衰退

长江口主要经济鱼类产卵场遭到破坏，传统渔场衰退，鱼、虾、蟹的洄游受到影响，生物种群结构改变，生态平衡失调，优质鱼类数量下降，捕捞强度超过了渔业资源的循环再生能力，导致渔业资源衰竭，低龄化、小型化、低值化明显，生物可再生潜力下降。如长江口原有的五大渔汛，现除凤鲚还能维持一定产量外，其余品种产量均急剧下降。长江口水域原是传统的捕捞对象前颌间银鱼的产卵场，由于水质污染，迫使银鱼的洄游路线和产卵场变迁，银鱼产量逐年下降，20 世纪 60 年代产量为 329 t，70 年代减少到 130 t，1987 年为 29 t，1988 年 10 t，1989 年以后几乎绝迹。长江口区刀鲚产量 2001 年和 2002 年分别为 300 t 和 100 t，以后便一直在 30～50 t 波动；而从刀鲚主要产地安徽、江苏、上海的总产量看，已从 20 世纪 90 年代年均 1 370 t 下降至 21 世纪初的 670 t 左右。20 世纪 80 年代后，长江口天然蟹苗量急剧下降，年产量仅有几百千克，到 2000 年已基本不能形成汛期。2001—2003 年长江口天然蟹苗捕捞量仅为数十千克。

2. 长江口渔业生物多样性下降

近年来，长江口渔业生物多样性呈明显退化趋势，濒危水生动物种数逐年增多，濒危程度加剧，一些重要的珍稀、濒危水生野生动物物种处于濒临灭绝边缘（倪勇和陈亚瞿，2006）。1985—2000 年，长江口的水生生物种类和底栖动物种类明显减少。依赖长江口区育幼或洄游的珍稀濒危动物数量也急剧减少，如长江口分布的 5 种国家级保护鱼类中的白鲟、花鳗鲡在长江口已基本绝迹，仅存的淞江鲈、胭脂鱼和中华鲟的数量也已显著下降。鲥为"长江三鲜"之首，也曾是长江的 5 个主要捕捞对象之一。20 世纪 60 年代平均年产 440 t；70 年代平均年产 475 t；80 年代产量剧降，平均年产仅 79 t；80 年代后期数量更少，已不成为渔汛，如今已濒于绝迹。

3. 长江口渔业生物栖息地持续萎缩，水域生态环境质量恶化

由于滩涂围垦，岸线高强度开发建设，长江口湿地急剧萎缩，这些地区是长江口渔业生物幼体的重要栖息、洄游和索饵场所，直接影响长江口渔业资源的补充群体数量。长江口和近岸水域的水质问题，主要表现在水体富营养化、油类和重金属污染（晁敏等，2010）。长江口及其邻近海域营养盐从 20 世纪 60 年代以来增加了 7～8 倍，导致赤潮频发；60～70 年代东海区域发生赤潮的概率为 5～6 年出现 1 次；90 年代为每年 5～6 次；至 2000 年，一年就出现了 13 次；2001 年为 32 次；2002 年则达到了 51 次。表明水质污染和赤潮问题越来越严重。长江口水域生态环境的恶化，对水生动物仔稚幼鱼的生存构成了严重的威胁，造成鱼、虾、蟹等渔业资源的持续衰退（沈新强和晁敏，2005）。

三、长江口渔业资源的保护对策

1. 加强基础研究

收集长江口生态环境的科学资料，包括渔业水域类型、面积、分布，渔业资源种类与数量，栖息地开发利用与保护现状等信息，加强鱼类资源及其栖息地的调查与研究，系统整理长时间序列的监测数据，建立渔业资源和栖息地信息系统，基于模型构建开展渔业资源健康状况评估（陈大庆 等，1995）。加强基础理论研究，不断完善学科体系建设，为科学保护长江口渔业资源奠定理论基础。

2. 设立鱼类保护区

建立鱼类保护区是减少人类活动、缓解鱼类资源衰退和优化水生生态的有效方法（刘建康和曹文宣，1992）。为保护长江口鱼类种质资源及其生存环境，应加快研究设立"长江口国家级水产种质资源保护区"的可行性，对长江口的中华绒螯蟹、刀鲚、凤鲚、日本鳗鲡、脊尾白虾等物种及其栖息地进行保护。

3. 加大增殖放流

人工增殖放流是恢复鱼类资源、保护珍稀濒危鱼类种群延续以及补充经济鱼类资源的重要手段，是目前常用的渔业资源保护实践措施。应在长江口加强增殖放流力度，筛选长江口适宜的放流种类，进行人工繁殖、培育和养成，提高鱼类早期成活率，向长江口水域投放一定数量的群体，从而实现目标种类资源量的恢复和增殖（王如柏 等，1992）。

4. 修复栖息地

重点监测河口鱼类栖息地的变化以及环境污染对渔业资源的影响，控制渔业生产的自身污染，正确处理好经济建设和环境保护的关系，建立健全渔业生态环境监测和保护的信息网络，为有效治理渔业水域环境，提供大数据信息化管理系统（贾敬德，1999）。

5. 加大管理力度

进一步修订完善现行的法律法规体系，制订符合长江口地区社会发展和水域生态系统管理的法律法规，使渔业管理有法可依，更具操作性，为渔业资源的合理利用和可持续发展提供法律保障（徐大建，2002）。加强执法力度，提高执法水平，加强长江口水域综合管理，建立航运、港务、渔业、环保、工商、民政、公安等相关部门的协调小组，实行综合管理。

第二章
长江口水生动物食物网

由于特殊的地理环境，长江口水域具有盐度变化大、水深较浅、底质泥泞、浊度较高、栖息地类型多元化及饵料资源丰富等特点，这为众多鱼类的生长、繁殖提供了必要的生存空间和适宜的生态条件，是水生生物的重要栖息地（黄良敏　等，2013）。河口有来自陆地淡水和海水带来的大量有机碎屑、浮游植物、细菌和其他微生物，还有盐沼湿地中生长的各种水生植物，这些物质都可以被水生生物摄食利用，构成了河口生态系统的能量基础。能量通过食物网转化为各营养层次的生物生产力，形成生态系统生物资源产量，并对河口生态系统的服务和产出及其动态产生影响。

长江口水生生物资源丰富，游泳动物、浮游动物、底栖动物种类繁多。该水域既是众多鱼类的产卵场、育幼场和索饵场，又是一些洄游性鱼类重要的洄游通道，对鱼类的繁殖和资源补充起着重要作用（罗秉征　等，1997；庄平　等，2006）。但是，在环境变化、水利工程、过度捕捞等影响下，长江口水生生物资源迅速下降，已经不能够支撑起完整的长江口生态系统的渔业需求。因此，最近几年在长江口进行了一系列的水生生物资源增殖放流活动，为生态系统的恢复和渔业物种的保育起到了重要作用。对于放流物种在长江口生态系统中所发挥的作用，以及放流的成效评估目前也逐渐受到重视。由于各生物之间的联系主要是通过食物网进行能量传递而实现的，因此，食物组成和食物网研究，可为放流物种的生态功能检验提供较好的切入点和分析途径。

食物网描述了生物之间的相互营养联系，是生态系统中物质循环与能量流动的重要途径，对食物网的研究不仅能够指示群落的组成、联系及整体性，还能够指示物质和能量在生态系统各组成部分之间的流动过程（Pimm，1979；Pimm et al，1991）。通过食物网的构建来认识河口生态系统中物质循环和能量流动的关键物种，以及食物链中的脆弱结点，对于增殖放流物种选择和生态系统的恢复具有重要的理论指导意义。

第一节　消费者食物组成

对食物关系的研究是了解种间关系的主要途径，也是开展水域渔业资源保护和增殖、建立和实施渔业资源管理模式的基础（邓景耀和杨纪明，1997）。对动物的消化道解剖分析，可以比较直观的掌握其曾经摄食的食物种类。在长江口水生生态系统，许多学者通过胃含物分析，确定了常见鱼、虾、蟹等动物消费者的食物组成（罗秉征　等，1997；罗刚　等，2008）。除了确定食物种类组成，在一些研究中还涉及了胃的饱满度、某种食物出现的频率、食物的数量和重量等（朱成德和余宁，1987；林龙山，2007；Qin et al，2010）。

一、鱼类的食物组成

通常，用鱼类饵料生物的重量百分比（$W=$某饵料重量/饵料总重量）、数量百分比（$N=$某饵料生物的个数/所有饵料个数）、出现频率（$F=$某饵料生物出现次数/有食物的胃的个数）和相对重要性指标（$IRI=(W+N)\times F$）来评价鱼类各种饵料的重要性；在饵料评价中，可以 IRI 作为判别主要饵料生物的标准，以强调每种鱼的主要食物来源（张波和唐启升，2003）。

对于长江口鱼类物种的食物组成已经有较多研究。例如，罗秉征等（1997）曾经解剖分析了长江口及近岸 60 种鱼类（13 目 35 科）的 6 183 个消化道样品。孙帼英和吴志强（1993）分析了 238 个长吻鮠（*Leiocassis longirostris*）消化道，并且指出其主要食物为虾类、蟹类和枝角类。中华鲟（*Acipenser sinensis*）是长江重要的珍稀濒危鱼类和放流物种；而中国花鲈（*Lateolabrax maculatus*）、窄体舌鳎（*Cynoglissus gracilis*）、刀鲚（*Coilia nasus*）、凤鲚（*C. mystus*）、鲻（*Mygil cephalus*）和鲛（*Liza haematochiela*）是长江口重要的经济鱼类（庄平 等，2006；冯广朋 等，2007）。由于洄游至长江口的中华鲟幼鱼和这 6 种主要经济鱼类在分布区域上有一定的重叠，因而可能存在食物竞争关系。对它们的食性及食物竞争状况进行研究，以探讨长江口中华鲟幼鱼的食物保障情况，可以为中华鲟的资源保护和增殖放流提供参考依据。

长江口 6 种重要经济鱼类与中华鲟幼鱼的食谱较广，食物种类均有 15～25 种。它们的食物组成如下：

（1）中华鲟 属鲟形目、鲟科。江海洄游型鱼类，栖息于沿海和长江及附属水体。主要摄食鱼类（$IRI=6\ 022.67$）和端足类（$IRI=1\ 521.60$）；其次是多毛类（$IRI=949.42$）和蟹类（$IRI=454.89$），共 19 种。主要的食物种类有钩虾、加州齿吻沙蚕、斑尾刺虾虎鱼、睛尾蝌蚪虾虎鱼等（表 2 - 1）。

（2）中国花鲈 属鲈形目、花鲈科。栖息于河口咸淡水区域。主要摄食鱼类（$IRI=7\ 491.14$）；其次是虾类（$IRI=3\ 440.00$）、等足类（$IRI=591.64$）和蟹类（$IRI=371.23$），共 21 种。主要的食物种类有鲚、脊尾白虾、光背节鞭水蚤、中国毛虾、鲛、狭绒毛蟹等（表 2 - 2）。

（3）鲛 属鲻形目、鲻科。栖息于河口及内湾。主要摄食有机碎屑和底栖藻类（$IRI=5\ 231.27$）；其次是瓣鳃类（$IRI=962.84$）和桡足类（$IRI=448.99$），共 22 种。主要的食物种类有中肋骨条藻、河蚬、颗粒直链藻、弯菱形藻、缢蛏稚贝等（表 2 - 3）。

（4）鲻 属鲻形目、鲻科。栖息近岸浅海、河口及内湾。主要摄食有机碎屑和底栖藻类（$IRI=6\ 971.31$）；其次是瓣鳃类（$IRI=293.56$）和桡足类（$IRI=140.18$），共 18 种。主要的食物种类有中肋骨条藻、尖刺菱形藻、河蚬稚贝、虹彩圆筛藻、植物碎片等

（表 2 - 4）。

（5）**刀鲚**　属鲱形目、鳀科。江海洄游型鱼类。主要摄食糠虾类（$IRI=5\ 761.46$）和虾类（$IRI=2\ 666.17$）；其次是桡足类（$IRI=1\ 874.19$）和鱼类（$IRI=867.50$），共 16 种。主要的食物种类有中华节糠虾、中国毛虾、虫肢歪水蚤、长额刺糠虾、安氏白虾等（表 2 - 5）。

（6）**凤鲚**　属鲱形目、鳀科。栖息于沿岸浅水区和近海。主要摄食糠虾类（$IRI=3\ 515.92$）和桡足类（$IRI=1\ 889.16$）；其次是虾类（$IRI=1\ 517.35$）和其他小型鱼类（$IRI=589.24$），共 18 种。主要的食物种类有中华节糠虾、中国毛虾、华哲水蚤、虫肢歪水蚤等（表 2 - 6）。

（7）**窄体舌鳎**　属鲽形目、舌鳎科。栖息于沿海和长江及附属水体。主要摄食虾类（$IRI=4\ 199.26$）和瓣鳃类（$IRI=1\ 666.57$）；其次是鱼类（$IRI=786.18$），共 20 种。主要的食物种类有安氏白虾、葛氏长臂虾、缢蛏稚贝、纵肋织纹螺等（表 2 - 7）。

表 2 - 1　长江口水域中华鲟幼鱼的食物组成

食物种类	重量百分比 W（%）	数量百分比 N（%）	出现频率 F（%）	相对重要性指标 IRI
鱼类	67.02	27.87	63.47	6022.67
斑尾刺虾虎鱼 Acanthogobius ommaturus	18.66	9.61	24.04	679.61
睛尾蝌蚪虾虎鱼 Lophiogobius ocellicauda	23.83	8.00	20.16	641.69
矛尾虾虎鱼 Chaeturichthys stigmatias	12.14	4.04	13.71	221.83
窄体舌鳎 Cynoglossus gracilis	2.58	1.16	6.51	24.35
香斜棘鲻 Repomucenus olidus	2.68	0.70	4.76	16.09
鲻 Mugil cephalus	0.26	0.26	2.13	1.11
鲬 Platycephalus indicus	1.66	0.33	2.63	5.23
不可辨认仔、稚鱼	5.21	3.77	10.08	90.52
虾类	4.02	4.55	17.65	151.26
安氏白虾 Exopalaemon annandalei	2.04	2.25	11.14	47.79
脊尾白虾 Exopalaemon carinicauda	0.96	1.04	3.19	6.38
葛氏长臂虾 Palaern gravieri	0.29	0.26	2.13	1.17
中国毛虾 Acetes chinensis	0.58	0.39	2.13	2.07
不可辨认小虾	0.33	0.61	1.94	1.82

（续）

食物种类	重量百分比 W（%）	数量百分比 N（%）	出现频率 F（%）	相对重要性指标 IRI
蟹类	4.06	7.58	39.08	454.89
狭额绒螯蟹 Eriocheir leptongnathus	4.06	7.58	39.08	454.89
端足类	5.79	38.06	34.70	1521.60
钩虾 Gammarus sp.	5.79	38.06	34.70	1521.60
等足类	0.64	2.12	13.96	38.53
光背节鞭水蚤 Synidotea iacvidorsalis	0.64	2.12	13.96	38.53
瓣鳃类	0.53	6.25	25.24	171.13
河蚬 Corbicula fluminea	0.53	6.25	25.24	171.13
腹足类	0.01	0.13	1.07	0.15
纵肋织纹螺 Nassarius variciferus	0.01	0.13	1.07	0.15
多毛类	16.78	12.97	31.93	949.92
加州齿吻沙蚕 Nephtys californiensis	16.78	12.97	31.93	949.92
寡毛类	0.04	0.13	1.07	0.18
霍浦水丝蚓 Limnodrilus hoffmeisteri	0.04	0.13	1.07	0.18
水生昆虫	0.02	0.29	2.13	0.66
摇蚊幼虫 Chironomidae larva	0.02	0.29	2.13	0.66
植物碎屑和泥沙	2.47	0.00	9.33	23.05

表2-2　长江口水域中国花鲈的食物组成

食物种类	重量百分比 W（%）	数量百分比 N（%）	出现频率 F（%）	相对重要性指标 IRI
鱼类	59.32	43.06	73.17	7491.14
窄体舌鳎 Cynoglossus gracilis	5.70	4.86	18.67	197.17
斑尾刺虾虎鱼 Synechogobius ommaturus	3.13	4.86	9.33	74.53
矛尾虾虎鱼 Chaeturichthys stigmatias	1.15	0.69	2.67	4.92
长蛇鉤 Saurogobio dumerili	4.50	1.74	13.33	83.13
鲻 Mugil cephalus	6.65	6.25	16.00	206.40

（续）

食物种类	重量百分比 W（%）	数量百分比 N（%）	出现频率 F（%）	相对重要性指标 IRI
鲛 Liza haematochiela	8.33	5.56	21.33	296.08
鲚属 Coilia spp.	23.33	16.67	47.85	1914
窄体舌鳎 Cynoglossus gracilis	1.05	0.35	2.67	3.73
长吻鮠 Leiocassis longirostris	1.71	0.52	4.00	8.91
棘头梅童鱼 Collichthys lucidus	1.62	0.87	6.67	16.59
不可辨认鱼类	2.15	0.69	2.67	7.58
口足类	1.32	0.35	2.67	4.45
口虾蛄 Oratosquilla oratoria	1.32	0.35	2.67	4.45
虾类	27.73	25.34	64.82	3440.00
中国毛虾 Acetes chinensis	4.93	8.85	22.67	312.37
日本沼虾 Macrobrachium nipponense	3.70	2.08	16.00	92.53
脊尾白虾 Exopalaemon carinicauda	12.82	11.11	42.67	1021.09
安氏白虾 Exopalaemon annandalei	4.83	2.43	9.33	67.72
葛氏长臂虾 Palaern gravieri	1.45	0.87	6.67	15.45
蟹类	6.00	7.47	27.56	371.23
狭额绒螯蟹 Eriocheir leptongnathus	4.53	6.60	25.33	281.85
中华绒螯蟹 Eriocheir sinensis	1.47	0.87	6.67	15.59
等足类	3.53	13.54	34.67	591.64
光背节鞭水蚤 Synidotea iacvidorsalis	3.53	13.54	34.67	591.64
涟虫类	1.33	4.51	17.33	101.19
涟虫 Bodotria sp.	1.33	4.51	17.33	101.19
桡足类	0.81	5.73	14.67	95.93
哲水蚤 Calanus sp.	0.81	5.73	14.67	95.93

表 2-3　长江口水域鲛的食物组成

食物种类	重量百分比 W（%）	数量百分比 N（%）	出现频率 F（%）	相对重要性指标 IRI
有机碎屑和泥沙	67.46		79.30	
植物种子	1.23	0.68	6.56	12.53
底层藻类	6.48	63.41	74.85	5231.27
中肋骨条藻 *Skeletonema costatum*	2.70	25.70	62.30	1769.32
尖刺菱形藻 *Nitzschia pungens*	0.64	4.06	19.67	92.45
颗粒直链藻 *Melosira granulata*	0.88	10.90	35.25	415.25
虹彩圆筛藻 *Coscinodiscus oculus-iridis*	0.51	4.82	15.57	82.99
有棘圆筛藻 *Coscinodiscus spinosus*	0.43	3.80	12.30	52.03
琼氏圆筛藻 *Coscinodiscus jonesianus*	0.21	1.78	5.74	11.42
蛇目圆筛藻 *Coscinodiscus argus*	0.18	1.27	4.10	5.95
弯菱形藻 *Nitzschia sigma*	0.84	10.40	33.61	377.78
中华盒形藻 *Biddulphia sinensis*	0.09	0.68	3.28	2.53
多毛类	2.72	0.93	8.66	31.61
加州齿吻沙蚕 *Nephtys polybranchia*	2.40	0.76	7.38	23.32
不可辨认多毛类	0.32	0.17	1.64	0.80
糠虾类	2.32	1.94	9.06	38.60
长额刺糠虾 *Acanthomysis longirostris*	1.76	1.18	5.74	16.88
中华节糠虾 *Siriella sinensis*	0.31	0.51	2.46	2.02
不可辨认糠虾	0.25	0.25	2.46	1.23
端足类	3.22	2.54	12.30	70.85
钩虾 *Gammarus* sp.	3.22	2.54	12.30	70.85
蟹类	1.67	1.35	6.56	19.81
狭额绒螯蟹幼体 *Eriocheir leptongnathus*	1.67	1.35	6.56	19.81
瓣鳃类	11.93	13.78	37.45	962.84
河蚬 *Corbicula fluminea*	7.64	9.89	31.97	560.43
缢蛏 *Sinonovacula constericta*	4.29	3.89	18.85	154.19
腹足类	1.45	2.20	10.66	38.91

（续）

食物种类	重量百分比 W（%）	数量百分比 N（%）	出现频率 F（%）	相对重要性指标 IRI
织纹螺 *Nassarius* sp.	1.45	2.20	10.66	38.91
桡足类	2.52	13.19	28.58	448.99
虫肢歪水蚤 *Tortanus vermiculus*	1.02	6.09	19.67	139.85
真刺唇角水蚤 *Labidocera euchaeta*	0.25	1.52	4.92	8.70
拟哲水蚤 *Paracalanus* sp.	0.87	3.30	10.66	44.45
华哲水蚤 *Sinocalanus* sp.	0.22	1.52	4.92	8.56
不可辨认桡足类	0.16	0.76	2.46	2.26

表 2 - 4　长江口水域鲻的食物组成

食物种类	重量百分比 W（%）	数量百分比 N（%）	出现频率 F（%）	相对重要性指标 IRI
有机碎屑和泥沙	71.30		73.00	
植物种子	2.28	1.62	6.85	26.72
植物碎片	4.34	4.55	9.59	85.26
底层藻类	13.35	70.47	83.17	6971.31
中肋骨条藻 *Skeletonema costatum*	5.72	27.27	57.53	1897.91
尖刺菱形藻 *Nitzschia pungens*	1.78	11.04	23.29	298.58
颗粒直链藻 *Melosira granulata*	0.57	4.55	9.59	49.10
虹彩圆筛藻 *Coscinodiscus oculus-iridis*	1.03	8.77	12.33	120.83
有棘圆筛藻 *Coscinodiscus spinosus*	0.22	1.95	4.11	8.92
弯菱形藻 *Nitzschia sigma*	0.43	3.90	8.22	35.59
角毛藻 *Chaetoceros* sp.	1.21	5.19	10.96	70.14
中华盒形藻 *Biddulphia sinensis*	0.06	0.65	1.37	0.97
裂空栅藻 *Scenedesmus perforatus*	1.54	4.55	9.59	58.40
螺旋藻 *Spirulina* sp.	0.79	2.60	5.48	18.58
多毛类	2.87	1.62	4.11	18.45
加州齿吻沙蚕 *Nephtys polybranchia*	2.34	1.30	2.74	13.61

（续）

食物种类	重量百分比 W（%）	数量百分比 N（%）	出现频率 F（%）	相对重要性指标 IRI
不可辨认多毛类	0.53	0.32	1.37	1.16
瓣鳃类	4.23	11.69	16.44	293.56
河蚬 Corbicula fluminea	4.23	11.69	16.44	293.56
腹足类	0.61	0.97	4.11	6.49
织纹螺 Nassarius sp.	0.61	0.97	4.11	6.49
桡足类	1.11	9.10	13.73	140.18
虫肢歪水蚤 Tortanus vermiculus	0.71	4.55	9.59	50.44
拟哲水蚤 Paracalanus sp.	0.33	2.60	5.48	16.06
华哲水蚤 Sinocalanus sp.	0.05	1.30	2.74	3.70
不可辨认桡足类	0.02	0.65	1.37	0.92

表 2-5　长江口水域刀鲚的食物组成

食物种类	重量百分比 W（%）	数量百分比 N（%）	出现频率 F（%）	相对重要性指标 IRI
有机碎屑和泥沙	3.29		14.29	
鱼类	20.15	7.19	31.73	867.50
斑尾刺虾虎鱼 Synechogobius ommaturus	3.46	0.74	8.71	36.56
长蛇鮈 Saurogobio dumerili	2.67	0.50	7.14	22.63
似鳊 Pseudobrama simoni	6.23	2.48	15.86	138.14
鲚属 Coilia spp.	2.74	0.50	5.14	16.65
𩾃 Hemiculer leucisculus	2.15	1.98	12.29	50.76
鲢 Hypophthalmichthys molitrix	0.76	0.25	3.57	3.60
不可辨认鱼类	2.14	0.74	7.71	22.20
水生昆虫	3.76	2.97	11.43	76.92
摇蚊幼虫 Chironomidae Larva	3.76	2.97	11.43	76.92
桡足类	7.80	25.00	57.14	1874.19
虫肢歪水蚤 Tortanus vermiculus	4.14	12.87	36.43	619.67

（续）

食物种类	重量百分比 W（%）	数量百分比 N（%）	出现频率 F（%）	相对重要性 指标 IRI
拟哲水蚤 Paracalanus sp.	0.86	3.71	10.71	49.00
华哲水蚤 Sinocalanus sp.	2.34	6.93	25.00	231.77
不可辨认桡足类	0.46	1.49	7.14	13.89
糠虾类	29.58	34.16	90.39	5761.46
长额刺糠虾 Acanthomysis longirostris	6.78	11.14	53.57	959.93
中华节糠虾 Siriella sinensis	20.13	17.08	82.14	3056.47
糠虾幼体 Mysidacea larve	2.67	5.94	28.57	246.02
虾类	34.10	13.87	55.58	2666.17
中国毛虾 Acetes chinensis	26.43	10.40	44.45	1637.09
安氏白虾 Exopalaemon annandalei	7.67	3.47	25.17	278.38
枝角类	1.32	16.83	14.71	266.99

表 2-6　长江口水域凤鲚的食物组成

食物种类	重量百分比 W（%）	数量百分比 N（%）	出现频率 F（%）	相对重要性 指标 IRI
有机碎屑和泥沙	5.23		11.89	
鱼类	13.39	10.70	24.46	589.24
斑尾刺虾虎鱼 Synechogobius ommaturus	5.87	4.48	10.84	112.19
似鳊 Pseudobrama simoni	3.23	1.74	9.21	45.77
鲚属 Coilia spp.	0.98	1.00	5.26	10.41
鳌 Hemiculer leucisculus	1.45	1.24	6.58	17.70
龙头鱼 Harpodon nehereus	0.31	0.50	1.83	1.48
银鱼 Salangidae	0.21	0.25	0.75	0.35
不可辨认鱼类	1.34	1.49	3.95	11.18
端足类	2.31	5.97	9.89	81.89
钩虾 Gammarus spp.	2.31	5.97	9.89	81.89
桡足类	9.88	31.35	45.82	1889.16

（续）

食物种类	重量百分比 W（%）	数量百分比 N（%）	出现频率 F（%）	相对重要性 指标 IRI
虫肢歪水蚤 *Tortanus vermiculus*	3.17	8.96	15.79	191.53
拟哲水蚤 *Paracalanus* sp.	0.76	3.73	6.58	29.54
华哲水蚤 *Sinocalanus* sp.	4.43	12.69	22.37	451.45
不可辨认桡足类	1.52	5.97	10.53	78.87
糠虾类	37.89	27.62	53.67	3515.92
长额刺糠虾 *Acanthomysis longirostris*	6.34	5.97	15.79	194.37
中华节糠虾 *Siriella sinensis*	28.58	17.91	47.37	2202.23
漂浮囊糠虾 *Gastrosaccus pelagicus*	0.43	0.75	3.95	4.66
糠虾幼体 Mysidacea larve	2.54	2.99	7.89	43.63
虾类	27.52	16.17	34.73	1517.35
中国毛虾 *Acetes chinensis*	23.31	14.93	31.47	1203.41
安氏白虾 *Exopalaemon annandalei*	4.21	1.24	9.58	52.51
毛颚类	1.37	0.75	3.95	8.37
百陶箭虫 *Sagitta bedoti*	1.37	0.75	3.95	8.37
枝角类 Cladocera	2.43	7.46	19.74	195.23

表2-7 长江口水域窄体舌鳎的食物组成

食物种类	重量百分比 W（%）	数量百分比 N（%）	出现频率 F（%）	相对重要性 指标 IRI
鱼类	15.00	11.97	29.15	786.18
斑尾刺虾虎鱼 *Synechogobius ommaturus*	7.34	6.17	15.84	214.00
睛尾蝌蚪虾虎鱼 *Lophiogobius ellicauda*	2.58	2.70	6.93	36.59
棘头梅童鱼 *Collichthys lucidus*	0.21	0.39	2.97	1.78
舌鳎 *Cynoglossus* sp.	1.65	1.03	3.96	10.61
长蛇鮈 *Saurogobio dumerili*	0.86	0.39	2.97	3.71
不可辨认鱼类	2.36	1.29	4.95	18.07
瓣鳃类	16.34	12.09	58.62	1666.57

（续）

食物种类	重量百分比 W（%）	数量百分比 N（%）	出现频率 F（%）	相对重要性指标 IRI
河蚬　*Corbicula fluminea*	2.93	5.66	21.78	187.09
缢蛏稚贝　*Sinonovacula constericta*	8.54	4.76	36.63	487.18
焦河篮蛤　*Potamocorbucata ustulata*	4.87	1.67	12.87	84.17
腹足类	7.36	6.55	27.72	385.59
纵肋织纹螺　*Nassarius variciferus*	6.84	5.91	22.77	290.32
红带织纹螺　*Nassarius succinctus*	0.52	0.64	4.95	5.74
多毛类	8.33	7.46	16.76	264.64
加州齿吻沙蚕　*Nephtys polybranchia*	5.72	6.56	13.83	169.83
不倒翁虫　*Sternaspis scutata*	2.61	0.90	5.93	20.81
端足类	2.23	7.20	7.92	74.69
钩虾　*Gammarus* sp.	2.23	7.20	7.92	74.69
口足类	3.20	0.77	5.94	23.58
口虾蛄　*Oratosquilla oratoria*	3.20	0.77	5.94	23.58
蟹类	9.41	5.40	20.79	307.90
狭额绒螯蟹　*Eriocheir leptongnathus*	9.41	5.40	20.79	307.90
虾类	27.56	28.67	74.68	4199.26
中国毛虾　*Acetes chinensis*	0.45	1.03	3.96	5.86
安氏白虾　*Exopalaemon annandalei*	13.21	16.97	43.56	1314.64
脊尾白虾　*Exopalaemon carinicauda*	2.47	1.67	12.87	53.28
葛氏长臂虾　*Palaern gravieri*	11.43	9.00	34.65	707.90
鱼卵	3.82	1.41	10.89	56.95
植物碎屑和泥沙	6.28		34.65	

二、蟹类的食物组成

中华绒螯蟹（*Eriocheir sinensis*）为长江口重要经济物种，同时，也是长江口水生生物资源养护和增殖放流的主要物种。为了恢复长江中华绒螯蟹天然资源，每年长江口地区都进行亲蟹增殖放流活动，以期使天然蟹苗资源得到有效恢复。

对中华绒螯蟹胃含物的分析表明，其食物种类由植物碎屑、小型鱼类、虾类、贝类、水生昆虫和蠕虫等构成，为典型的杂食性甲壳动物（陈炳良 等，1989）。中华绒螯蟹食物种类的出现率，按各种食物种类在蟹类摄食个数中的百分数来表示。植物碎屑和小型鱼类最高，占 68%；其次为虾类，出现率为 40%；贝类、水生昆虫和蠕虫的出现率分别为 20%、12% 和 4%。胃含物占体重最低为 0.01%，最高为 0.9%。水温在 14~20 ℃ 的春末、夏初和秋季，胃含物含量最饱满。王吉桥等（2000）利用网箱和差减法，研究了中华绒螯蟹幼蟹对沙蚕、贝肉、鱼、虾等几种饵料的选择性、摄食量及摄食节律，结果表明，幼蟹对各种饵料的摄食量由高至低依次为沙蚕＞贝肉＞虾＞鱼，说明幼蟹对沙蚕的选择性最高；另外，随水温的升高，摄食量也逐渐增加，对沙蚕的选择性逐渐增强。

天津厚蟹（*Helice tientsinensis*）和无齿螳臂相手蟹（*Chiromantes dehaani*）为长江口盐沼湿地优势蟹类物种，其食物种类主要为动物、植物、无机碎屑、有机碎屑等（表 2-8）。秦海明（2011）分析了每种蟹类 160 只个体的胃含物样品，发现其中 99.4% 的个体中有植物性食物，而仅有 31.9% 的蟹类胃含物中有动物性食物。在植物性食物中，植物叶片是蟹类摄食最多的部分，占植物性食物总摄食量的 98.75%；其次是盐沼植物的茎秆、根茎部分（表 2-9）。动物性食物主要包括腹足类、等足类、甲壳类等。

表 2-8　长江口两种优势蟹类（天津厚蟹和无齿螳臂相手蟹）**胃含物分析结果**

（秦海明，2011）

季节	植被	胃含物相对含量（面积百分比）（%）			
		动物性材料	植物性材料	有机碎屑	无机碎屑
天津厚蟹 *Helice tientsinensis*					
春季	互花米草	6.24±6.24	64.09±7.30[a]	6.89±2.82	22.78±4.68[a]
	芦苇	3.59±3.08	37.64±8.23[b]	16.76±6.30	42.01±7.56[b]
夏季	互花米草	0.55±0.41	75.85±4.26	7.36±3.84	16.23±4.23
	芦苇	4.60±2.88	83.99±3.86	2.72±0.89	8.69±2.19
秋季	互花米草	6.59±6.59	73.47±9.15	8.00±3.92	11.94±3.39[a]
	芦苇	8.08±6.49	55.66±9.64	3.61±1.37	32.65±8.11[b]
冬季	互花米草	2.46±2.46	34.81±6.58	3.85±1.55	58.88±6.67[a]
	芦苇	10.59±6.53	50.88±9.34	2.81±1.02	35.72±7.32[b]
无齿螳臂相手蟹 *Chiromantes dehaani*					
春季	互花米草	0.71±0.29	61.39±6.74	3.03±0.99	34.87±6.92
	芦苇	5.15±2.66	52.77±8.22	4.16±1.21	37.92±8.03

（续）

季节	植被	胃含物相对含量（面积百分比）（%）			
		动物性材料	植物性材料	有机碎屑	无机碎屑
夏季	互花米草	1.17±0.41	83.67±3.25	3.43±0.96	11.74±2.78
	芦苇	1.02±0.47	70.15±6.31	2.67±0.91	26.16±6.73
秋季	互花米草	0.18±0.18	84.16±2.96[a]	1.46±0.57	14.20±2.64[a]
	芦苇	0.32±0.31	61.51±8.21[b]	2.86±0.84	35.31±7.81[b]
冬季	互花米草	9.19±6.28	59.05±7.31	2.00±0.89	29.84±3.67
	芦苇	10.11±9.70	55.60±7.87	1.91±0.56	32.33±5.54

注：①每一种胃含物的相对量用面积百分比表示（平均值±标准误差）；②上标字母（a、b）表示同一季节两种植被区蟹类胃含物相对量具有显著性差异（t 检验，$P<0.05$）。

表 2-9　天津厚蟹和无齿螳臂相手蟹胃含物中植物性食物分析结果

（秦海明，2011）

季节	植被	每种植物性材料的相对含量（%）					
		根和根茎	茎	叶	花和花序	种子	芽
天津厚蟹 *Helice tientsinensis*							
春季	互花米草	19.84±9.54	4.12±2.05	76.04±9.48	0	0	0
	芦苇	24.30±6.09	2.13±2.13	73.57±6.78	0	0	0
夏季	互花米草	13.12±4.91	12.15±4.22	74.72±5.62	0	0	0
	芦苇	14.70±9.54	2.89±1.44	82.04±9.38	0.38±0.38	0	0
秋季	互花米草	35.55±8.20[A]	9.48±4.15	48.70±8.47[A]	0	0	6.26±6.26
	芦苇	8.10±3.93[B]	12.96±7.36	73.37±6.60[B]	2.58±1.84	2.66±1.50	0.33±0.33
冬季	互花米草	32.34±9.73	0	61.67±11.55	0	0.00[A]	0
	芦苇	29.54±9.53	0.61±0.61	54.23±8.62	0	12.99±5.62[B]	0
无齿螳臂相手蟹 *Chiromantes dehaani*							
春季	互花米草	18.05±7.09[A]	6.68±4.09	75.28±6.94[A]	0	0	0
	芦苇	0.49±0.22[B]	3.46±1.52	95.04±2.22[B]	0.63±0.63	0.12±0.12	0.27±0.27
夏季	互花米草	4.01±1.58	10.67±3.61	85.35±4.71	0	0	0
	芦苇	3.02±0.99	4.36±2.72	91.67±2.61	0.33±0.33	0.66±0.66	0
秋季	互花米草	0.22±0.12[A]	6.39±1.74	92.87±1.88[A]	0	0.30±0.30	0.32±0.32
	芦苇	32.91±9.93[B]	19.67±7.09	47.14±9.35[B]	0	0.27±0.27	0

（续）

季节	植被	每种植物性材料的相对含量（%）					
		根和根茎	茎	叶	花和花序	种子	芽
冬季	互花米草	26.42±8.17	0	69.89±8.12	0	0	0
	芦苇	17.36±6.17	7.01±3.87	57.68±10.06	0	7.91±5.32	0

注：①每一种植物性食物的相对量用面积百分比表示（平均值±标准误差）；②上标字母（A、B）表示同一季节两种植被区蟹类胃含物相对量具有显著性差异（t 检验，$P<0.05$）。

第二节　消费者取食类型

鱼类从环境中摄取食物，关系到鱼类的生存、生长、发育和繁殖。根据各种鱼类脱离幼体时期后所摄取的主要食物，可将鱼类食性分成不同类型，通常是按饵料生物的生态类群划分，也有按所摄食食物类群的广狭程度进行划分。

一、鱼类的取食类型

对于长江口常见的主要鱼类物种，罗秉征等（1997）曾根据食物类群出现频率组成的百分比，将它们划分成浮游生物食性鱼类、底栖生物食性鱼类、游泳生物食性鱼类及混合食性鱼类 4 种摄食生态类群。

（1）浮游动物食性　该类型大多是中、上层鱼类，颌齿细小或退化，鳃耙细密而发达，以便滤食个体细小的食物，胃呈 Y 形。以桡足类，如哲水蚤、剑水蚤及猛水蚤等为主要食物，兼滤食一些较大型的浮游生物，如中国毛虾、甲壳类幼体及仔、稚鱼。主要物种锤氏小沙丁鱼、斑鰶、鳓、日本鳀、小公鱼、赤鼻棱鳀、黄鲫、凤鲚、银鲳、灰鲳等。

（2）底栖生物食性　该类群鱼类性情较温和，游动速度较慢，多属底栖或近底层鱼类，颌齿形态差异较大，胃型也多样化，鳃耙的形态结构介于浮游生物食性鱼类与游泳生物食性鱼类之间。主要以底栖虾蟹类，如褐虾、鼓虾、仿对虾、长臂虾、钩虾、鹰爪虾等为主要饵料食物，另外，还能够捕食一些多毛类如沙蚕；瓣鳃类如小刀蛏；棘皮类如海蛇尾等物种。底栖食性主要物种有孔鰕、刀鲚、细条银口天竺鲷、多鳞鱚、乌鲹、叫姑鱼、舌鳎、木叶鲽、绿鳍马面鲀、斑鲆、中国魟、光魟、赤魟等。

（3）游泳生物食性　该类型多属凶猛性鱼类，游泳速度快，口裂大，颌齿强而锐利；鳃耙稀疏，粗短或退化，胃也多呈 Y 形。主要摄食中小型鱼类及头足类，主要食物种类有锤氏小沙丁鱼、黄鲫、赤鼻棱鳀、日本鳀、细条天竺鲷、黑鳃梅童鱼、玉筋鱼、六丝钝尾虾虎鱼、方氏锦鳚、凤鲚、日本枪乌贼等。游泳生物食性鱼类物种主要包括鲻、蓝点马鲛、长吻鮠、中国花鲈、黄鮟鱇、龙头鱼、海鳗、带鱼、宽尾斜齿鲨等。

（4）混合（底栖生物和游泳生物）食性　该食性鱼类食谱很广，在长江口鱼类中种类最多，其食物类群包括底埋生物如多毛类、瓣鳃类、腹足类；底面层生物如海葵、海蛇尾；底层生物如十足类、口足类；以及游泳生物如中小型鱼类及头足类，偶尔还捕食一些大型的浮游生物，如中国毛虾等。混合食性鱼类主要包括丝鳍海鲇、短尾大眼鲷、黄姑鱼、银姑鱼、大黄鱼、小黄鱼、黑鳃梅童鱼、棘头梅童鱼、星康吉鳗、华髭鲷、黑鳍髭鲷、黑棘鲷、单指虎鲉、虻鲉、鲬、田中狮子鱼、斑纹条鳎、半滑舌鳎、焦氏舌鳎、黄鳍东方鲀、铅点东方鲀、双斑东方鲀、暗纹东方鲀、菊黄东方鲀等。

另外，庄平等（2010）针对长江口中华鲟幼鱼和 6 种主要经济鱼类，采用一般多数的原则，以饵料的出现频率百分比组成的 60% 为标准（即超过 60% 为主要的摄食对象）进行食性的分类。根据长江口中华鲟幼鱼与 6 种经济鱼类饵料生物（表 2-1 至表 2-7）生态类群的出现频率百分比组成（表 2-10），发现它们分属 4 种食性类型：①中华鲟幼鱼以底栖无脊椎动物和底栖鱼类为主要食物（分别占 60.59% 和 33.04%），属底栖生物食性；窄体舌鳎以底栖无脊椎动物为主要食物（占 77.97%），属底栖生物食性。②中国花鲈摄食的底栖无脊椎动物和底栖鱼类达 57.78%，游泳动物达 26.29%，浮游动物达 15.19%，属底栖动物、游泳动物食性。③鲻和鮻以硅藻和有机碎屑为主要食物（分别占 67.65% 和 84.11%），属底层藻类食性。④凤鲚和刀鲚以浮游动物为主要食物（分别占 74.66% 和 75.38%），属浮游动物食性。

表 2-10　长江口 6 种经济鱼类与中华鲟幼鱼食物的生态类群（出现频率百分比组成%）

种名	底层藻类	有机碎屑	浮游动物	游泳动物	底栖无脊椎动物	底栖鱼类
中国花鲈 *Lateolabrax maculatus*			13.18	30.14	41.37	15.30
鮻 *Liza haematochiela*	35.40	36.16	12.77		15.66	
鲻 *Mygil cephalus*	39.04	41.99	6.44		12.52	
刀鲚 *Coilia nasus*		4.63	66.99	11.94	10.65	5.79
凤鲚 *Coilia mystus*		5.49	69.60	10.07	8.99	5.85
窄体舌鳎 *Cynoglissus gracilis*		11.92	1.36	1.02	75.48	10.21
中华鲟 *Acipenser sinensis*		4.27	0.98	0.98	60.83	32.93

二、底栖动物的取食类型

底栖动物是长江口湿地生态系统的重要组成部分，在食物链中发挥着承上启下的作用。然而，对于底栖动物的食性划分一直还没有统一的认识。一般来说，底栖动物的食性划分有两种方法，第一种按照消费者的行为特征，可以划分为 5 种类型（Cummins，1974；Wallace et al，1997；Hall et al，2008），分别为：

（1）刮食者（scrapers）　主要以各种营固着生活的生物类群为食，如着生藻类等。

（2）撕食者（shredders）　主要以各种凋落物和粗有机颗粒（coarse particulate organic matter，CPOM，粒径 > 1 mm）为食。

（3）收集者（gather-collectors）　主要取食水底的各种有机颗粒物。

（4）滤食者（filter-collectors）　以水流中的细有机颗粒物（fine particulate organic matter，FPOM，0.45 mm<粒径<1 mm）为食。

（5）捕食者（predators）　以捕食其他水生动物为食。

第二种按照消费者的摄食生境位置和取食特点，可以划分为 5 种类型（Levin et al，2006；Choy et al，2008），分别为：

（1）悬浮取食者（suspension feeders）　主要是以水体中悬浮物为食，对应前面的滤食者，以瓣鳃类物种为主。

（2）表层取食者（surface grazers）　主要以沉积物表层物质为食，对应前面的刮食者，以蟹类和腹足类为主。

（3）沉积取食者或者说食碎屑者（deposit feeders）　主要以沉积物为食，对应前面的撕食者或收集者，以一些多毛类、蟹类等为主。

（4）杂食者（omnivore）　食物种类比较广泛。

（5）肉食者（carnivore）　对应于前面的捕食者，主要以其他生物为食，包括一些蟹类、沙蚕等。

根据上述的分类依据，结合长江口底栖动物特点，按照食性、运动能力和摄食方法，将所鉴别的各种底栖动物归纳为食悬浮物者、表层碎屑取食者、掘穴取食碎屑者、肉食者和植食者。这些类群中的每一种可能属于 3 种不同运动能力中的一种，即运动、半运动（在摄食点之间运动，但摄食时固着不动）、固着。这 3 种类型又根据摄食方法不同进行划分：用颚摄食、用触手摄食及除前述两者之外的其他摄食机制（袁兴中，2001）。长江口各种底栖动物的取食类型和功能群划分见表 2-11。

表 2-11　长江口南岸潮滩湿地底栖动物功能群

（袁兴中，2001）

取食类型	具体描述	种类
肉食者	运动以颚食肉者	脊尾白虾 *Exopalamon carincauda* 秀丽白虾 *E. modestus* 拟穴青蟹 *Scylla Paramamosain* 狭额绒螯蟹 *Eriochier leptognathus*

（续）

取食类型	具体描述	种类
肉食者	运动肉食者	纽虫 *Cerebratulus communis*
	半运动以颚食肉者	光背节鞭水虱 *Synidotea laevidorsalis* 盖鳃水虱属一种 *Idotea* sp.
悬浮取食者	运动以颚食悬浮物者	涟虫 *Bodotria* sp.
	运动食悬浮物者	钩虾 *Gammarus* sp. 独眼钩虾 *Monoculodes* sp. 中华蜾蠃蜚 *Corophium sinensis*
	半运动食悬浮物者	河蚬 *Corbicula flumunea* 缢蛏 *Sinonvacula constricta* 焦河篮蛤 *Potamocorbula ustulata* 中国绿螂 *Glauconome chinensis*
	固着食悬浮物者	泥藤壶 *Balanus uliginosus* 近江牡蛎 *Ostrea rivularis*
	固着以触手食悬浮物者	水螅虫 *Hydrozoa*
表层碎屑取食者	运动表层以颚食碎屑者	沙蚕属一种 *Nereis* sp. 宽身大眼蟹 *Macrophthalmus dilatatum* 日本大眼蟹 *M. japonicus* 隆线拟闭口蟹 *Paracleistostoma cristatum* 豆形拳蟹 *Philyra pisum* 四齿大额蟹 *Metopograpsus quadridentatus*
	运动表层食碎屑者	霍浦水丝蚓 *Limnodrius hoffmeisteri* 带丝蚓 *Lumbriculus* sp. 多鳃齿吻沙蚕 *Nephtys polybranchia* 海蟑螂 *Ligia exotica*
	固着表层以触手食碎屑者	旋鳃虫 *Spirobranchus* sp.
	半运动表层食碎屑者	泥螺 *Bullacta exarata* 堇拟沼螺 *Assimima violacea* 绯拟沼螺 *Assimima latericea*
掘穴食碎屑者	运动表层下以颚食碎屑者	疣吻沙蚕 *Tylorrhynchus heterochaetus* 单叶沙蚕属一种 *Namalycastis* sp. 弧边招潮蟹 *Uca arcuata* 谭氏泥蟹 *Ilyoplax deschampsi* 红螯相手蟹 *Sesarma haematocheir* 无齿螳臂相手蟹 *Chiromantes dehaani* 褶痕相手蟹 *Sesarma plicata* 中华相手蟹 *Sesarmops sinensis* 天津厚蟹 *Helice tientsinensis*

（续）

取食类型	具体描述	种类
掘穴食碎屑者	半运动表层下以颚食碎屑者	丝异蚓虫 *Heteromastus filiformis* 拟寡毛虫 *Capitellethus dispar* 背蚓虫 *Notomastus latericeus* 中蚓虫 *Mediomastus californiensis* 小头虫 *Capitella capitata*
植食者	半运动植食者	光滑狭口螺 *Stenothyra glabra* 麂眼螺 *Rissoina* sp. 色带短沟卷 *Semisulcospira mandarina* 梨形环棱螺 *Bellamya purificata* 双翅目幼虫 Diptera

第三节 营 养 级

营养级是生态系统中营养动力学的核心概念，最早由 Lindeman（1942）提出，用于反映食物网中生命体的位置。营养级不仅强调了系统内各物种的功能地位，还反映了物质和能量在生态系统中流动和传递的模式。根据营养级，可以将生态系统中各生物划分为生产者、消费者和捕食者，这样不仅在一定程度上简化了食物网，表明了生态系统中物质和能量的流动途径，同时，将生态系统的组成结构和物种间的营养关系相关联，从而体现了系统的统一性，是系统结构和功能的有机结合，也有利于深入探讨生态系统的内在组成机制和变化原因。在水生生物增殖放流过程中，科学评估放流水域生物类群的营养级结构特征以及放流物种的营养级位置，根据营养级生态位差异，合理选择放流品种，能够更加有效地实现水生生物资源养护和增殖效果。

一、胃含物确定的营养级

通常，鱼类的营养级计算，根据某种生物的平均营养级等于各种食物成分的营养级的平均值与其出现频率乘积之和加 1 的原则估算。一些学者以浮游植物作为第一营养级（平均值为 1）；植食性浮性动物位于第二营养级（2）；低级肉食性鱼类为第三级（3.0～3.5）；中级肉食性鱼类为第四级（3.6～4.0）；高级肉食性鱼类为鱼类食物链营养级的最高级五级（4.0～4.5）（Yang，1982；Dou，1995）。罗秉征等（1997）通过胃含物样本分析了长江口 60 种鱼（13 目 35 科）的 6 183 个消化道样本，确定了主要鱼类的营养级水平（表 2-12）。其中，12 种低级肉食性鱼类（3.0～3.5）主要是浮游动物食性鱼类，以桡足类为主要食物，并兼食一些浮游植物及小型底栖动物。10 种高级肉食性鱼类（4.1～4.5）主要为游泳生物食性鱼类，主要摄食日本枪乌贼及小型底栖鱼类，如日本鳀、黄鲫、黑鳃梅童鱼等。中级肉食性鱼类（3.6～4.0）最多，一共有 37 种，属混合型肉食性鱼类及底栖生物食性鱼类，以底栖无脊椎动物如虾蟹类及中小型鱼类等为主要食物。

表 2-12 长江口鱼类营养级平均估测值

（罗秉征等，1997）

低级肉食性鱼类		中级肉食性鱼类				高级肉食性鱼类	
物种	营养级	物种	营养级	物种	营养级	物种	营养级
青鳞鱼	3.2	孔鳐	3.7	面鳀	3.7	尖头斜齿鲨	4.2
斑鰶	3.4	中国魟	3.7	单指虎鲉	3.8	长蛇鲻	4.3
鳓	3.4	光魟	3.7	虹鲉	3.8	龙头鱼	4.3
鳀	3.3	赤魟	3.6	鲬	3.8	海鳗	4.2
康氏小公鱼	3.4	丝鳍海鲇	3.7	田中狮子鱼	4.0	油舒	4.2
黄鲫	3.2	多鳞鱚	3.6	斑纹条鳎	3.7	鲈	4.4
凤鲚	3.1	刀鲚	3.6	半滑舌鳎	3.8	黄鮟鱇	4.4
短尾大眼鲷	3.5	乌鲳	3.6	短吻舌鳎	3.8	带鱼	4.3
细条天竺鲷	3.5	叫姑鱼 白姑鱼	3.6 3.7	焦氏舌鳎	3.6	蓝点马鲛	4.5
银鲳	3.1	小黄鱼	3.8	宽体舌鳎	3.6	长吻鮠	4.1
灰鲳	3.2	黑鳃梅童鱼	3.6	木叶鲽	3.6		
赤鼻棱鳀	3.2	棘头梅童鱼	3.6	斑鲆	3.7		
		黑棘鲷	3.9	绿鳍马面鲀	3.6		
		黑鳍髭鲷	4.0	铅点东方鲀	3.7		
		华髭鲷	4.0	暗色东方鲀	3.8		
		星鳗	4.0	菊黄东方鲀	3.8		
		黄姑鱼	3.8	双斑东方鲀	3.6		
		大黄鱼	3.9	条纹东方鲀	3.7		

二、稳定同位素确定的营养级

除了常规的消化道内含物分析，近年来，稳定同位素技术逐渐应用在消费者营养级研究上。由于氮稳定同位素（δ^{15}N）通常随着营养等级升高而富集，并且富集量相对恒定，每个营养等级富集3‰～4‰，因此，用δ^{15}N来评估消费者的营养级具有稳定可靠的特点。

稳定同位素组成的测定通常采用相对测量法，即将所测样品的同位素值与相应的标准物质的同位素值作对比，比较的结果称为样品的稳定同位素比率，即δ值，定义为：

$$\delta X = ([R_{样品} / R_{标准}] - 1) \times 10^3$$

式中　X——所测重同位素（如^{13}C、^{15}N）；

R——重同位素与轻同位素的比值（如^{13}C/^{12}C、^{15}N/^{14}N）。

营养级计算公式为：

$$TL = (\delta^{15}N_{consumer} - \delta^{15}N_{baseline}) / \Delta\delta^{15}N + 2$$

式中　TL（trophic Level）——所计算生物的营养级；

$\delta^{15}N_{consumer}$——该系统消费者氮同位素比值；

$\delta^{15}N_{baseline}$——该系统基线生物的氮同位素比值，在对长江口的营养级研究中，参照Zanden等（1997）的方法，选取初级消费者毛蚶作为基线生物，以其闭壳肌的稳定同位素7.73‰值作为基准值；

$\Delta\delta^{15}N$——一个营养级δ^{15}N的富集度，这里采用2.5‰与3.4‰的平均值2.95‰，其中，2.5‰是蔡德陵等（2005）在室内控制饲养条件下所喂鳀与其饵料间δ^{15}N的差值，3.4‰来源于国外学者应用稳定同位素计算营养级的研究（Post，2002）。

通过对长江口水生生物δ^{15}N稳定同位素分析测试，得出长江口食物网不同消费者生物营养级（表2-13）。各生物的营养级范围为1.02（浮游植物）到4.60（中华鲟），营养级层次的长度是4级。鱼类的营养级由2.52（鲢）到4.60（中华鲟），处于第二营养级的鱼类占鱼类总数的28%，第三营养级为53%，第四营养级为19%。无脊椎动物的营养级范围是2.00（毛蚶）到3.96（中华绒螯蟹）。浮游生物中，浮游植物营养级最低（1.02），浮游动物营养级范围是1.16～1.66。

表2-13　长江口水生生物种类及其体长（BL）、δ^{13}C和δ^{15}N值及营养级（TL）（平均值±标准差）

种类	BL（mm）	δ^{15}N±SD	δ^{13}C±SD	TL±SD
毛蚶 *Scapharca subcrenata*		7.73±0.09	−17.79±0.02	2.00±0.03
拟穴青蟹 *Scylla paramamosain*		9.07±0.14	−17.49±0.03	2.42±0.04
安氏白虾 *Exopalaemon annandalei*	28～35	9.16±0.10	−18.99±0.06	2.45±0.03
日本蟳 *Charybdis japonica*		10.17±0.13	−14.84±0.07	2.77±0.04
中华绒螯蟹 *Eriocheir sinensis*		13.53±0.07	−22.22±0.13	3.84±0.02
豆形拳蟹 *Philyra pisum*		13.12±0.06	−16.59±0.02	3.71±0.02
脊尾白虾 *Exopalamoncarincauda*	35～50	11.37±0.69	−18.06±0.69	3.16±0.22

（续）

种类	BL（mm）	$\delta^{15}N \pm SD$	$\delta^{13}C \pm SD$	TL±SD
葛氏长臂虾 Palaemon gravieri	28～42	9.46±0.76	−18.49±0.37	2.55±0.24
三疣梭子蟹 Portunus trituberculatus		10.41±0.06	−15.94±0.12	2.85±0.02
鲢 Hypophthalmichthys molitrix	400～455	9.26±0.06	−24.04±0.05	2.52±0.02
鲫 Carassius auratus	105～200	9.39±0.95	−22.01±0.34	2.56±0.30
棱鲛 Lixa carinatus	120～125	9.91±1.59	−16.66±0.74	2.74±0.50
孔虾虎鱼 Trypauchen vagina	115～150	9.91±0.11	−16.42±0.11	2.74±0.03
似鳊 Pseudobrama simoni	120～132	9.98±0.07	−24.35±0.04	2.76±0.02
凤鲚 Coilia mystus	135～150	10.10±0.05	−18.02±0.07	2.80±0.02
斑尾刺虾虎鱼 Acanthogobius ommaturus	125	10.34	−22.95	2.89
髭缟虾虎鱼 Tridentiger barbatus	85～102	10.36±0.31	−17.45±0.10	2.89±0.10
鲛 Lixa haematocheila	110～350	10.37±0.85	−18.08±5.28	2.89±0.27
焦氏舌鳎 Cynoglossus joyneri	100～103	10.55±1.55	−17.64±1.14	2.96±0.49
棘头梅童鱼 Collichthys lucidus	103～122	10.77±0.15	−19.13±1.65	3.03±0.05
乌鳢 Ophiocephalus argus	255～280	10.80±0.03	−19.92±0.01	3.04±0.01
鳊 Parabramis pekinensis	145～235	11.21±1.83	−24.10±1.09	3.18±0.58
黄姑鱼 Nihea albiflora	115～120	11.38±0.17	−16.57±0.10	3.24±0.05
鲤 Cyprinus carpio	475	11.39	−27.12	3.24
矛尾虾虎鱼 Chaeturichthys stigmatias	195～200	11.41±0.96	−16.85±0.74	3.25±0.31
斑鰶 Konosirus punctatus	130～172	11.57±0.04	−18.04±0.17	3.30±0.01
刀鲚 Coilia macrognathos	150～263	11.89±0.54	−19.19±0.71	3.41
银鮈 Squalidus argentatus	95	12.23	−29.78	3.52
鲻 Mugil cephalus	390～420	12.27±0.95	−16.30±1.01	3.54±0.30
鲬 Platycephalus indicus	340～365	12.38±0.08	−15.36±0.04	3.58±0.03
鮸 Miichthys miiuy	205～240	12.59±1.46	−20.05±1.76	3.65±0.46
拉氏狼牙虾虎鱼 Tuenioides rubicundus	180～196	13.16±0.03	−14.25±0.07	3.84±0.01
半滑舌鳎 Cynoglossus semilaevis	235～255	13.37±0.07	−20.66±0.06	3.91±0.02
中国花鲈 Lateolabrax maculatus	140～145	13.52±0.51	−22.18±1.64	3.96±0.16
光泽黄颡鱼 Pelteobaggrus nitidus	100～115	13.74±0.08	−21.35±0.08	4.04±0.03
鳜 Siniperca chuatsi	145	13.93	−24.17	4.10
长蛇鮈 Saurogobio dumerili Bleeker	190～195	14.54±0.09	−24.28±0.10	4.31±0.03
睛尾蝌蚪虾虎鱼 Lophiogobius ocellicauda	45～50	14.64±0.10	−23.73±0.10	4.34±0.03
翘嘴鲌 Erythroculter ilishaeformis	165～180	14.71±0.05	−25.01±0.08	4.40±0.02
长吻鮠 Leiocassis longirostris	215	14.83	−24.1	4.41
窄体舌鳎 Cynoglossus gracilis	220～255	14.97±0.62	−22.41±0.51	4.45±0.20
中华鲟 Acipenser sinensis	290～295	15.39±0.30	−22.84±1.05	4.60±0.10

根据浮游生物、底栖无脊椎动物以及鱼类样品的 $\delta^{15}N$ 结果和营养级计算公式，计算得出长江口水生生态系统主要鱼类和底栖无脊椎动物的营养级和连续营养谱（图 2-1）。与前期结果对比表明，用稳定同位素方法与胃含物分析法得到的营养级具有较好的一致性。

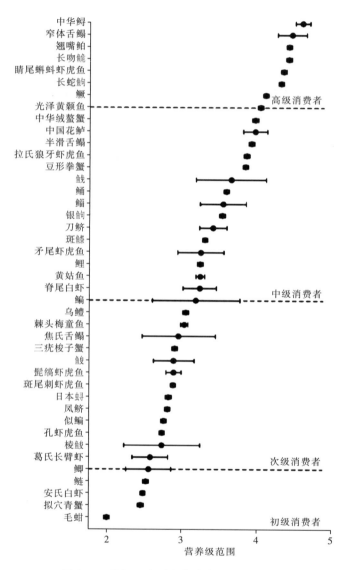

图 2-1　长江口主要生物种类连续营养谱

（1）初级消费者　以毛蚶、安氏白虾等无脊椎动物和鲢、鲫等杂食性鱼类为代表，$\delta^{15}N$ 值范围为 7.73‰~9.39‰。毛蚶主要以硅藻和有机碎屑为食，营养级最低；鲢终生以浮游生物为食，仔鱼期摄食浮游动物，如轮虫、枝角类、桡足类等，成鱼主要滤食浮游植物和植物碎屑（倪达书和蒋燮治，1954）。鲫为杂食性，摄食水生植物和藻类，也食枝角类、桡足类、水生昆虫等（袁兆祥 等，2010）。

（2）次级消费者　主要以棘头梅童鱼、斑尾刺虾虎鱼等小型肉食鱼类为代表，$\delta^{15}N$值范围为 9.46‰～10.80‰。棘头梅童鱼主要食物为糠虾类、长尾类、鳞虾类、鱼类和桡足类（贺舟挺 等，2011）。斑尾刺虾虎鱼主要以虾苗、蟹苗、多毛类和鱼类为食（韩东燕等，2013）。

（3）中级消费者　以刀鲚、中国花鲈等为代表，$\delta^{15}N$值范围为 11.21‰～13.52‰。刀鲚为浮游动物食性，其主要的食物种类有中华节糠虾、中国毛虾、安氏白虾等（庄平等，2010）；根据洪巧巧等（2012）对中国花鲈食性的研究，在中国花鲈的饵料组成中，节肢动物占优势，包括虾、蟹、口足类和等足类等，其次是鱼类和软体动物。

（4）高级消费者　以中华鲟、翘嘴鲌、长吻鮠等高级肉食性鱼类为代表，$\delta^{15}N$值范围为 13.74‰～15.39‰。中华鲟的主要饵料类群是鱼类，包括斑尾刺虾虎鱼、窄体舌鳎、矛尾虾虎鱼、凤鲚等（庄平 等，2010）。翘嘴鲌以中上层水体小型杂鱼、虾类为主要食物，也食昆虫、枝角类、桡足类和水生植物（张小谷和熊邦喜，2005）。长吻鮠主要捕食虾、蟹、鱼和其他水生动物，体长 500 mm 以上个体还兼食凤鲚和弹涂鱼等（胡梦红和王有基，2006）。

通过分析消费者组织内稳定同位素比值，可以较直观地反映该消费者一定时期内的摄食偏好。在长江口鱼类食物网与营养结构的研究中，胃含物分析法与稳定同位素计算结果表明，几种鱼类营养级计算差值均在 1 个营养级以内，其中，焦氏舌鳎营养级下降了 0.9；半滑舌鳎营养级差值为 0.01，基本保持不变；长吻鮠营养级由原来的 4.1 上升到了 4.41。总体而言，长江口鱼类营养级较之前研究变化不大。

三、鱼类个体大小与营养级的关系

一般来说，水生生物个体随着体长的增加，能够取食的食物种类逐渐增多，营养级也会有所增加。卢伙胜等（2009）在应用氮稳定同位素技术对雷州湾海域主要鱼类营养级的研究中，对不同体长、体重的长蛇鲻（*Saurida elongata*）、日本金线鱼（*Nemipterus japonicus*）、大头狗母鱼（*Trachinocephalus myops*）3 种鱼类的 $\delta^{15}N$ 与体长的关系做了分析，发现 3 种鱼类的 $\delta^{15}N$ 值与体长有一定的正相关性。闫光松（2016）研究了长江口棘头梅童鱼（*Collichthys lucidus*）、中国花鲈（*Lateolabrax maculatus*）、斑尾刺虾虎鱼（*Acanthogobius ommaturus*）3 种鱼类不同体长的营养级，也发现相似的结果（图 2-2）。表明随体长的增加鱼类营养级均有相应增大的趋势，说明随着鱼类的生长发育其摄食习性也随之发生变化。随着鱼类的生长，体长和体重不断增加，会更加倾向于摄食更高营养层次的生物，从而导致营养级的改变。有研究发现，斑尾刺虾虎鱼在体长 20 mm 以前主要摄食桡足类和虾蟹类幼体；20 mm 以后以虾苗、蟹苗为食，较大个体以小的鱼类以及虾蟹类为食（韩东燕 等，2013）。中国花鲈早期的幼鱼主要是以浮游动物为食，后转变为主要以虾、鱼为食，成鱼则主要以鱼类为食（孙帼英和朱云云，1994）。因此，鱼类营养级的变化与其摄食习性有关，而体长的生长又影响着其食性。

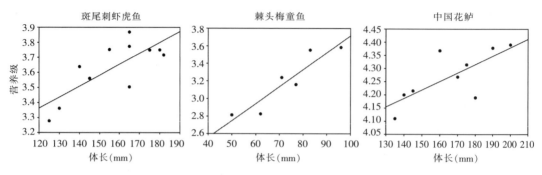

图 2-2　不同体长 3 种鱼类营养级的比较

第四节　基础食源

在食物网能量流通路径的研究中，确定消费者的基础食物资源是最重要的内容。河口是联系陆地和海洋生态系统的最主要通道，会有大量的陆源、海源和自生有机质的累积，为河口生态系统提供有力的营养物质保证。河口的水域生态系统与陆地和海洋生态系统相比，一般拥有大量外源性的（allochthonous）以及自生性（locally produced）的潜在有机碳源，包括水域中的浮游植物、底栖微藻、大型藻类以及陆地来源的植物碎屑和维管植物等。多种多样的有机碳源，使食物网的物质和能量流通途径研究存在一定的困难。

一、食源种类

长江口为咸淡水混合区域，有机质来源非常复杂。长江通过河口向海洋输送大量的有机碳，包括径流侵蚀土壤有机质形成的陆源有机物、人类生活污水或工业废水产生的有机物等；在入海处还会遭遇海洋来源的有机质；河口土著浮游生物或植物固定的有机物质等。在长江口可采集到的碳源物质，包括底栖微藻类（benthic microalgae, BMI）、悬浮颗粒有机物（suspended particular organic matter, POM）、沉积有机质（sediment organic matter, SOM）、浮游植物以及盐沼植物等。

底栖微藻是栖息沉积物表层的微型藻类，它们在退潮时能适应暂时的干旱和冬季的冰冻等环境，只要温度适宜，有潮水滋润，便又开始正常的生长发育。长江口底栖微藻的种类，主要有硅藻、甲藻、鞭毛藻等。悬浮颗粒有机物，以悬浮固体形态分散于水中。沉积有机物主要是指水底表层 5 mm 左右的沉积物层。浮游植物尽管微小，也是重要的碳、氮固定生物，支持河口游泳动物次级生产的重要有机碳源之一，是消费者重要的食物来源。盐沼植物分布在长江口近岸潮间带区域，主要有本地土著 C_3 植物芦苇、海三棱藨草以及外来入侵 C_4 植物互花米草。另外，还有一些其他的陆生植物。

由于长江口动物消费者种类多样，对于不同消费者食源基础的研究差异也较大。一般比较传统的研究方法是，通过解剖动物消费者的消化道获得其食物组成，从而判断消费者的食源基础。但是此种方法需要的样本量要非常大，才能够获得比较全面的信息，常受到时间和空间等条件的制约。而河口区域有机质来源的多样性，使得用传统的肠胃含物方法研究食源基础变得比较困难（Riera et al，1999）。近年来，稳定同位素和脂肪酸的分析方法逐渐成为研究食源基础的重要方法（Peterson et al，1986；Page，1997；Bouillon et al，2002）。

稳定同位素示踪法通过分析生物体的一部分或全部组织的稳定同位素组成，可以有效地揭示其有机物来源、消费者的食物组成以及各生物在食物网中所处的营养级，数据反映的是生物长期生命活动的结果。消费者的碳同位素和其食源基本相似，平均富集在 $0.1‰ \sim 0.4‰$，是食物来源良好的示踪指标（Peterson et al，1986）。稳定同位素技术不仅可以检测出消费者吸收同化的各种食物资源，并且可以根据同位素质量平衡的原理（如 Isosource 混合模型），估算出各食源的相对贡献（Phillips，2001）。因而，在食物网营养关系的确定方面得到广泛应用。

脂肪酸技术近年来也在食物网研究中得到应用，主要是利用一些特殊的脂肪酸在摄食活动过程中不会被改变的性质，可辨别生物的饵料来源（Parrish et al，2000；Budge et al，2007）。由于生物脂肪酸的积累和组成是长期摄食活动的结果，因此，利用脂肪酸判断生物的食性偶然性较小。脂肪酸标志法在海洋生物食物关系研究中已经得到了广泛应用，可以用来确定水生系统中消费者的细菌、硅藻、鞭毛藻、浮游动物、大型藻类和植物等食物来源（Belicka et al，2012；Irisarri et al，2014；Wang et al，2014）。

二、各食源相对贡献

1. 常见鱼类的食源及其贡献

颗粒有机物（POM）、沉积质（SOM）以及浮游植物，可以作为长江口鱼类的有机碳源。选取这 3 种碳源分别进行同位素的分析测定（闫光松，2016），结果表明，POM 的 $\delta^{13}C$ 最小，为（-24.54 ± 1.26）‰；SOM 最高，为（-15.51 ± 5.51）‰；沉积物同位素值跨度较大，从 $-11.62‰$ 到 $-18.70‰$。浮游植物的 $\delta^{13}C$ 平均值为（-21.51 ± 0.95）‰。将这 3 种潜在食源的 $\delta^{13}C$ 值与长江口主要鱼类物种的 $\delta^{13}C$ 值进行比较（图 2-3），结果表明，银鲴、鲤、翘嘴鲌、睛尾蝌蚪虾虎鱼、中国花鲈 5 种鱼类与 POM 的 $\delta^{13}C$ 值比较接近，说明 POM 是这 5 种鱼类主要的食源；而鲬和拉氏狼牙虾虎鱼的 $\delta^{13}C$ 值与 SOM 较接近，说明 SOM 可能是这两种鱼的主要营养来源。

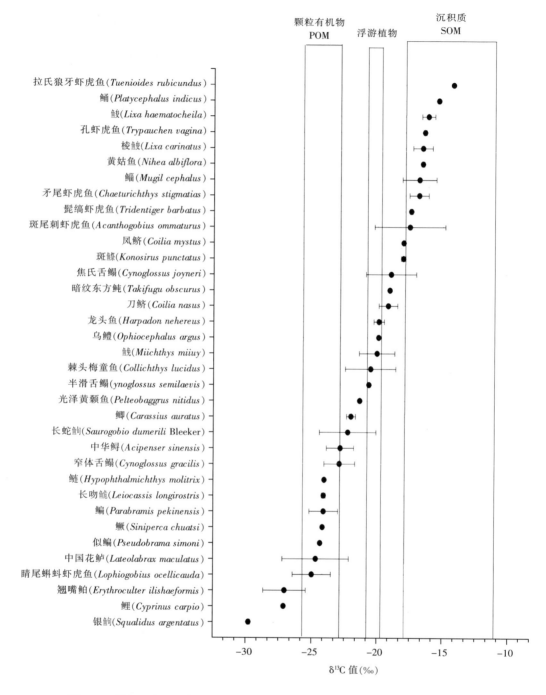

图 2-3　长江口主要鱼类和 3 种有机碳源的碳稳定同位素比值（平均值±标准差）

(闫光松，2016)

　　基于稳定同位素多元混合模型（IsoSource），估算各食源对鱼类的相对贡献。3 种有机碳源的贡献比例如表 2-14 所示。其中，SOM 的贡献比例超过 50% 的有 11 种鱼类；POM 的贡献比例超过 50% 的有 7 种鱼类。在鳊、似鳊、长吻鮠等鱼类的食物来源中，

POM 的贡献比例甚至达到了 90% 以上，故可判定长江口常见鱼类的食物来源主要是 SOM 与 POM，其次是浮游植物。根据 IsoSource 模型分析结果，可以将长江口主要鱼类分为三个类群：第一类主要以 POM 为食物来源，包括鳊、似鳊、长吻鮠等鱼类；第二类的食物来源以浮游植物为主，POM 和 SOM 为辅，主要有光泽黄颡鱼、棘头梅童鱼、鮸等；第三类主要以 SOM 为主要食源，包括斑尾刺虾虎鱼、矛尾虾虎鱼、鲻等。

由于河口复杂的地理环境，在陆源有机物、海源有机物及河口自身有机质错综复杂的影响下，长江口主要鱼类的碳稳定同位素值跨度非常大，范围为 14.25‰～29.78‰，跨度高达 15.53‰，说明各鱼类食物来源非常广。

表 2-14　有机碳源对长江口主要鱼类食物来源相对贡献的平均值和范围

（数据来自闫光松，2016）

种类	颗粒有机物 POM 平均值（范围）	浮游植物 平均值（范围）	沉积物 SOM 平均值（范围）
似鳊 *Pseudobrama simoni*	96.3（95～98）	2.7（0～5）	0.7（0～2）
鳜 *Siniperca chuatsi*	92.5（89～96）	5.5（0～11）	1.7（0～3）
鳊 *Parabramis pekinensis*	91（87～95）	7（2～12）	1.7（0～3）
长吻鮠 *Leiocassis longirostris*	91（87～95）	7（2～12）	1.7（0～3）
鲢 *Hypophthalmichthys molitrix*	33.6（4～63）	44.7（0～96）	18.7（0～38）
窄体舌鳎 *Cynoglossus gracilis*	63.4（47～81）	28.2（2～53）	8.2（0～17）
中华鲟 *Acipenser sinensis*	63.2（45～81）	27.6（0～54）	8.9（0～18）
长蛇鮈 *Saurogobio dumerili* Bleeker	50.5（26～75）	37（0～74）	12.2（0～24）
鲫 *Carassius auratus*	47.9（18～72）	37（0～81）	14.9（0～27）
光泽黄颡鱼 *Pelteobaggrus nitidus*	29（0～65）	54.2（0～98）	16.4（2～35）
半滑舌鳎 *Cynoglossus semilaevis*	28.5（0～57）	43（0～86）	28（14～42）
棘头梅童鱼 *Collichthys lucidus*	29（2～56）	40.7（0～81）	30.3（17～44）
鮸 *Miichthys miiuy*	24.3（2～48）	39.6（3～74）	35.8（24～48）
乌鳢 *Ophiocephalus argus*	24（0～48）	37.8（2～74）	37.8（26～50）
龙头鱼 *Harpadon nehereus*	30.5（0～47）	28.1（3～74）	41.5（26～50）
刀鲚 *Coilia macrognathos*	16.5（0～33）	37（12～62）	46（28～54）
暗纹东方鲀 *Takifugu obscurus*	20（2～38）	30.2（3～57）	49.8（41～59）
焦氏舌鳎 *Cynoglossus joyneri*	20（2～38）	28.8（2～56）	51.2（42～60）
斑鰶 *Konosirus punctatus*	13.5（0～27）	22（2～42）	64（57～71）

（续）

种类	颗粒有机物 POM 平均值（范围）	浮游植物 平均值（范围）	沉积物 SOM 平均值（范围）
凤鲚 *Coilia mystus*	13.5（0～27）	22（2～42）	64（57～71）
斑尾刺虾虎鱼 *Acanthogobius ommaturus*	12.5（2～23）	16（0～32）	71.5（66～77）
髭缟虾虎鱼 *Tridentiger barbatus*	11（2～20）	16.7（3～30）	72.3（68～77）
矛尾虾虎鱼 *Chaeturichthys stigmatias*	7.5（0～15）	11.5（0～23）	80.5（77～84）
鲻 *Mugil cephalus*	8（2～14）	10.8（2～20）	81.2（78～84）
黄姑鱼 *Nihea albiflora*	0（0～0）	18（18～18）	81（81～81）
棱鲅 *Lixa carinatus*	0（0～1）	18（18～18）	81（81～81）
孔虾虎鱼 *Trypauchen vagina*	4.5（0～9）	8.5（2～15）	86.5（84～89）
鲅 *Lixa haematocheila*	3（0～6）	6.3（2～11）	90.3（89～92）

2. 无脊椎动物的食源及其贡献

对长江口 14 种无脊椎动物及潜在食源的同位素值分析结果表明（闫光松，2016），河蚬同位素值与 SOM 较为接近（图 2 - 4）。说明 SOM 可能为其主要食物来源，而日本蟳与 POM 较为接近，说明 POM 是其主要的食物来源。通过稳定同位素多元混合模型 Isosource，计算得出 3 种有机碳源分别对 11 种无脊椎动物的相对贡献（表 2 - 15）。其中，SOM 的相对贡献超过 50% 的有 7 种无脊椎动物；以 POM 为主要食物来源的只有三疣梭子蟹；以浮游植物为主要食物来源的有拟穴青蟹和毛蚶。因此，长江口无脊椎动物的食物来源主要为 SOM 和浮游植物，其次是 POM。无脊椎动物的碳稳定同位素值较为分散，说明在长江口水域无脊椎动物的食源广泛。

王思凯（2016）研究了长江口盐沼湿地不同生境（潮沟、光滩裸地、海三棱藨草植物群落、芦苇植物群落、互花米草植物群落）大型底栖动物消费者的食源结构，基于消费者和潜在食源（沉积物 SOM、悬浮颗粒物 POM、底栖藻类 BMI 以及碎屑 Detritus）的稳定同位素组成，采用 Isosource 模型计算各食源对底栖动物消费者的相对贡献百分比（图 2 - 5）。结果表明，在潮沟和裸地中 SOM 对多数表层取食者如绯拟沼螺、堇拟沼螺、中华拟蟹守螺、谭氏泥蟹、天津厚蟹、弹涂鱼等具有较高的贡献。在潮沟生境，碎屑对沉积物摄食者如丝异蚓虫、昆虫幼体和肉食者如疣吻沙蚕、日本沼虾等贡献较大。在裸地生境，只有丝异蚓虫大量摄食利用地下碎屑作为碳源。在海三棱藨草和芦苇生境中，多数消费者利用 SOM 或者 BMI 作为碳源。碎屑对昆虫幼体、丝异蚓虫、天津厚蟹、绯拟沼螺、堇拟沼螺的贡献超过 10%。然而，在互花米草生境中，底栖消费者利用碎屑作为主要的有机碳源，碎屑的相对贡献都超过 10%，有些物种（无齿螳臂相手蟹、昆虫幼体、弹涂鱼）甚至超过了 50%。

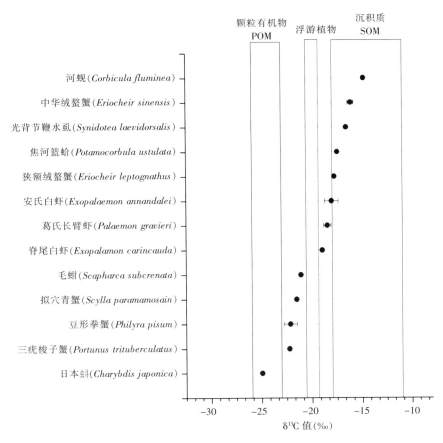

图 2-4 无脊椎动物和 3 种有机碳源的碳稳定同位素比值（平均值±标准差）

表 2-15 有机碳源对无脊椎动物食物来源贡献的平均值和范围（%）

种类	颗粒有机物 POM 平均值（范围）	浮游植物 平均值（范围）	沉积物 SOM 平均值（范围）
三疣梭子蟹 *Portunus trituberculatus*	50（26～74）	37.8（2～74）	12.2（0～24）
豆形拳蟹 *Philyra pisum*	42.2（23～72）	47.8（2～77）	1（0～26）
拟穴青蟹 *Scylla paramamosain*	33.5（2～65）	50.5（3～98）	16（0～32）
毛蚶 *Scapharca subcrenata*	26.8（0～62）	53.1（0～93）	19.8（6～38）
脊尾白虾 *Exopalamon carincauda*	20（2～38）	28.8（2～56）	51.2（42～60）
葛氏长臂虾 *Palaemon gravieri*	16.5（0～33）	25（0～50）	58（50～66）
安氏白虾 *Exopalaemon annandalei*	9.5（2～17）	29.5（18～41）	61（57～65）
狭额绒螯蟹 *Eriocheir leptognathus*	9.5（2～17）	25（14～36）	65.5（62～69）
焦河篮蛤 *Potamocorbula ustulata*	10.5（0～21）	17.5（2～33）	71.5（66～77）
光背节鞭水虱 *Synidotea laevidorsalis*	6（0～12）	9.2（0～18）	84.2（81～87）
中华绒螯蟹 *Eriocheir sinensis*	3（0～6）	6.3（2～11）	90.3（89～92）

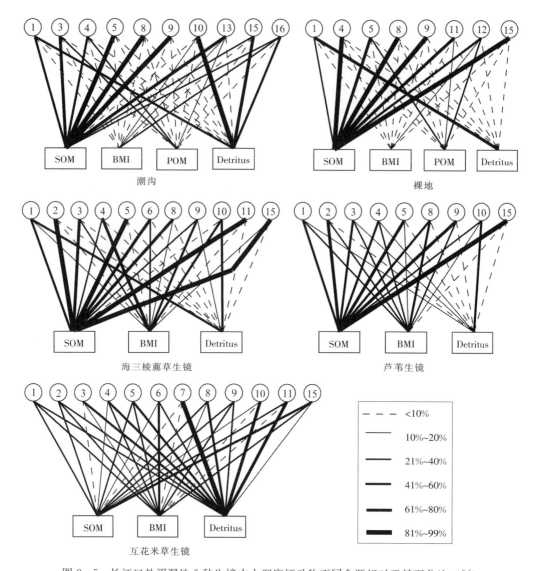

图2-5 长江口盐沼湿地5种生境中大型底栖动物不同食源相对贡献百分比（％）

1. 丝异蚓虫 2. 中华螺蠃蜚 3. 堇拟沼螺 4. 绯拟沼螺 5. 中华拟蟹守螺 6. 尖锥拟蟹守螺 7. 无齿螳臂相手蟹 8. 谭氏泥蟹 9. 天津厚蟹 10. 昆虫幼虫 11. 弹涂鱼 12. 中国绿螂 13. 缢蛏 14. 蜘蛛一种 15. 疣吻沙蚕 16. 日本沼虾

对于一些具有相近同位素值的不同食源种类，脂肪酸分析方法能够很好地弥补稳定同位素的不足。通过脂肪酸方法，分析长江口盐沼湿地两种优势螺类物种（绯拟沼螺和堇拟沼螺）的食源结构（Wang et al，2014）。结果表明，螺类食源中硅藻的贡献最大，对绯拟沼螺和堇拟沼螺的相对贡献百分比分别为36.86％～37.49％和36.04％～43.73％（图2-6）。细菌贡献相对较少，分别为9.40％～9.57％和8.55％～8.68％，而鞭毛藻对两种螺的贡献都少于2％。而维管植物对不同螺类物种的贡献具有一定的差异，对绯拟沼螺的贡献（5.66％～8.30％）显著高于堇拟沼螺（1.08％～4.40％）。这一方面说明，螺类物种能够同化植物性食物；另一方面也说明，螺类物种对植物的利用率具有种间差异性。通过脂肪酸方法，对长江口崇明东滩盐沼湿地中瓣鳃类物种的食源结构分析表明，硅藻和细菌是长江口瓣鳃类物种重要的碳源，并且对缢蛏［分别为（24.73±0.44)％和（11.71±0.1)％］的贡献都显著高于中国绿螂［分别为（9.52±2.74)％和（10.96±0.14)％］；而维管植物对缢蛏［(3.53±0.1)％］的贡献显著低于中国绿螂［(4.96±0.2)％］（图2-7），说明瓣鳃类物种的食源结构也具有种间差异性（Wang et al，2015）。

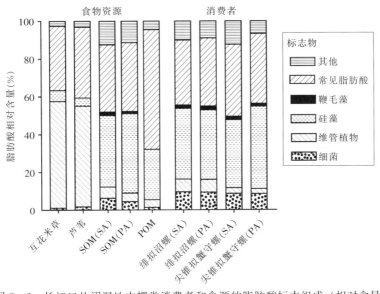

图 2-6　长江口盐沼湿地中螺类消费者和食源的脂肪酸标志组成（相对含量）

（括号中的 SA 和 PA 分别表示样品在互花米草和芦苇生境中；SOM 为沉积有机物；POM 为悬浮颗粒物）

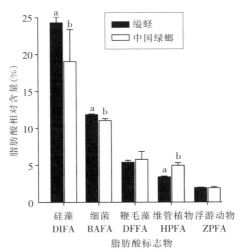

图 2-7　缢蛏和中国绿螂组织中各脂肪酸标志物

（硅藻、细菌、鞭毛藻、维管植物、浮游动物）的相对贡献

［不同的上标字母（a、b）表示两种物种之间具有显著性差异］

第五节　长江口食物网特征及其生态意义

食物联系是生态系统结构和功能的基本表达形式，能量通过食物网向各营养层次生物流动，转化为生产力，形成生态系统生物资源产量，并对生态系统的服务和产出及其动态产生影响。在长江口的相关研究中，某一物种或者某一动物类群的食性分析较多，而这很难描绘出一个比较完整的长江口食物网结构示意图。罗秉征等（1997）通过胃含物分析消费者食物组成，描述了长江口开放水域的鱼类营养联系。全为民（2007）通过稳定同位素技术分析了水生动物的食源组成，绘制了河口盐沼湿地的能量流通途径。王思凯（2016）通过稳定同位素和多元混合模型，评估了各种初级生产者对长江口盐沼湿地不同底栖动物的相对营养贡献。基于这些研究结果，基本可以判定在长江口水生生态系统的食物网中，碎屑和底栖藻类以及浮游植物支持了不同水平的次级消费者，进而作为饵料转化为高营养级的生产力。

一、食物网结构特征

（1）初级生产者　长江口复杂的地理位置，也决定了其多样的初级生产者种类。有来自陆地淡水或由海水带来的外源性有机碎屑，也有本地生长的盐沼植物和藻类，还有水中大量存在的浮游植物，滩涂湿地表面的各种底栖藻类和细菌等，这些物质都可以被水生生物取食利用，构成长江口水生生态系统的能量基础。

（2）中级消费者　长江口特殊的地理环境条件，构成了丰富的生境多样性，为各种水生生物提供了多元的栖息地类型和丰富的食物资源。这为游泳动物、浮游动物、底栖动物的生长、繁殖提供了必要的生存空间和适宜的生态条件，从而构成了长江口多样的水生生物种类，也为当地提供了丰富的渔业资源。

（3）高级捕食者　主要指的是那些大型的捕食性的消费者，如肉食性鱼类、蟹类等。长江口由于近年来的环境变化和过度捕捞，高级捕食者种类和数量都在逐渐变少，目前主要有中国花鲈、长吻鮠、黄鮟鱇、龙头鱼、海鳗、斑尾刺虾虎鱼等物种。

（4）能量流动途径　生产者、消费者和捕食者之间的相互联系构成了能量流动途径。在长江口开放水域，罗秉征等（1997）总结了鱼类的食物关系，指出长江口鱼类营养结构主要由浮游植物→浮游动物→低级肉食性鱼类→中级肉食性鱼类→高级肉食性鱼类这一基本的食物链构成（图2-8）。而在潮间带盐沼区域，全为民（2007）指出，有超过一半的消费者食源基础都是碎屑，碎屑食物链是最主要的能流途径（图2-9）。能量流通路径为植物碎屑和底栖微藻→底栖动物和腐食性游泳动物（如多毛类、寡毛类、蟹类、鮻、脊尾白虾等）→肉食性鱼类（如斑尾刺虾虎鱼和中国花鲈）。

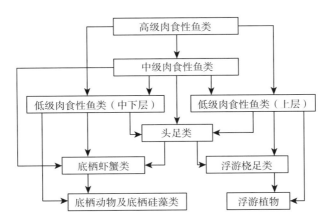

图2-8　长江口主要鱼类食物关系

（罗秉征，1997）

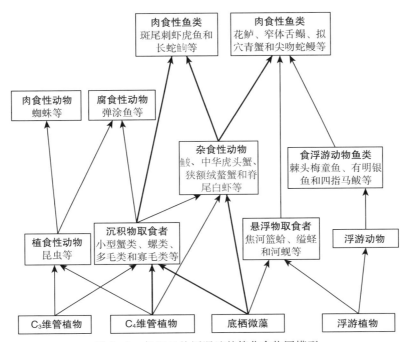

图2-9　长江口盐沼湿地的简化食物网模型

（粗箭头表示较强的能流）

（全为民，2007）

二、食物网结构研究的生态意义

对食物网营养结构的研究，能帮助理解生态系统中物质循环和能量流动过程、生物群落组成以及物种之间复杂的摄食关系。食物网将生态系统的组成结构和物种间的营养关系相关联,体现了系统的统一性,是系统结构和功能的有机结合,有利于深入探讨生态系统的内在组成机制和变化原因,并能为基于生态系统的生态保护和修复提供决策依据。

近年来,由于人为的环境变化、水利工程、过度捕捞等因素干扰,长江口水生生态系统食物网破碎化严重,导致水生生物种类和数量迅速下降,渔业资源衰退(罗民波等,2010;张涛 等,2010)。因此,在长江口开展了一系列的生态修复和水生生物资源增殖放流活动,为生态系统的恢复和重要物种的保育起到了重要作用。这其中食物网的相关研究,为增殖放流物种选择和生态系统的恢复措施提供了重要的理论指导意义。例如,中国水产科学研究院东海水产研究所基于食物网破碎的成因机制,研究了长江口重要渔业资源养护关键技术,开创了生境修复和资源增殖新途径,针对性地进行了水生生物资源修复,重建了关键栖息地生境,成功修复了长江口中华绒螯蟹产卵场,使得枯竭21年的蟹苗重新恢复并稳定在历史最好水平,成为国际上恢复水生生物资源的成功案例,有效养护了渔业资源。

另外,对于放流物种在生态系统中所发挥的作用,以及放流的成效检验逐渐受到重视。由于各生物之间的联系主要是通过食物网进行能量传递而实现的,因此,食物网研究还能够检验放流物种的生态功能和恢复成效。

第三章
长江口主要
增殖放流物种

近年来，随着过度捕捞、水工建设、环境污染等因素影响，长江口渔业资源已严重衰退，资源结构发生了较大的变化，转向以小型、低值鱼类为主，濒危物种数不断增加，河口生态系统的生态功能和服务功能正在快速下降。为了恢复渔业资源，增加捕捞产量，在长江口持续开展了人工增殖放流，促进渔业资源恢复再生。渔业资源增殖放流是在对野生鱼、虾、蟹、贝、藻等进行人工繁殖、养殖或捕捞天然苗种在人工条件下培育后，释放到渔业资源出现衰退的天然水域中，使其自然种群得以恢复的活动。在增殖放流种类筛选时，一般要根据生态优先、经济回报、自然增殖、质量优良、数量控制等原则选择适宜种类。长江口增殖放流种类，可按功能目标主要分为渔业经济物种、濒危珍稀物种、饵料基础物种等3个类别。

第一节　渔业经济物种

增殖放流渔业经济物种，主要是为了修复和优化渔业资源结构，提升渔业产量，增加渔业产值，提高经济、生态和社会效益。在长江口渔业资源增殖放流中，经济物种主要有长吻鮠、半滑舌鳎、黄颡鱼、翘嘴鲌、中华绒螯蟹、拟穴青蟹等。

一、长吻鮠

长吻鮠性温和，喜集群，不善跳跃。生活于有流水的江河底层，常栖息于坑洞、石块等隐秘处。昼伏夜出，白天一般群集潜伏于水体下层，夜晚则分散到水体的中、上层活动觅食。冬季在深处越冬。

1. 形态特征与分布

体裸露无鳞。头顶为皮肤所盖，仅枕骨部裸露。吻尖突。眼小。口下位。两颌和犁骨均具细小齿带，腭骨无齿。须短，4对。鳃盖膜与峡部相连。背鳍和胸鳍具硬棘，棘后缘均具锯齿（图3-1）。主要分布于辽河、海河、黄河、长江、钱塘江和闽江等水系，在

图3-1　长吻鮠

长江口水域的淡水区和咸淡水交汇区均有分布。捕捞产量集中于长江干流及其支流中。

2. 年龄与生长

据孙帼英和吴志强（1993 年）报道，长江口区长吻鮠以 2～3 龄鱼为主，尾数占 72.36%，重量占 54.27%；4～6 龄鱼尾数占 20%，重量占 45.52%；也有 8～9 龄鱼，但占渔获物比例很小。优势体长组为 25～45 cm，占尾数 52.6%；优势体重组为 15～1 400g，占总数 78%，而 1 400～2 700 g 的占 14.5%。低龄的长吻鮠体长生长速度较快，生长加速度逐龄呈减速变化；体重生长速度在 6.1 龄时达最大值，此后逐龄减小，生长加速度在 2 龄时最大，在 6.1 龄时为零。长吻鮠 5～6 龄时，一般体重为 3.9～5.2 kg。在长江口区最大个体体长达 87.5 cm，体重 9.35 kg。

3. 食性

肉食性鱼类，主要捕食虾、蟹、鱼和其他水生动物。在长江口区，长吻鮠主要摄食甲壳类，以白虾、小蟹和盘水虱等为主。体长 50 cm 以上的个体，兼食凤鲚、弹涂鱼等。在水温 15 ℃以下的冬季一般不摄食或少量摄食，水温高于 30 ℃时摄食量下降。

4. 繁殖生物学

长吻鮠成熟较晚，3～5 龄达性成熟。在长江口区雌鱼 4 龄性成熟，最小成熟个体体长为 49.5 cm，体重 1 525 g；雄鱼为 2 龄，体长 34 cm。怀卵量随鱼体增长而增多，绝对繁殖力为 25 900～56 165 粒，平均为 44 282 粒；相对怀卵量为 10～12 粒，平均为 11 粒。产卵期为 4—6 月，盛产期为 5 月。性腺分批成熟，分期产卵。在繁殖季节，长江口区从太仓杨林到南汇中浚水域均可捕到成熟亲鱼，受精卵黏性，吸水膨胀，卵径为 2.5～3.0 mm。

5. 资源

根据报道，每年 2—3 月是南京长江段捕捞长吻鮠的高峰期，上市总量在 12～24 t，到 4—5 月时，捕捞量逐渐减少，4 月有 2～3 t 的产量，5 月有 1～2 t，再加上其他月份捕捞量，每年约有 30 t 产量。由于捕捞过度造成产卵亲鱼的数量减少，长江长吻鮠的资源逐渐减少，长江口虽偶有捕获，但资源数量较少。

6. 人工繁殖

从 20 世纪 80 年代起，对长吻鮠进行了系列的应用开发技术和相关的基础理论研究。在长吻鮠生活史的各个阶段，模拟其天然生态条件，开展了长吻鮠在池塘条件下的自然繁殖和人工繁殖、苗种培育、成鱼养殖、人工配合饲料、病害防治等技术的研究。90 年代中期以后，随着苗种的产量增加、价格渐降和养殖技术日臻完善，养殖方式更为科学，并向集约化和规模化方向发展，养殖产量不断提高，养殖面积迅速扩大，养殖区域从长江流域向南方和北方扩展。目前，全国许多地区都有人工繁殖与养殖。

二、半滑舌鳎

半滑舌鳎为暖温带底层大型鳎类，栖息于泥沙底质、水深5～15 m水域，活动范围不大，多匍匐于泥沙中，集群性不强，越冬期水温为2.5～4.0 ℃。

1. 形态特征与分布

体侧扁、长舌状，较高。头较短。吻钝圆，吻长等于或短于上眼至背鳍基距离。吻钩短，尖端不伸达有眼侧前鼻孔下方。眼小，两眼均位于头部左侧。有眼侧前鼻孔管状，位于下眼前方，后鼻孔位于眼间隔前部正中。无眼侧2鼻孔位于上颌上方。口裂弧形，口角后端伸达下眼后缘后下方（图3-2）。主要分布于我国沿海的渤海、黄海、东海及厦门水域，朝鲜、日本等水域也有分布，常见于黄海、渤海渔获物中。

图3-2　半滑舌鳎

2. 年龄与生长

体长一般为185～590 mm，最大可达800 mm、体重2700 g。在0.6龄以前，体重增长速度的递增速度最大；0.6龄以后则逐渐减小，其拐点雌性为4龄、雄性为2.8龄。雌鱼最高年龄为14龄，雄鱼的最高年龄为8龄。雌鱼的优势年龄组为3～4龄，优势体长组为420～700 mm；雄鱼的优势年龄组也为3～4龄，优势体长组则为240～340 mm。雌鱼的体长增长速度的递减速度较雄鱼慢得多，雌鱼体重生长的拐点在4龄；而雄鱼的体重生长拐点在2.8龄，较雌鱼提早1.2龄（孟田湘和任胜民，1988）。

3. 食性

主要摄食底栖无脊椎动物，以虾类、蟹类，瓣鳃类及部分中下层小型鱼类为主要食物，兼食一些多毛类、头足类、腹足类、棘皮动物及海葵。半滑舌鳎终年摄食，其摄食强度的周年变化不大。

4. 繁殖生物学

生殖期为秋季，9月上、中旬为盛期，产卵水温23～27.5 ℃，最适温为25 ℃，盐度为29.0～32.0。怀卵量为76万～260万粒。卵浮性，卵径为1.18～1.31 mm，卵膜薄、光滑、透明，具弹性。卵黄颗粒细匀，呈乳白色。在培养水温20.5～22.8 ℃条件下，37 h仔鱼开始孵化，30 min后仔鱼全部孵出。初孵仔鱼全长2.56 mm，直肠形成，肛门前位，头、体和卵黄囊上分布星状黑色素细胞；发育至 57 日龄，全长 25.92～27.36 mm，有眼侧侧线基本形成，尾部出现少量鳞片；79 日龄幼鱼，全长30.36～30.68mm，有眼侧呈棕褐色，无眼侧呈白色，鳔消失，鳞片发育完全，有眼侧具 3 条侧线，外部形态特征与成鱼相同。

5. 资源

为我国近海常见的底层大型经济鱼类。分布范围较广，具有一定资源数量。生活在渤海的半滑舌鳎终年栖息于湾内，不做远距离洄游，是一种比较理想的增殖对象。

6. 人工繁殖

半滑舌鳎资源少，价格高，味道鲜美，出肉率高，而且它生长速度快，营养级低，能耐低氧，病害较少，特别适合人工养殖和增殖，所以是值得大力推广的优良增养殖对象。近年来，我国已对其开展了人工繁殖试验研究，目前规模化育苗已获得了成功，可以批量供应种苗。

三、黄颡鱼

黄颡鱼多生活于江河、湖泊静水和缓流的水体底层。具有避光性，昼伏夜出。对环境适应力较强，耐低溶氧。

1. 形态特征与分布

腹面平，体后半部稍侧扁，头大且扁平。吻圆钝，口裂大，下位。上颌稍长于下颌，上、下颌均具绒毛状细齿。眼小，侧位。须 4 对，鼻须达眼后缘，上颌须最长，伸达胸鳍基部之后。颌须 2 对，外侧 1 对较内侧 1 对为长。体背部黑褐色，体侧黄色，并有 3 块断续的黑色条纹。腹部淡黄色，各鳍灰黑色。胸鳍硬刺较发达，且前、后缘均有锯齿（图 3 - 3）。我国各大水系几乎均有分布，常见于我国长江、黄河、珠江及黑龙江、辽宁等流域。

图 3 - 3　黄颡鱼

2. 年龄与生长

据余宁和陆全平（1996 年）报道，天然水域 2 龄前为性成熟前的生长旺盛期，平均增长率高，特别是 0～1 龄阶段生长最快，平均体长和体重达 98.3 mm 和 20.6 g，体长和体重的相对增长率分别为 75.5% 和 261.4%。3 龄后相对增长率明显下降。在自然条件下，2 龄鱼可长至 120 g。而在人工饲养条件下，1 龄鱼即可长至 100～150 g，达到商品鱼规格（张从义和胡红浪，2001）。自然水域中常见个体以 100 g 左右为多，一般雄鱼比雌鱼大。最大个体可达 300 mm 左右，重可达 500～750 g（徐兴川 等，2004）。

3. 食性

肉食性为主的杂食性鱼类。觅食活动一般在夜间进行，食物包括小鱼、虾、各种陆生和水生昆虫（特别是摇蚊幼虫）、小型软体动物和其他水生无脊椎动物，有时也捕食小型鱼类。其食性随环境和季节变化而有所差异，在春、夏季节常吞食其他鱼的鱼卵；到了寒冷季节，食物中小鱼较多，而底栖动物渐渐减少。规格不同的黄颡鱼食性也有所不同，体长 2～4 cm，主要摄食桡足类和枝角类；体长 5～8 cm 的个体，主要摄食浮游动物以及水生昆虫；超过 8 cm 以上个体，摄食软体动物（特别喜食蚯蚓）和小型鱼类等。

4. 繁殖生物学

黄颡鱼一般 1 龄以上大部分性成熟，2 龄以上一般均达性成熟（余宁和陆全平，1996）。黄颡鱼性成熟最小成熟个体，雌鱼为 11.7 cm，雄鱼为 14.8 cm。达性成熟的雄鱼在肛门后面有 1 个生殖突，而雌鱼没有。繁殖期为 5 月中旬至 7 月中旬，是产卵较晚的鱼类之一。产卵在夜间进行，具有筑巢产卵、保护后代的习性。黄颡鱼怀卵量为 1 086～4 469粒，成熟卵径平均为 1.7 mm，受精卵为黄色、黏性，沉于巢底或黏附在巢壁的水草须根等物体上发育。成熟卵的卵径为 1.86～2.26 mm，在水温 24 ℃时，经 56 h 孵化。初孵仔鱼全长 4.8～5.5 mm，孵出 25 d 后全长 19 mm，各鳍成型，成为幼鱼（王令玲和仇潜如，1989a）。

5. 人工繁殖

1987—1989 年，长江水产研究所成功地进行了黄颡鱼的人工繁殖试验，并发表了专题研究报告（王令玲和仇潜如，1989b）。黄颡鱼的人工繁殖可采用 2 种方法：①人工催产自然受精。将亲鱼催产后按 1∶1 的雌雄比例放于设有鱼巢的产卵池中，让其自然受精。产卵池一般为 1～2 m 的水泥池，鱼巢可用 35 目的乙纶网片。因为黄颡鱼喜暗厌光，可在产卵池中用石头和瓦片搭 1～2 处穴道。②人工授精。将亲鱼催产后，放回暂养池，等到效应时间，先将雄鱼杀死，取出蜂窝状精巢剪碎，再将雌鱼的卵挤出，进行人工授精。这种方法受精率高，发育整齐，但雄鱼腹壁较厚、精巢较小。精液不易挤出，必须剖腹取精巢，操作麻烦且耗费也大。催产药物以鲤脑垂体（PG）和绒毛膜促性腺激素（HCG）效果较好。一般剂量为雌鱼亲鱼体重在 80～100 g，每尾鱼注射 500 IU HCG 或者注射 1 mg PG；雄鱼减半。近年来，湖北、湖南、江西、江苏、上海、山东、河北、辽宁、吉林等地，对黄颡鱼的驯化、繁殖和苗种培育的技术进行了进一步的开发和推广，相继开展了黄颡鱼的池塘养殖、网箱养殖和流水高密度养殖。

四、翘嘴鲌

翘嘴鲌生活在流水及大型水体中，一般活动在水体中、上层，游泳迅速，善跳跃，幼鱼喜栖于湖泊近岸水域和江河缓流的沿岸以及支流、河道和港湾内。冬季，大小个体均在水域较深处越冬。

1. 形态特征与分布

体长，甚侧扁，头背面平直，头后背部为隆起，体背部接近平直。眼大，位于头的侧下方。腹棱不完全，自腹鳍基底至肛门。口大，上位，下颌很厚，且向上翘，口裂几乎成垂直，故名翘嘴鲌（图 3-4）。翘嘴鲌分布甚广，产于我国黑龙江、辽河、黄河、长江、钱塘江、闽江、珠江等水系。长江口干流中较少，但在淀山湖、太湖等湖泊和内河中较多。

图 3-4　翘嘴鲌

2. 年龄与生长

在性成熟前（1～2 龄）时，体长生长较快，体长至 250～300 mm 以上时，体重增长明显加快。1～7 龄个体，平均体长分别为 239 mm、326 mm、439 mm、521 mm、579 mm、597 mm 和 642 mm；平均体重分别为 130 g、350 g、850 g、1 450 g、2 100 g、2 400 g 和 3 000 g。最大个体可达 10 kg（11 龄）。

3. 食性

以活鱼为主食的凶猛肉食性鱼类，苗期以浮游生物及水生昆虫为主食，50 g 以上主要摄食小鱼、小虾。在冬季和繁殖期都摄食，其食物组成随着生长而有变化。在天然水域中，体长 100 mm 以下的幼鱼期，主要以水生昆虫、枝角类和桡足类等为食；150 mm 时开始捕食小型鱼类；250 mm 时以摄食小型鱼类为主。

4. 繁殖生物学

在天然水域中，性成熟年龄一般雌鱼为 3 龄、雄鱼为 2 龄。在太湖，最小成熟个体：

雌鱼体长 250 mm，体重 100 g，成熟系数为 7.5%；雄鱼体长 225 mm，体重 100 g，成熟系数为 3%（许品诚，1984）。在长江口的淀山湖，其产卵场则多在湖岸浅滩水深不到 1 m 的泥沙底质、水草很少的水域。产卵适温 22～25 ℃。怀卵量为 1.7 万～53 万粒。卵圆形，不透明，卵径 1.1～1.4 mm，无油球。受精卵黏性，约 2 d 孵出。初孵仔鱼全长 4.1～4.2 mm，30 mm 时鳞片形成，体型与成鱼相似。

5. 资源

翘嘴鲌有一定天然产量，但目前翘嘴鲌天然资源量有所下降，而且呈现低龄化、小型化的趋势。如太湖 3 龄以上高龄鱼比例明显下降，从 1964 年占总数 32.4%，下降至 1981 年的 17%；而 0～2 龄低龄鱼比例上升，从 1964 年的 67.6% 升至 1981 年的 83%。

6. 人工繁殖

20 世纪 90 年代中期起，国内许多学者对该鱼进行了驯化及人工繁殖技术研究，取得了成功。催产剂量一般雌鱼按每千克体重注射绒毛膜促性腺激素（HCG）1 000～2 000 IU 和促黄体素释放激素 2 号（LRH-A$_2$）5～10 μg；雄鱼剂量减半。在水温 24～27 ℃，受精卵经 24～36 h 孵化出膜。鱼苗出膜后 2～3 d，体鳔形成、能在水中平游时，即可带水出苗，进入苗种培育阶段。

五、鲫

鲫肉质细嫩，味鲜美，营养丰富，为长江三角洲地区群众喜食。鲫对各种生态环境适应力强，耐寒、耐低氧，一般喜栖于多水草的浅水河道和湖泊中。

1. 形态特征和分布

体较高，侧扁，腹部圆，无腹棱。口小，端位。无须。下咽齿侧扁。体被圆鳞。侧线完全。背鳍和臀鳍具硬刺，刺后缘具锯齿。尾鳍分叉（图 3-5）。体呈银灰色，背部较暗，鳍灰。因生存的环境不同，形体与颜色也有所差异。广泛分布于除西部高原地区的我国各水系，长江干支流及其附属湖泊均产。

图 3-5　鲫

2. 年龄与生长

鲫生长较慢，1～4 冬龄鱼体长分别为 70～100 mm、100～140 mm、140～170 mm 和 150～210 mm；体重分别为 40～50 g、50～100 g、125～200 g 和 150～350 g。

3. 食性

杂食性鱼类，食物来源广。其动物性食物以枝角类、桡足类、苔藓虫、轮虫、淡水壳菜、蚬、摇蚊幼虫以及虾等为主；植物性食物则以植物的碎屑为最主要，常见的还有硅藻类、丝状藻类、水草等。在我国南方，鲫几乎全年都能摄食；在北方，则从 12 月至翌年 3 月停止摄食。

4. 繁殖生物学

鲫的性腺较其他鱼成熟得早，隔年便能产卵，一边产卵、一边生长，而且产卵期长，从春季一直可持续到秋季，繁殖期主要在 4—5 月。怀卵量为 1 万～11 万粒，产卵数量多，卵产在浅水域的水草或其他物体上。卵黏性。水温 17～19 ℃，受精卵经 98 h 孵化。鲫繁殖力强，是其分布广、数量多的重要原因。

5. 资源

鲫适应性强，成熟早，繁殖力强，在长江中下游地区的湖泊和内河中有一定自然产量。如在上海淀山湖，1958 年占渔获量的 20%；1974—1975 年占渔获量的 13%。

6. 人工繁殖

鲫的人工繁殖技术难度低，苗种价格低。但因其具有适应性强、多样性高、基因组加倍和生殖方式多样（可进行雌核发育生殖和正常的两性生殖）等特点，逐渐成为遗传学和育种学的重要研究对象之一。鲫的育种工作在理论研究基础上得到了飞快发展，获得了一系列的优良品种，产生了较好的经济和社会效益，但在增殖放流时，需要严格控制苗种质量。

六、鲅

鲅属近岸海产鱼类，喜栖于河口与内湾，也进入淡水水体。活泼善跳，爱结群逆流上溯。春季游向近岸，冬季游向外海在深水区越冬，一般不做远距离洄游。

1. 形态特征与分布

体延长，前部近圆筒形，后部侧扁。头较小，背视宽扁，颊部隆起。吻短，宽弧形，吻长稍大于眼径。眼较小，脂眼睑不发达。鳞大。体被栉鳞，头部除鼻孔前方无鳞外，其余处均被圆鳞。背鳍青灰色，腹侧灰白色。上体侧有数条黑色纵纹（图 3-6）。俄罗斯、朝鲜、日本和中国均有分布。在我国主要产于黄渤海、东海、南海以及台湾海域等水域。

图 3-6 鲅

2. 年龄与生长

据李明德和王祖望（1982 年）报道，对河北省黄骅和天津北塘 941 尾标本做了测定，最高年龄为 8 龄，最大体长 720 mm，体重 4 600 g。各龄生长速度不等，体长和体重变动范围较大。

3. 食性

鲅的食性相当广泛，不同发育阶段食性不同。全长不及 8 mm 的仔鱼，以桡足类、枝角类和轮虫等浮游动物为食；其后转为混合型，动物性和植物性饵料兼食。动物性饵料主要是桡足类，也有少量轮虫、砂壳虫、枝角类和瓣鳃类软体动物的幼虫，个别稚鱼胃内充满了整条的沙蚕；植物性饵料以硅藻为主，此外，还有蓝绿藻、双鞭藻和绿藻等，有机碎屑和沙粒占有相当大比重。

4. 繁殖生物学

鲅雄性一般 2 冬龄性成熟，体长达 250 mm，个别 1 冬龄性成熟；雌性 3 冬龄才性成熟，体长 400 mm 以上，个别 2 冬龄性成熟。在海水、咸淡水和淡水水体，性腺都能发育成熟。每年成熟 1 次，一次性产出。繁殖季节因各地水温、环境不同而有所不同。长江口和江苏、浙江沿岸为 4—6 月，盛产期为 5 月。鲅产卵于近岸河口港湾、有淡水注入的咸淡水交汇区。产卵场水温在 15 ℃左右，盐度在 20 左右，水深 2～8 m。鲅怀卵量 30 万～300 万粒，随体长增长而增多，卵径 0.903～1.100 mm。在水温 17～18.5 ℃，受精后 56 h 便有少数仔鱼破膜而出；受精后 62 h 大多数仔鱼已经孵出。若水温为 19～21 ℃，受精卵约经 42 h 即可孵化。

5. 资源

鲅在长江口终年可捕，与鲻、鲈（中国花鲈）、鮰（长吻鮠）一起曾是长江口的 4 个主要渔业捕捞对象。作业以插网为主，渔场在崇明岛东滩和南汇沿岸。

6. 人工繁殖

鲅的人工繁殖早在 1960 年就已开始研究，中国科学院海洋研究所从海上采集受精卵带回室内进行人工孵化和育苗试验取得了成功，室内育苗成活率最高达 70%；1963 年，黄海水产研究所室外育苗最高成活率达 68%。至 20 世纪 70 年代中期，江苏省淡水水产研究所等对这项工作有所推进。在 1973 年和 1976 年成功的基础上，1977 年产卵 1 008 万粒，孵出鱼苗 588.6 万尾，下塘鱼苗 11.39 万尾，经 45 d 培育，育成 50～70 mm 的夏花41 090 尾，取得了生产性突破。

七、中华绒螯蟹

中华绒螯蟹是一种经济蟹类，又称河蟹、毛蟹、清水蟹、大闸蟹。中华绒螯蟹味道鲜美，为我国久负盛名的美食。

1. 形态特征与分布

头胸甲呈圆方形，后半部宽于前半部。螯足用于取食和抗敌，其掌部内外缘密生绒毛，绒螯蟹因此而得名（图 3-7）。步足以最后 3 对较为扁平，腕节与前节的背缘各具刚毛；第四步足前节与指节基部的背缘与腹缘皆密具刚毛。腹部，雌圆雄尖。体近圆形，头胸甲背面为草绿色或墨绿色，腹面灰白色。头胸甲额缘具 4 尖齿突，前侧缘也具 4 齿突，第 4 齿小而明显。腹部平扁，雌体呈卵圆形至圆形，雄体呈细长钟状，但幼蟹期雌雄个体腹部均为三角形，不易分辨。中华绒螯蟹的自然分布区主要在亚洲北部、朝鲜西部和中国。中国北自辽宁鸭绿江口，南至福建九龙江、西迄湖北宜昌的三峡口均有分布，广泛分布于南北沿海各地湖泊，最大的天然中华绒螯蟹产卵场在上海市长江口。

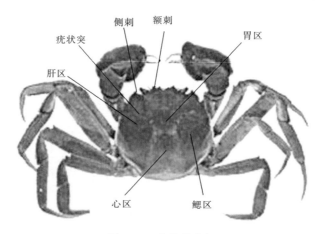

图 3-7　中华绒螯蟹

2. 年龄与生长

中华绒螯蟹一般在江河湖泊生长至 2 龄，自 9 月下旬（秋分前后）蜕壳为绿蟹起性腺开始迅速发育，至 10 月中下旬（寒露、霜降时节），大部分性腺已发育进入第Ⅳ期，遂离开江河、湖泊向河口浅海做生殖洄游。11 月上旬后群集于河口浅海交汇处的半咸水域，开始交配繁殖。在水温 10～17 ℃情况下，受精卵经 30～60 d 后孵化出溞状幼体。在河口浅海浮游 35 d 以上，经 5 次蜕皮，然后进入大眼幼体期营底栖生活，并能逆流上溯至中游河流湖泊。幼蟹营底栖爬行生活。雌蟹在所抱卵全部孵化后，蛰伏在河口浅滩的沙丘上，其头胸甲及四肢有苔藓虫、薮枝虫等附着，腹部常有蟹奴寄生。

3. 食性

中华绒螯蟹为杂食性动物，其动物性食物有鱼、虾、螺、蚌、蚯蚓及水生昆虫等；植物性食物有金鱼藻、菹草、伊乐藻、轮叶黑藻、眼子菜、苦草、浮萍、丝状藻类、凤眼莲（水葫芦）、喜旱莲子草（水花生）、南瓜等；精饲料有豆饼、菜饼、玉米、小麦、稻谷等。在自然条件下，水草等食物较易获得，故生长在天然水域的中华绒螯蟹以食水草、腐殖质为主，其胃内食物组成常以植物性食物为主。但中华绒螯蟹也喜食螺、蚌、蠕虫、昆虫及其幼虫等，偶尔也会捕食小鱼和小虾。取食时靠螯足捕捉，然后将食物送至口边。

4. 繁殖生物学

中华绒螯蟹一般在江河湖泊生长至 2 龄，自 9 月下旬蜕壳为绿蟹起性腺开始迅速发育，至 10 月中下旬大部分性腺已发育进入第Ⅳ期，遂离开江河、湖泊向河口浅海做生殖洄游。11 月上旬后群集于河口浅海交汇处的半咸水域，开始交配繁殖，主要在当年 12 月至翌年 3 月。交配时雄蟹以螯足钳住雌蟹步足，并将交接器的末端对准雌孔，将精液输入雌蟹的纳精囊内。整个交配过程历时数分钟至 1 h。雌蟹一般在交配后 7～16 h 内产卵。受精卵附着在雌蟹腹肢的刚毛上。在水温 10～17 ℃时，受精卵经 30～60 d 后孵化出溞状幼体。

5. 资源

1970—2003 年，长江口亲蟹资源量年间变幅较大，总体呈衰退趋势。其中，1970—1984 年，长江口亲蟹资源丰富，总体保持较高捕捞产量。随着捕捞工具改进和捕捞效率提高，于 1976 年达历史最高产量 114 t，此阶段年均中华绒螯蟹捕捞量达到了 48 t；1985—1996 年，长江口亲蟹资源骤降，除 1991 年中华绒螯蟹捕捞量达到 25.5 t 外，其余年份捕捞量均为 10 t 左右，年均捕捞量仅为 11.3 t，不到前一阶段的 1/4，为亲蟹资源的衰退阶段；1997—2003 年，长江口中华绒螯蟹资源趋于枯竭，每年捕捞量降到了不足 1 t（1999 年捕捞量为 1.2 t），最低 2003 年仅为 0.5 t，年均中华绒螯蟹捕捞量仅为 0.8 t，完全失去了捕捞中华绒螯蟹的商业价值（施炜纲 等，2002；刘凯 等，2007）；2004 年，中国水产科学研究院东海水产研究所首次开展了中华绒螯蟹亲蟹放流后，这一趋势才得以扭转；2004—2016 年，长江口每年均开展了亲蟹的增殖放流，中华绒螯蟹资源才得以逐年恢复，重新出现了蟹汛和蟹苗汛；2004—2011 年，长江口中华绒螯蟹年均捕捞量恢复到了 14.2 t，资源量总体呈上升趋势，近 5 年每年资源量达 100 t 以上。

6. 人工繁殖

中华绒螯蟹天然蟹苗以长江口资源的蕴藏量居首位，产区的年产蟹苗可达数千千克至数万千克。20 世纪 80 年代以前，长江口区蟹苗有过 67.9 t 的高产量，是我国最大的中华绒螯蟹产卵场。然而，至 80 年代末，由于生态环境的变化和过度捕捞，天然蟹苗量急剧下降，年产量仅有几百千克，2000 年以来已难以形成汛期。为了克服天然资源的不足，我国开始了人工繁殖的研究，20 世纪 90 年代末期，中华绒螯蟹人工繁育技术逐渐成熟。每年自寒露至立冬中华绒螯蟹便开始生殖洄游，这一阶段性腺发育迅速。立冬以后，性腺完全发育成熟，此时的中华绒螯蟹可以交配产卵。但是，如果外界环境条件得不到满足，雌蟹卵巢就会逐渐退化。海水盐度是雌蟹产卵受精的一个必需的外界环境条件。中华绒螯蟹在淡水中虽能交配，但不能产卵。海水盐度在 8～33 时，雌蟹均能顺利产卵；盐度低于 6，则怀卵率降低。体重为 100～200 g 的雌蟹，怀卵量 5 万～90 万粒。中华绒螯蟹也有第二次怀卵和第三次怀卵。在自然界中，中华绒螯蟹受精卵黏附在雌蟹腹肢上发育，直到孵出为止。影响胚胎发育快慢的主要因素是水温。温度 23～25 ℃，只要半个月时间幼体就能孵化出膜；水温在 10～18 ℃，受精卵胚胎发育就要在 1～2 个月内完成。受精卵必须在海水中才能维持正常发育，如中途进入淡水环境，则胚胎发育终止，并逐渐溶解死亡。

八、拟穴青蟹

拟穴青蟹（*Scylla paramamosain*）简称青蟹，俗称膏蟹（雌蟹）、肉蟹（雄蟹），是我国重要的海水养殖蟹类，具有较高的营养、药用和经济价值。

1. 形态特征与分布

头胸甲呈卵圆形，长度等于或略小于宽度的 2/3；背面圆突，有明显的 H 形凹痕；前额具有 4 个几乎等大的额缘齿，前侧缘单侧具有 9 个几乎等大侧缘齿。螯足粗大，表面光滑，长度比步足长，颜色与头胸甲相似；螯足长节前缘有 3 个刺，后节 2 个刺，1 个位于末端，1 个位于中间；螯足腕节内缘具尖锐的刺，外缘中部具退化的刺；第 2～第 4 步足相似，第 5 步足末端 2 节桨状，适于游泳。雄性腹部分为 5 节，第 3～第 5 节愈合，呈宽三角形；雌性腹部分 7 节，呈宽卵形（图 3 - 8）。拟穴青蟹主要分布于东南亚、澳大利亚、日本、印度、南非、中国等海域，在我国分布于浙江、福建、台湾、广东、广西、海南等沿岸海域。

图 3 - 8　拟穴青蟹

2. 年龄与生长

拟穴青蟹为广盐性的海产蟹类，能在盐度 2.6～55 的海水中生长，最适盐度为 12.8～26.2。我国长江口地区，由于常年盐度在 5.9～8，青蟹虽然能很好地生长发育、成熟和交配，但不能产卵、繁殖。青蟹对突然的海水盐度升高或下降适应性差，一般盐度变化幅度超过 10 以上会引起死亡。故在每年 5—7 月雨水过多时，人工养殖的青蟹死亡率较高。

3. 食性

属肉食性，在自然环境里，以缢蛏、泥蚶、牡蛎、青蛤、花蛤等软体动物，以及小虾蟹、藤壶等为主食，兼食动物尸体和少量藻类。在饥饿时也会同类相食，尤其在蜕壳时。

4. 资源

随着捕捞压力的日益增长和生长繁殖环境的破坏和污染，自然海域的青蟹资源量急剧衰退，目前，需要依靠大规模的人工养殖来满足市场需求。另一方面，还需要通过增殖放流来恢复天然渔业资源。中国水产科学研究院东海水产研究所从 2003 年开始在长江口杭州湾北侧上海段实施青蟹放流，已连续放流十几年，取得了明显的生态效益。

5. 人工繁殖

青蟹养殖需要的苗种数量巨大，目前人工苗种在养殖苗种中所占的比例不足 5%，且青蟹养殖生产上对早苗（4 月底至 5 月）和秋苗（8 月底至 9 月初）需求量高。目前，通过采取室外池塘与室内育苗池结合的育苗技术工艺，已经成功突破了人工繁殖技术。该技术的突破为青蟹养殖业发展提供了了苗种保证，对青蟹养殖产业的提升和资源增殖具有重要意义。

第二节　濒危珍稀物种

增殖放流濒危珍稀物种，主要是为了增殖濒危珍稀物种资源数量，延缓资源衰退趋势，优化渔业资源结构，产生更好的生态和社会效益。在长江口渔业资源增殖放流中，主要有中华鲟、淞江鲈、胭脂鱼、刀鲚、暗纹东方鲀等。

一、中华鲟

中华鲟是一种洄游性鱼类，在近海栖息，性成熟后溯河繁殖，产卵后亲鱼顺流而下回到海洋生活。孵出的仔鱼降河洄游到河口，逐渐适应海水环境，然后入海肥育过冬，直至性成熟后再溯河进行生殖洄游。中华鲟在全世界 20 余种鲟科鱼类中分布纬度最低、体型最大、生长最快，为我国所特有，因其具有许多原始特征，故成了介于软骨鱼类和硬骨鱼类之间的中间类型，在学术研究上有重要价值。

1. 形态特征与分布

体延长，前部较粗，向后渐细，背部窄，腹部宽平，躯干横切呈五角形。头长，三角形。吻尖长，鼻孔大，位于眼前。喷水孔呈裂缝状。眼小，椭圆形，位于头的后半部。眼间隔宽。口下位，横裂。口前吻部中央有皮须 2 对。幼鱼体表光滑，成鱼体表粗糙。具骨板 5 纵行，而且背部正中 1 行较大。背部青灰色，体侧浅灰色，腹部乳白色。各鳍灰色，边缘色较浅（图 3-9）。近代在我国沿岸北起黄海北部海洋岛、南抵海南岛万宁县近海，以及长江、珠江、闽江、瓯江、钱塘江和黄河均有分布。中华鲟成体沿长江上溯进入鄱阳湖和赣江，也进入洞庭湖和湘江及漕水，最近可达金沙江下游；沿珠江上溯可达广西浔江、黔江等水域；沿钱塘江上溯到达衢江。目前，黄河和闽江均已绝迹。朝鲜西南部和日本九州西部也有活动踪迹。

图 3-9 中华鲟

2. 年龄与生长

中华鲟个体较大，生长较快，性成熟晚，生命周期较长，最长寿命可达 40 龄。根据 1972—1976 年的统计，在长江的产卵群体中，通常雄鱼的年龄组成为 9～20 龄，体长为 1.69～2.67 m，体重 38.5～189 kg；雌鱼的年龄组成为 14～27 龄，体长 2.42～3.22 m，体重为 148.5～378 kg。已发现的最大个体重达 560 kg。中华鲟在性成熟之前生长较快，幼鱼阶段生长最为迅速，性成熟后生长趋缓。最小性成熟年龄，雄性在 7～8 龄、雌性在 13～14 龄。中华鲟幼鱼降海洄游途中在长江口停留期间生长速度，体长和体重分别从 5 月下旬刚抵长江口时的（166.8±32.7）mm 和（28.69±16.06）g，增加到 8 月入海时的（319.0±77.7）mm 和（236.77±176.64）g，体长增长 1.91 倍，体重增加 8.25 倍（毛翠凤 等，2005）。

3. 食性

中华鲟以摄食动物性饵料为生，主要食物为虾、鱼、蟹、软体动物和水生昆虫等。生活环境不同，摄食饵料也不同。在长江中上游主要以摇蚊幼虫、蜻蜓幼虫、蜉蝣幼虫等水生昆虫为食。在河口食物主要是虾、鱼和蟹。亲鱼洄游时不摄食，在长江中上游检查所见大多是空胃。幼鲟在长江口摄食强度较长，胃含物充塞度Ⅲ～Ⅳ级，常见食物有鲬（*Platycephalus indicus*）、舌鳎（*Cynoglossus* spp.）、矛尾虾虎鱼（*Chaeturichthys stigmatias*）、狭额绒螯蟹（*Pseudograpsus alkus*）和白虾（*Exopalaemon* sp.）等。在长江口外近海，中华鲟摄食强度通常保持在Ⅲ～Ⅳ级，食物以鱼为主，还有虾和头足类等。

4. 繁殖生物学

中华鲟在摄食肥育期间，栖息于我国东部沿岸及朝鲜半岛西海岸这一广大渔区，性成熟的个体每年7—8月经长江口溯江而上，翌年秋季在河流上游有石质河床的江段产卵。产卵场分布在牛拦江以下的金沙江下游和重庆以上的长江上游，主要产卵场集中在宜宾县到屏山县江段。产卵后亲鱼以及新生的幼鲟，降河到长江口区近海肥育。中华鲟秋季繁殖。中华鲟繁殖群体大批进江时间可能在7—8月。中华鲟属于一次性产卵的类型，产后亲鱼离开产卵场，降河入海。葛洲坝枢纽工程1981年大江截流以后，中华鲟赴上游产卵的洄游通道受阻，但发现在大坝下方中华鲟照样在繁殖，产卵场规模较小。现已探明宜昌江段有中华鲟产卵场，位于长航船厂至万寿桥附近，长约7 km，面积333 hm² 左右。1981—1982年葛洲坝枢纽下游，中华鲟的绝对怀卵量为47.0万～69.7万粒，平均为60.2万粒；相对怀卵量为2.40～4.18粒/g，平均为3.12粒/g。中华鲟成熟卵椭圆形，黑褐色，卵径4.3～4.8 mm，产出受精后3～5 min，卵膜吸水膨胀，卵径增至5.05～5.10 mm，分散黏附在产卵下方的岩石或砾石上面。当水温在16.5～18 ℃时，经113～130 h孵化，仔鱼大量出膜。

5. 资源

1972—1980年（葛洲坝截流以前）全流域中华鲟成体的总渔获量为4 644尾，年渔获量波动年际变动较大，平均年产516尾。1982年由于没有禁捕，葛洲坝截流致使中华鲟在坝下聚集，导致形成年捕捞高峰，渔获量高达1 163尾（包括坝上的161尾）。1984年起禁捕，1988年被列为国家一级保护物种，全面实施禁捕，每年科研用鱼也控制在100尾以内。在繁殖群体中，据常剑波和曹文宣（1999）报道，中华鲟雄性初次性成熟年龄为8～17龄，最高为27龄；雌性初次成熟年龄为13～26龄，最高为35龄。柯福恩和危起伟（1992）采用标志放流回捕率的方法，估算出1984年中华鲟繁殖群体的数量约为2 176尾。导致中华鲟资源衰退原因是多方面的。中华鲟个体大、寿命长，初次性成熟迟，产卵后重复再产卵性成熟间隔时间长，资源遭破坏后便不易恢复，这些是中华鲟的生物学特性，是种的属性决定的。其次，葛洲坝截流阻隔了中华鲟的洄游通道，使亲鱼不能到达上游产卵场产卵。虽然现已探知中华鲟在葛洲坝下有产卵场能自然产卵繁殖，但规模远小于上游产卵场的规模。另外，长江鱼类吞食鱼卵，对中华鲟资源的影响不容忽视，中华鲟产下的卵有 85% 被圆口铜鱼、长条铜鱼、鮈亚科其他鱼类和黄颡鱼所吞食（柯福恩，1999）。

6. 保护措施

为了保护中华鲟资源，积极采取了如下一些措施：①保护自然资源：1988 年，中华鲟被列入国家一级保护物种；禁止捕捞和限制科研用鱼数量，从 1988 年起，在全长江水系实行禁捕，每年科研用鱼捕捞控制在 100 尾以内；在宜昌至荆州沙市江段建立中华鲟保护站，1986—1996 年仅宜昌江段放流误捕中华鲟多达 155 尾；1988 年，长江渔业资源管理委员会在崇明建立了中华鲟幼鱼抢救站，每年抢救站放生幼鲟数十至数百尾，对保护中华鲟和宣传中华鲟保护起了很好的作用。②人工放流苗种：1983 年，由长江水产研究所和宜昌市水产研究所等 5 个单位组成的中华鲟人工繁殖协作组，在葛洲坝下实施人工繁殖取得了成功，以后 4 年每年向长江投放 20 万～80 万尾苗种；1984 年，原葛洲坝工程局水产处中华鲟人工繁殖也取得了成功，以后每年向长江投放 20 万～50 万尾鲟苗，后来成立了中华鲟研究所，专门负责中华鲟的人工繁殖和放流；1998 年开始，长江水产研究所向长江投放鲟苗 40 万尾；1983—1996 年，各单位共向长江投放孵出后 7～10 d 的鲟苗约 380 万尾，体重 2～10 g 的幼鲟 37 000 尾。③建设自然保护区：随着对环境保护理解的加深和我国有关野生动物保护法规的建立和完善，建立自然保护区已成为保护物种资源的一项重要措施。1990 年，长江渔业资源管理委员会组织有关科研单位，对长江口区的自然和人文环境、渔业资源状况和中华鲟资源现状等进行了调查，建立了长江口区中华鲟幼鱼自然保护区。长江口中华鲟自然保护区的建立，是中华鲟自然保护和人工放流取得突出成效的重要前提，也是一个有力的保障。

二、淞江鲈

淞江鲈栖息于近海沿岸浅水水域，以及与海相通的河川江湖中，在淡水水域生长肥育，然后降河入海到河口附近浅海区繁殖。在长江口，幼鱼在 4 月下旬至 6 月上旬溯河。喜栖于水清而有微流水的水体中，营底栖生活，白天潜伏于水底，夜间四出活动。

1. 形态特征与分布

体延长，近圆筒形，前部平扁，向后渐细。头大而宽平。口大，端位，上颌稍长，上颌骨伸达眼后缘下方。眼小，上侧位；眼间隔宽而下凹。鳃孔宽大，鳃盖膜连于峡部。体黄褐色，体侧具暗色横带 5～6 条。吻侧、眼下、眼间隔和头侧具暗色条纹。鳃盖膜和臀鳍基底橘红色。腹鳍白色，其余各鳍均具黑色斑点，背鳍鳍棘部前部具一黑色大斑。头侧鳃盖膜各有 2 条红色斜带（恰似 4 片鳃叶外露，故称四鳃鲈）（图 3-10）。在中国、日本和朝鲜均有分布。我国主要分布于黄、渤海和东海，以及河口水域。

图 3 - 10　淞江鲈

2. 年龄与生长

幼鱼生长较快，溯河期不足 2 个月，平均体长增长 3.2 倍。6 月平均体长达 43 mm，9 月体长为 50～85 mm，12 月体长达 120～140 mm。1 龄即达性成熟，最大个体体长 170 mm，体重不超过 100 g。水温、盐度和饵料对淞江鲈生长有影响，据韦正道等 (1997b) 报道，淞江鲈以摄食活饵料为主，不喜食混合饲料。在淡水组同样喂以活饲料，在有自然光环境中个体的生长速度，比在暗环境中个体生长速度要快。高温会影响生长，在高温期降低水温能促进其生长。

3. 食性

体长 40 mm 以下的个体，以摄食枝角类为主；体长 40 mm 以上开始捕食小虾；体长 70 mm 以上的个体，以中华小长臂虾和细足米虾为食，兼食栉虾虎鱼、麦穗鱼、棒花鱼和鳑鲏等小型鱼类。在饲养条件下，喜食活饲料，不喜食颗粒饲料。繁殖期间不摄食。

4. 繁殖生物学

长江口淞江鲈幼鱼，每年 4 月底至 6 月上旬上溯，到淡水水体生长肥育，到 11 月底开始洄游移向浅海。降海洄游时雄鱼先启动，雌鱼洄游稍晚，性腺尚未成熟均处于Ⅲ期，在洄游过程中逐步发育成熟。到达产卵场的雄性精巢发育至Ⅴ期、雌性卵巢发育到Ⅳ期末，发情时迅速过渡到Ⅴ期。长江口北侧，黄海南部的蛎牙礁是淞江鲈的产卵场，位于 121°34′ E、32°09′ N，距海门县东灶港、南通县团结闸各约 5 n mile。产卵期在 2 月中旬至 3 月中旬，以 2 月底至 3 月初产卵最盛。繁殖期水温 4～5 ℃，盐度 30～32。雌鱼怀卵量 5 100～12 800 粒。卵黏性，结成团块状，淡黄、橘黄或橘红色，产出后粘着于洞穴的顶壁。卵径 1.48～1.58 mm，水温较低仅 4～5 ℃，经 26 d 孵化仔鱼才出膜。

5. 资源

在长江三角洲，捕捞季节自冬至到立春（12 月下旬至翌年 2 月上旬），渔具以渔簖为主。在太湖、淀山湖等大水面水域也有用拖网捕捞，淞江鲈仅属兼捕对象。20 世纪 60 年代以前，上海市青浦县和松江县一带产量较高。70 年代以后，随着工农业发展导致污水增多，水利设施大量兴建造成洄游通道受阻，淞江鲈自然资源锐减。80 年代以后，种群数量越来越少，但还能见到。现已列为"国家二级保护动物"，禁止捕捞和买卖，挽救这一濒临灭绝的种质资源已刻不容缓。

6. 人工繁殖

1973 年，上海市水产研究所等单位做了人工繁殖试验，孵出鱼苗 209 尾。1977—1978 年，复旦大学、上海师范大学和上海市水产研究所对淞江鲈的产卵场、繁殖习性和胚胎发育等做了调查和研究。1987 年，复旦大学王昌燮等在人工控制条件下，获得繁殖成功鱼苗存活 99 d。20 世纪 90 年代迄今，韦正道等（1997a）就孵化期温度，对淞江鲈胚胎发育的影响以及控制淞江鲈生长的环境因子做了研究，王金秋等（2004）报道了淞江鲈的胚胎发育。总体上对淞江鲈的基础研究工作已趋于成熟，在人工繁殖、苗种培育和集约化养殖技术方面，取得了突破性进展。

三、胭脂鱼

胭脂鱼体形奇特，色彩鲜明，尤其幼鱼体形别致，色彩绚丽，被人们称为"一帆风顺"，在东南亚享有"亚洲美人鱼"的美称，是中国特有的淡水珍稀物种。胭脂鱼主要生活于长江水系，有溯江生殖洄游习性。成熟个体上溯到长江上游繁殖，孵出的幼鱼随流漂流至中下游及其附属水体索饵生长。秋季成鱼回到长江干流深水区越冬。

1. 形态特征与分布

胭脂鱼体侧扁，背部在背鳍起点处特别隆起。头短，吻圆钝。口下位，呈马蹄状。在不同生长阶段，体形变化较大，其体色也随个体大小而变化。仔鱼阶段体长 2.7～8.2 cm，呈深褐色，体侧各有 3 条黑色横条纹，背鳍、臀鳍上叶灰白色，下叶下缘灰黑色。成熟个体体侧为淡红色、黄褐色或暗褐色，从吻端至尾基有 1 条胭脂红色的宽纵带，背鳍、尾鳍均呈淡红色。胭脂鱼最奇特的地方是背鳍，背鳍很长，尤其幼鱼的背鳍前端更是十分高大，仿佛把整个躯体都拉伸成了山峰形，也正是这个背鳍让它们得到了"一帆风顺"的名字（图 3-11）。胭脂鱼是迄今所知的亚口鱼科分布于我国唯一的种。在长江上、中、下游皆有，但以上游数量为多；福建闽江也产，但资源较少。

图 3-11　胭脂鱼

2. 年龄与生长

胭脂鱼是我国特有的大型经济鱼类，生长快。最大雌鱼 23.75 kg，最大雄鱼 19.5 kg。2 冬龄鱼体长为 34～410 cm，重 1.0～1.25 kg。3 龄雌鱼全长 70 cm，重 3.45 kg，3 龄雄鱼全长 72.8 cm，重 3.4 kg；14 龄雌鱼 123 cm，重 17.05 kg，11 龄雄鱼 118.0 cm，重 16.1 g。胭脂鱼的生长分两个阶段：未成熟（雌鱼 7 龄、雄鱼 5 龄）前生长迅速，其后成熟阶段生长速度显著减慢。全长随年龄增加呈抛物线增加。5 龄前雄鱼体长增幅大于雌鱼，其后雄鱼体长增幅逐渐平缓，渐小于雌鱼；而雌鱼自 9 龄开始体长增幅也渐趋平缓。随年龄增加，雌鱼体重增速大于雄鱼。

3. 食性

主食底栖无脊椎动物，有时也摄食植物碎片、硅藻和丝状藻等。食物组成随栖息地而异：在江河中主要摄食水生昆虫，以摇蚊幼虫为主。在湖泊中则以软体动物为主，以蚬和淡水壳菜占优势；在池塘养殖中，常食水蚯蚓或陆生蚯蚓，也食蚌、螺蛳肉和虾类。胭脂鱼全年摄食，繁殖后摄食频率高，饱满度达 3～4 级（刘乐和，1996）。

4. 繁殖生物学

成年胭脂鱼体长最长能达到 1 m，由于其生长缓慢，在封闭的环境中可以活到 25 龄。一般 6 龄可达性成熟，体重约 10 kg。每年 2 月中旬（雨水节前后），性腺接近成熟的亲鱼均要上溯到上游，于 3—5 月在急流中繁殖。长江的产卵场在金沙江、岷江、嘉陵江等地。亲鱼产卵后仍在产卵场附近逗留，直到秋后退水时期，才回归到干流深水处越冬。胭脂鱼性成熟较迟。性成熟最小型：雌鱼 7 龄，体长 82 cm，体重 9.2 kg；雄鱼 5 龄，体长 76.5 cm，体重 8 kg。长江雌鱼卵巢在秋末、冬初为Ⅳ期（并以Ⅳ期越冬），翌年 3—4 月中下旬，卵巢达Ⅴ期。在繁殖季节，副性征明显，雌、雄鱼体色皆鲜艳，呈胭脂色。雄鱼珠星明显，在臀鳍、尾鳍下叶珠星粗大，吻部、颊部和体侧的珠星细小；雌鱼珠星通常仅见于臀鳍，在头部和体侧稀少（余志堂 等，1988）。受精卵在水温 16.5～18.0 ℃（平均 17.0 ℃）时，经 7～8 d 孵化；在水温 19.5～21.0 ℃（平均 20.4 ℃）时，经 6 d 多孵化。初孵仔鱼全长 10.5 mm，平卧水底，6～7 d 后可平游，食道已通，开始摄食。

5. 资源

胭脂鱼为我国大型名贵鱼类，在长江上游天然产量较高，曾经是当地主要捕捞对象之一。据四川宜宾市渔业社在岷江的渔获中，胭脂鱼占总产量的 13%。由于葛洲坝水利工程的兴建，阻断亲鱼至上游产卵场产卵，影响了上游繁殖群体的补充，同时，使上游幼鱼不能漂流至坝下；而坝下宜昌江段的一些产卵场环境也遭到破坏，虽仍有繁殖群体，但由于产卵群体规模小及捕捞过度等原因，目前自然野生群体数量仍在继续下降，被中国濒危动物红皮书（鱼类）列为"易危"种类（乐佩琦和陈宜瑜，1998）。因此，应重视胭脂鱼的资源保护。

6. 人工繁殖

胭脂鱼是我国特有的珍稀物种，在鱼类学和动物地理学上占有特殊的位置，具有重要的科学研究价值，已被国家列为二级野生保护动物。其体形奇特，色泽鲜明，尤其是由于体形别致，游动缓慢，色彩绚丽，背鳍高大似帆，是观赏鱼的珍品之一。1989 年，在新加坡国际野生观赏鱼博览会上曾获银奖，具有较高的经济价值。从 20 世纪 70 年代起，我国科技人员在胭脂鱼的生物学特性、人工繁殖、移殖驯养、增殖与保护和人工配合饲料等方面的研究取得了很大的进展，已培育出二代苗，为胭脂鱼这一名贵鱼种品种的种质资源保存与保护、增殖和开发打下了坚实的基础。近年来，通过人工繁殖、养殖和增殖放流已使种群数量稳定回升。

四、刀鲚

刀鲚俗称长江刀鱼、毛花鱼等，为鲚属洄游性鱼类，肉质鲜嫩。由于产量锐减，物以稀为贵，长江刀鱼价格最高达 12 000～20 000 元/kg。刀鲚平时生活在海里，繁殖季节结群由海入江，进行生殖洄游。产卵群体沿江上溯，进入通江湖泊或各支流，或在干流的浅水弯道处产卵。

1. 形态特征与分布

体延长侧扁，前部高向后渐低，背缘平直，腹缘具锯齿状棱鳞。头短小。吻圆突，长较眼径稍长。眼较小，近吻端，眼间隔圆凸。体被圆鳞，薄而易脱，无侧线。体银白色。背侧色较深，呈青色、金黄色或青黄色（图 3 - 12）。刀鲚分布于中国、朝鲜和日本。我国主要产于黄渤海和东海，南海较少见，沿岸各通海江河如长江、钱塘江、闽江、黄河、辽河等水系中下游及其附属水体皆产。

图 3-12 刀 鲚

2. 年龄与生长

据袁传宓等（1978）报道，刀鲚在仔幼鱼阶段生长较快，平均每天体长增长 1 mm 左右；成鱼生长差异很大，同龄鱼之间或不同性别个体之间，体长、体重增长都有一定变化，刀鲚寿命一般为 4 冬龄，能活到 5 冬龄只是少数。

3. 食性

刀鲚幼鱼的以桡足类、枝角类和端足类等浮游动物为食。体长 70～80 mm 时，兼食水生昆虫、糠虾和水生节肢动物和鱼苗等。个体大小不同，食性不同，体长 250 mm 以上主要以鱼和虾为食；体长 150 mm 以下主要摄食桡足类、昆虫幼虫和枝角类。食物成分出现频率以昆虫幼虫居首位，为 28.7%；其次是桡足类为 26.4%，鱼类为 20.1%，虾类为 10.8%，寡毛类为 8.5%，枝角类为 3.2%，硅藻为 1.5%，水绵为 0.8%。刀鲚的主要食物是桡足类和昆虫幼虫，其次是鱼类和虾类。

4. 繁殖生物学

每年 2 月刀鲚便开始进入长江口，沿江上溯进行生殖洄游。出现时间会因水温不同而有迟早。刀鲚进行生殖洄游，不是集中在某一时间里，而是陆续上溯，各地的出现时间有迟有早。江苏江段一般 2 月初即可见到上溯鱼群，持续到 10 月；安庆江段 2 月中旬可见上溯鱼群，持续到 8 月底；江西鄱阳湖和湖南洞庭湖 4 月才先后见到上溯鱼群。刀鲚产卵群体一路沿江上溯，分散进入各个通江湖泊、各支流以及干流各洄水缓流区，已建闸的湖泊和河道，只要有过鱼设施或定期开闸，鱼群仍能伺机过闸上溯到达产卵场。进入长江口时，性腺仍处于 Ⅱ 期阶段，在洄游过程中发育成熟，由 Ⅱ 期进而到 Ⅳ 期，甚至到达 Ⅴ 期，这个过程比较迅速。产卵群体由 3～5 龄组成，性成熟最小型为 2 龄。长江口干流南京至九江江段产卵体以 3 龄鱼为主，占 64%，4 龄鱼占 31.2%，5 龄鱼占 4.8%。一般 4 月下旬至 5 月底，水温升至 18～28 ℃时为产卵盛期。刀鲚怀卵量一般 1.9 万～11.8 万粒，最大达 13.47 万粒。成熟卵呈球形，卵径 0.7～0.8 mm，具油球，受精后浮在水体上层进行发育孵化。受精卵在水温 26～29 ℃时，经 19 h 初孵仔鱼即破膜而出。

5. 资源

刀鲚是长江口重要的经济鱼类之一，1973 年长江沿线刀鱼产量为 3 750 t，1983 年为 370 t 左右，2002 年已不足 100 t，2011 年 12 t 左右。长江污染加剧以及酷渔滥捕，使长江刀鱼产量逐年下降。大量历史资料证明，从长江口至湖南洞庭湖，自古皆为刀鲚出产地。历史上刀鲚捕捞产量曾占长江鱼类天然捕捞量的 35%～50%，其中，在江苏省江段所占比例更曾高达 70%。这种状态一直持续到 20 世纪 70 年代。到了 80 年代末、90 年代初，湖南、湖北江段基本上已无洄游刀鱼。1996 年，安徽江段也基本无渔汛了。江苏江段也不能幸免，20 世纪末，首先是南京没有了渔汛；后来，镇江、扬州江段产量也锐减。2011 年，刀鱼的洄游路线大大缩短，渔汛的最上游仅至江苏的常熟、江阴一带。

6. 人工繁殖

长江刀鲚的人工育苗与养殖属世界性难题，我国从 20 世纪 70 年代开始就着手进行繁殖生物学研究，采用靠捕获成熟野生亲本的方式开展人工繁殖试验，因长江刀鲚性腺发育群体同步性差、应激反应强烈，人工繁殖难度较大。国内许多科研人员通过开展长江刀鲚的种质特征、资源变动规律、洄游生态等研究，成功解决了全人工繁养殖技术。2003 年起，中国水产科学研究院淡水渔业研究中心、上海市水产研究所等均已成功创建了长江刀鲚的灌江纳苗技术及抗应激运输技术，并取得了一系列的研究成果。"长江刀鲚全人工繁养技术的创建与应用"获 2015 年江苏省科学技术一等奖；"长江刀鲚全人工繁养和种质鉴定关键技术研究与应用"获 2015 年上海市技术发明一等奖。目前，长江刀鲚养殖业逐步兴起，刀鲚已成为一种市场紧俏、前景广阔的优质淡水增养殖品种。

五、暗纹东方鲀

暗纹东方鲀肉味鲜美，脂肪和蛋白质含量都很高，我国长江下游居民和日本民众特别爱吃此鱼，具有一定出口创汇潜力及市场需求。但其皮肤、生殖腺、肝、血液中含有毒素，特别是繁殖期间毒性最大。上海地区和长江沿岸农村屡有发生吃河鲀中毒身亡的事件。腌制干品，食用安全性会高些。2016 年 11 月，农业部办公厅和国家食品药品监督管理总局联合发布了《关于有条件放开养殖红鳍东方鲀和养殖暗纹东方鲀加工经营的通知》。现市场上多为人工养殖品种。养殖河鲀的毒性含量明显降低，经过正规无毒加工处理，并经国家认证后可安全食用。

1. 形态特征与分布

暗纹东方鲀体亚圆筒形，头胸部粗圆，微侧扁，躯干后部渐细，尾柄圆锥状，后部渐侧扁。眼中等大，侧上位。眼间隔宽，微圆突。口小，前位，上下颌呈喙状。体背面自鼻孔至背鳍起点，腹面自鼻孔下方至肛门稍前方和鳃孔前方均被小刺，吻侧、鳃孔后部体侧面和尾柄光滑无刺。侧线发达，背侧支侧上位。体腔大，腹腔淡色。鳔大。有气囊。体背面茶褐色，5～6条暗褐色宽横纹，在每条暗褐色宽带之间夹着1条黄褐色窄带（图3-13）。仅分布于中国、朝鲜。中国产于东海、黄海和渤海，也分布于大清河、长江中下游流域，洞庭湖、鄱阳湖和太湖等淡水湖泊以及闽江口。

图3-13 暗纹东方鲀

2. 年龄与生长

暗纹东方鲀体长一般180～280 mm。体长增长，1龄最快，以后逐龄递减；体重增长，3龄前逐年递增，4龄起生长趋缓。在人工养殖过程中，雌雄暗纹东方鲀体长生长规律相似，但是体重生长规律有差异。2.5龄前雄鱼生长速度均快于雌鱼，在2.5龄以后则刚好相反。另外，人工养殖的暗纹东方鲀体重与体长比值以及肥满度大于野生型。

3. 食性

在自然条件下，暗纹东方鲀以摄食水生无脊椎动物为主，兼食自游生物及植物叶片和丝状藻等，是偏肉食性的杂食性鱼类。食性广，成鱼食物包括鱼、虾、螺、蚌、昆虫幼虫、枝角类、桡足类等，以及包括高等植物的叶片、丝状藻类等。幼鱼食性稍不同于成鱼，主要以轮虫、枝角类、桡足类、寡毛类、端足类及多毛类等浮游动物和小鱼苗为食。饵料不足或密度过大时，会发生同类相残。

4. 繁殖生物学

暗纹东方鲀一般2～3年性成熟，繁殖力很强。绝对怀卵量为14万～30万粒，成熟系数11.4～22.8。成熟卵粒为黏性沉性卵，入水后黏性增强。卵圆球形，卵膜薄而透明，淡黄色，卵径1.1～1.3 mm，油球小而多。产卵期从4月中下旬至6月下旬，5月为产卵盛期，属一次产卵型。成熟卵沉性，圆球形，淡黄色，卵径1.118～1.274mm。受精卵遇水后产生黏性结成团块，黏附在其他物体上进行孵化。孵化温度18～26 ℃。在水温18.6～21.5 ℃条件下，受精卵经5～6 d孵化，仔鱼大量出膜。孵化后22 d，仔鱼平均全长13.2 mm，各鳍鳍条均已分节，发育为幼鱼。

5. 资源

暗纹东方鲀曾是长江口和长江下游江段主要的渔业对象之一，产量较高，有一定经济价值。江苏省 1954 年产 1 000 t，20 世纪 60 年代逐年减少，1968 年为 130 t，70 年代一直徘徊在 100 t 以下，1973 年不足 50 t，1990 年仅 26 t，1993 年已不足 10 t。

6. 人工繁殖

中国对河鲀的育苗和养殖研究始于 20 世纪 80 年代初，首先由黄海水产研究所在胶南基地开展了红鳍东方鲀、假睛东方鲀、黄鳍东方鲀等研究，80 年代初，河北、山东、浙江、江苏、上海等地陆续开展了铅点东方鲀、红鳍东方鲀、弓斑东方鲀、假睛东方鲀及暗纹东方鲀、菊黄东方鲀、豹纹东方鲀的人工繁殖（雷霁霖，2005）。从 90 年代开始规模化人工养殖河鲀，北方养殖品种以红鳍东方鲀为主，年产量在 4 000 t 左右，出口到日本和韩国；南方养殖品种以暗纹东方鲀为主，年产量在 6 000 t 左右。

六、菊黄东方鲀

菊黄东方鲀为黄渤海和东海常见的暖温性近海底层鱼类，体长一般 150～250 mm，大者可达 300 mm。体含河豚毒素，经动物试验，长江口的菊黄东方鲀肝脏、卵巢和肠有强毒，有个别报道肌肉也有剧毒，个别鱼精巢具弱毒。

1. 形态特征与分布

体呈亚圆筒形，前部较粗，向后渐细；尾柄细长，后部渐侧扁。头较粗短，头长短于鳃孔与背鳍起点的间距。吻钝。眼上侧位。眼间隔宽而圆凸。头部及体之背面和腹面均具较强的小刺，背刺区呈舌状，前端始于眼间隔中央，后端距背鳍起点有一定距离，背刺区和腹刺区彼此分离。侧线发达，上侧位，于背鳍基底下方渐渐折向尾柄中央，伸达尾鳍基底，具多条分支。生活时背面黄褐色，腹面白色，体侧下部具 1 橙黄色行带。体色和斑纹随个体大小而异。小个体背侧散有白色圆斑，随体长增大，白斑渐渐模糊而后消失，呈棕黄色（图 3-14）。菊黄东方鲀仅分布于我国黄海、渤海和东海。长江口分布于北支和南支，以及长江口临近水域。

图 3-14　菊黄东方鲀

2. 食性

菊黄东方鲀为黄渤海和东海常见的暖温性近海底层鱼类，主要以鱼类、贝类和甲壳类为食。

3. 繁殖生物学

春、夏季在近海产卵繁殖。体长一般 150～250 mm，大者可达 300 mm。

4. 资源

菊黄东方鲀在长江口较常见，数量较多，有一定经济价值。但体含河豚毒素，经动物试验，长江口的菊黄东方鲀肝脏、卵巢和肠有强毒。

5. 人工繁殖

研究人员利用杭州湾河口区的天然海水，对人工繁养的菊黄东方鲀亲鱼进行强化培育，使其达到性成熟，挑选其中性腺发育良好的进行催产，并采用半干法人工授精。在水温 21～22 ℃下，受精卵经过 100～120 h 的静水充气孵化后仔鱼出膜；在水温 24～25 ℃下，经过约 25 d 的培育，乌仔的全长达 15 mm。

第三节　饵料基础物种

增殖放饵料基础物种，主要是为了增殖饵料资源数量，延缓长江口饵料基础资源衰退趋势，优化渔业资源结构，为长江口其他水生动物繁殖、生长等提供充足的食物来源。在长江口渔业资源增殖放流中，主要有褶牡蛎、四角蛤蜊、缢蛏、沙蚕、巨牡蛎等（陈亚瞿 等，2007；全为民 等，2007）。此外，如纹缟虾虎鱼等小型鱼类，随着人工繁殖和增殖技术日益成熟（冯广朋 等，2009a；冯广朋 等，2009b），也可作为饵料鱼类进行增殖放流。

一、褶牡蛎

褶牡蛎俗名蠔、蚝、白蚝、海蛎子、蛎黄、蚵，因其外形皱褶较多而得名。褶牡蛎为重要经济贝类，肉味鲜美，营养丰富。每 100 g 肉含蛋白质 11.3 g、脂肪 2.3 g 以及丰富的维生素、微量元素锌、灰分和降低血清胆固醇的物质。除鲜食外，还可速冻、制罐头、加工蚝豉和蚝油。蛎肉还有一定的药用价值，壳可烧石灰。褶牡蛎在我国南起海南岛、北至鸭绿江的南北沿海均有分布。

1. 形态特征

褶牡蛎贝壳较小，一般壳长 3～6 cm。体形大多呈延长形或三角形。壳薄而脆。右壳平如盖，壳面有数层同心环状的鳞片，无放射肋；左壳甚凹，成帽状，具有粗壮的放射肋，鳞片层数较少。壳面多为淡黄色，杂有紫褐色或黑色条纹，壳内面白色（图 3 - 15）。

褶牡蛎的两壳形状不同，表面粗糙，暗灰色；上壳中部隆起；下壳附着于其他物体上，较大，颇扁，边缘较光滑；两壳的内面均白色光滑。壳的中部有强大的闭壳肌，用以对抗韧带的拉力。

图 3 - 15　褶牡蛎

2. 食性

褶牡蛎为滤食性生物，以细小的浮游动物、硅藻和有机碎屑等为主要食料。牡蛎通过振动鳃上的纤毛在水中产生气流，水进入鳃中，鳃上的纤毛和触须按大小给颗粒分类，然后把小颗粒送到嘴边，大的颗粒运到套膜边缘扔出去。因此，褶牡蛎通过纤毛波浪状运动将水流引入壳内，滤食微小生物，以开闭贝壳运动进行摄食。

3. 人工繁殖

褶牡蛎为雌雄异体的种类，是卵生型，在它们的生殖腺中不能同时产生精子和卵，褶牡蛎精子和卵都是排到海水中受精孵化的。褶牡蛎产卵数量多，这种繁殖方式保证了后代的存活数量。褶牡蛎的产卵季节随着种类和地区略有不同。一般在夏季，为6—9月，南方较北方稍早些。褶牡蛎产出大量的卵和精子，受精后，受精卵便逐渐发育，经过担轮幼虫和面盘幼虫期，最后变态为成体。面盘幼虫后期，面盘退化，足生出，这时若遇到适当的环境，就开始附着，变态为成体，终生过固着式的生活。

二、四角蛤蜊

四角蛤蜊属广温广盐性贝类，生存适温为0～30 ℃，在我国沿海分布极广，产量大，以辽宁、山东为最多，主要栖息于潮间带中下区及浅海的泥沙滩中。其肉味鲜美，鲜味氨基酸含量高达55.4%，可开发为调味料，含有多种矿物质元素，也有滋阴、利水、化痰的功效；壳具有清热、利湿、化痰等作用，可治疗喘咳痰多、胃及十二指肠溃疡、烫伤等。

1. 形态特征

贝壳坚厚,略成四角形。两壳极膨胀。壳顶突出,位于背缘中央略靠前方,尖端向前弯。贝壳具外皮,顶部白色,幼小个体呈淡紫色,近腹缘为黄褐色,腹面边缘常有1条很窄的边缘。生长线明显粗大,形成凹凸不平的同心环纹,贝壳内面白色,铰合部宽大,左壳具1个分叉的主齿,右壳具有2个排列成八字形的主齿;两壳前、后侧齿发达均成片状(图3-16)。外韧带小,淡黄色;内韧带大,黄褐色。闭壳肌痕显明,前闭壳肌痕稍小,呈卵圆形,后闭壳肌痕稍大,近圆形,外套痕清楚,接近腹缘。

图 3-16 四角蛤蜊

2. 人工繁殖

根据人工繁育研究报道,室外土池中培育的亲贝壳长为(33.97±2.90)mm,产卵量为(79.7±4.0)万粒/个;海区采集的亲贝壳长为(39.62±2.78)mm,产卵量为13.2万粒/个。在水温为25.4 ℃、盐度为24、pH为8.0的条件下,受精卵经过20 h 30 min发育为D型幼虫,四角蛤蜊的卵径、D型幼虫、后期面盘幼虫、变态规格、单水管、双水管稚贝的大小,分别为(50.93±0.49)μm、(70.96±0.92)μm、(164.00±3.54)μm、(186.00±4.22)μm、(212.00±5.46)μm、(496.00±9.87)μm。壳顶前期生长速度为(7.83~8.83)μm/d;壳顶中期、后期为(11.38~14.99)μm/d。存活率为(80.34±1.86)%。稚贝期(10~45日龄)四角蛤蜊壳长、壳高的比例接近成体。10~15日龄稚贝的生长速度为(32.15~36.82)μm/d,存活率近100%;15~30日龄,生长速度达(71.20±9.91)μm/d,存活率为(85.30±1.28)%;30~45日龄,生长速度为(49.30±7.12)μm/d,存活率只有(14.10±1.61)%(闫喜武 等,2008)。

三、缢蛏

缢蛏是双壳纲、帘蛤目贝类动物,俗称蛏(福建)、蛏(浙江)或蚬(山东、河北、辽宁），生长快，个体大，肉嫩而肥，色白味鲜。其贝壳呈长卵形或柱形，四角呈圆弧。壳面黄色或黄绿色，从壳顶至腹缘有 1 条凹的斜沟，形似缢痕而得名（图 3-17）。

图 3-17 缢 蛏

1. 形态特征

缢蛏壳顶低，壳质脆薄，生活时垂直插入浅海泥沙中；外套膜呈乳白色半透明，左右两片外套膜合抱成外套腔。出水管和进水管发达，伸展到贝壳的外面。足强大，多呈圆柱形，被具有触手的外套膜所包围。

2. 生活习性

缢蛏喜在风浪平静、潮流畅通、底质松软、有淡水注入的内湾中、低潮区，营穴居生活。随潮水的涨落在洞穴中做升降运动。海水淹没时，上升到洞穴口，伸出进出水管，进行呼吸、摄食、排泄等活动。滩地干露时，则降到洞穴的中部或穴底。缢蛏潜居的深度，随蛏体大小，体质强弱以及底质和季节的变化而不同。通常，蛏体大、体质强壮、底质松软、水温低时，潜居较深；反之，蛏体小、体质弱、底质硬、水温暖时，潜居较浅。一般潜居深度为体长的 5～6 倍。蛏子的大小可以从 2 个小孔之间的距离推算出来，其体长为 2 孔距离的 2.5～3 倍。缢蛏的 2 个水管很发达。它完全靠这 2 个水管与滩面上的海水保持联系，从入水管吸进食物和新鲜海水，从排水管排出废物和污水。

3. 人工繁殖

缢蛏雌雄异体，一年性成熟，生殖腺分布在内脏囊中。雄性生殖腺呈乳白色，雌性生殖腺呈淡黄色。繁殖季节因地而异，北方比南方早。辽宁缢蛏的繁殖期在 6 月下旬，山东 8—9 月，浙江和福建自 9 月下旬开始一直延续至翌年 1 月为止，繁殖盛期出现于 10 月中旬至 11 月中旬。在整个繁殖期间，有 4 次集中排放精卵，每次繁殖的间歇期为半个月。排放量以第一次和第二次最多，精卵质量好。繁殖时间一般是在大潮期间进行。成熟的亲贝受到外界环境变化的刺激，特别对水温骤然下降的刺激，会引起精卵排放。缢蛏的精、卵排出体外，在海水中受精发育。受精卵经过卵裂孵化，发育成 D 型幼虫，经过一段时间浮游生活，成熟变态，再经短时间的匍匐生活后，潜入泥中，开始穴居生活。在整个生活史中，水温在 20～24 ℃时，从受精卵开始至转入底栖营穴居生活的全部时间需 7～10 d。

四、河蚬

河蚬肉味鲜美，营养丰富，除鲜食外，还可以加工成蚬干、罐头、冻蚬肉或腌制成咸蚬。这不但在国内受到人们喜爱，在日本、韩国和东南亚一些国家，也普遍受到人们喜爱。河蚬既适合于湖泊、江河水面放流增殖，也适合于小型水面或者池塘投饲投肥养殖。养殖河蚬成本低、产量高，易捕捞，可以当年放养、当年收获，经济效益显著。河蚬可以作为中药的药材，有开胃、通乳、明目、利尿、去湿毒、治肝病、麻疹退热、止咳化痰、解酒等功效，还可作为观赏贝类饲养，可成为水族箱中的"过滤器"，用于净化水质，吃掉水中的单细胞植物、微生物。

1. 形态特征

河蚬贝壳中等大小，呈圆底三角形，壳高与壳长近似，两壳膨胀，壳顶高，稍偏向前方（图 3-18）。壳面有光泽，颜色因环境而异，常呈棕黄色、黄绿色或黑褐色。壳面有粗糙的环肋。韧带短，突出于壳外。铰合部发达，闭壳肌痕明显，外套痕深而显著。河蚬栖息于淡水的湖泊、沟渠、池塘及咸淡水交汇的江河中，广泛分布于我国内陆水域。在俄罗斯、日本、朝鲜、东南亚各国均有分布。

图 3-18　河　蚬

2. 人工繁殖

河蚬 2 个月可达性成熟，一年四季皆可繁殖。性腺最丰满期是 5—8 月，生殖旺期是 5—6 月。河蚬的寿命约为 5 年，最佳采捕利用期为 1—2 龄。制作工艺品的蚬壳，应为 3 年以上。河蚬栖息于底质多为沙、沙泥或泥的江河、湖泊、沟渠、池塘及河口咸淡水水域。在水底营穴居生活，幼蚬栖息深度为 10～20 mm；成蚬可潜居 20～200 mm，以 20～

50 mm 分布最多。摄食经鳃过滤的浮游生物（如硅藻、绿藻、眼虫、轮虫等），是一种被动的摄食方式。河蚬为雌雄异体，但也发现有雌雄同体的个体。福建地区的河蚬每年5—8月为繁殖盛期，此时，河床底部出现大量的白色黏液状物。当河蚬幼体浮游生活结束后，即沉入水底营底栖生活 15～30 d，再经 1 个月左右长成 2 mm 的小蚬，3 个月可长到 10 mm，蚬的寿命约 5 年。

五、沙蚕

沙蚕在分类学上属于环节动物门、多毛纲、游走目、沙蚕科，俗称海虫、海蛆、海蜈蚣、海蚂蟥。我国黄海和渤海沿岸多产，日本也产。喜栖息于有淡水流入的沿海滩涂、潮间带中区到潮下带的沙泥中，幼虫食浮游生物，成虫以腐殖质为食。沙蚕是海洋生物食物链的主要结构成分之一，是鱼、虾、蟹类的喜好食物，是渔业增殖的重要发展方向，也是水产养殖的重要饵料来源之一。沙蚕具有药用食疗价值，目前，还被人们当作美食和营养保健品利用。因此需求量增大，除人工养殖供给饵料和食用外，对自然资源的捕捞也日益加剧，为了维护海洋生态平衡，合理利用该类资源，部分地区已制订相关渔业法规加强保护和管理。

1. 形态特征

沙蚕体似蠕虫，呈长椭圆柱形而稍扁，身体分节明显，两侧对称，后端尖。由头部、躯干部和尾部 3 部分组成（图 3-19）。头部发达，由口前叶和围口节组成。第 1 刚节前凸出一小叶，称为口前叶，背面有 2 对简单的圆形眼，前缘有 1 对细小触手及 1 对粗大的触角。口前叶后为第 1 节，腹面有口，称围口节，两侧各有 4 条细长触须。口内有一可伸缩的吻，吻前端有 1 对大颚，用以捕食。躯干部具有许多刚节，各节两侧有 1 对外伸的肉质扁平凸起，称为疣足，足上有刚毛。疣足多为双叶型，具有游泳和爬行功能。刚毛有毒腺，刺到皮肤有红肿疼痛感觉。尾部为体的末节，也称肛节，节上有 1 对肛须，肛门位于肛节末端背面。

图 3-19 沙 蚕

2. 人工繁殖

除生活于淡水或半咸水的日本刺沙蚕等少数种在生殖前无多大形态变化外，沙蚕科的多数种在生殖前发生明显的形态变化，称异沙蚕体，有的有性节出现于体中后部，使虫体呈现两个不同的体区；有的如大眼沙蚕、中沙沙蚕等有性节仅发生在体中部，使虫体呈现前部无性节、中部有性节、后部无性节 3 个明显的体区。异沙蚕体的主要变化是：口前叶触手和触角缩短，眼变大并具晶体，疣足在无性节仅背、腹须膨大，而在有性节除背、腹须基部膨大外，并出现附加的叶片状突起，刚毛叶变为宽扁叶片状或扇形，刚毛也逐步为游泳桨状刚毛所替代。雄性的背须具齿状乳突、肛节长出特化的感觉乳突。内部变化包括肌肉的分解和重组、消化道的自融、体腔充满生殖产物，结果使虫体变化（雄性乳白色、雌性蓝绿色），这都有利于沙蚕由底栖转入生殖浮游。生殖变态发育比较复杂，受精卵需经过螺旋卵裂、担轮幼虫、后担轮幼虫、疣足幼虫、刚节幼体等发育形成成体。

第四章
渔业资源增殖放流和养护技术

渔业资源增殖放流，是指对鱼、虾、蟹、贝、藻等进行人工繁殖、养殖或捕捞天然苗种在人工条件下培育后，释放到渔业资源出现衰退的天然水域中，使其自然种群得以恢复的活动，是目前恢复水生生物资源数量的重要手段之一，具有修复生态环境、增加渔业资源数量、提升渔民收入、恢复生态平衡、培养群众环保意识等多方面重要意义（王成海和陈大刚，1991）。我国从20世纪80年代初期，就已开始了近海资源的增殖试验，取得了一定成效。为进一步恢复天然水域渔业资源种群数量，保证渔业生产的可持续发展，维护生物多样性，保持生态平衡，国务院颁布了《中国水生生物资源养护行动纲要》，农业部印发了《全国水生生物增殖放流总体规划（2011—2015年）》，确定了增殖放流目标任务和实施方案，推动水生生物增殖放流和养护事业科学有序发展。近年来，我国各地也纷纷开展了人工增殖渔业资源活动，取得了可观的经济、生态和社会效益。然而，由于我国大规模的人工放流起步较晚，相关的基础理论研究比较欠缺，导致放流工作缺乏系统的科学指导，带有一定的盲目性，影响了放流效果，甚至还给水域生态系统造成了危害，迫切需要开展系统研究，提供科学技术支撑。

第一节 我国渔业资源增殖放流进展

我国近海渔业资源受到环境污染、过度捕捞、工程建设等影响，正在不断衰退，渔获物中个体较大、经济价值和营养层次较高的鱼类数量不断减少，经济鱼类的幼鱼占了较大比例。内陆的江河、湖泊、水库等水体的渔业也面临着同样的问题，水域生态环境恶化、江湖阻隔和过度捕捞，导致一些经济价值较高的大型鱼类数量减少，鱼类群落结构呈现出小型化的特征。因此，为了提高渔业产量，优化近海和内陆水域的鱼类结构，达到可持续利用的目标，渔业资源的增殖放流在全国各地普遍开展，有些增殖种类已取得明显成效（冯锦龙，1992）。

一、增殖放流发展历程

长江的渔业资源在我国一直广受重视，增殖放流工作在各地快速发展，成效明显，其中，珍稀物种中华鲟的放流工作尤为突出。葛洲坝工程建成后，中华鲟的生殖洄游通道被阻隔，新形成的产卵场又很狭小，因此进行人工放流成为保护、增殖中华鲟资源的主要手段之一。1984年开始，由中华鲟人工繁殖放流站（现为中华鲟研究所）具体负责实施人工放流工作，30年多来已向长江投放中华鲟仔鱼600万尾，放流规模稳定，取得了一定的效果。此外，其他鱼类的放流增殖也逐渐受到重视。2002年，湖北、湖南、江西、安徽、江苏、上海等沿江 6 省（直辖市）同步向长江中下游春季禁渔水域投放 6 000 kg 以上 1 龄青鱼、草鱼、鲢、鳙四大家鱼原种苗，50 000 尾 5 cm 河鲀鱼苗，20 000 尾 3 cm 长吻鮠鱼苗。这是我国首次在长江开展四大家鱼、河鲀、长吻鮠试验性增殖放流，旨在补充长江鱼类资源数量，促进长江渔业资源的恢复。

东北地区的许多河流也进行了鱼类增殖放流。早在 1956 年，就在乌苏里江饶河建立了第一个大麻哈鱼放流增殖站，在乌苏里江、图们江和绥芬河先后放流大麻哈鱼、马苏大麻哈鱼和细鳞大麻哈鱼，但增殖效果不太明显。1985 年，在辽东半岛的大洋河下游建立增殖站，放流了大麻哈鱼、细鳞大麻哈鱼和马苏大麻哈鱼种苗，但回捕率较低。20 世纪 90 年代以后，这些鱼类的放流效果有所好转，回捕率有较大幅度的提高。另外，对鲟类的增殖放流也很重视，在 1987 年就设立了勤得利鲟鳇鱼放流实验站，已放流几百万尾鱼苗，2002 年又在萝北增设了一个放流站。

在江河渔业资源放流增殖方面，广东省走在全国前列。1980 年，广东在潭江和练江进行人工放流增殖试点，连续 3 年共投放鱼种（主要是"四大家鱼"和鲤）4 124 万尾。放流鱼种后的翌年即初见效果，捕捞量开始上升，两江捕捞量达 1 380 t，比 1980 年增长 32%；1982 年捕捞量又增加到 1 643 t，比上年增长 13.3%，3 年共增产 1 450 t。1986 开始，在西江和绥江进行了大规模的放流，连续 3 年共放流各类鱼苗 739.8 万尾，取得了良好的经济效益。

湖泊水库渔业资源放流增殖同样在我国开展较多，以提高渔业产量为主要目标，形成了较成熟的技术体系。在四大家鱼人工繁殖取得成功后，增殖业开始蓬勃发展，在湖泊和水库中先后进行放流增殖的种类有青鱼、草鱼、鲢、鳙、鲤、鲫、鲂、鳊、鲑、鲴等大型鱼类，还有太湖新银鱼等小型经济鱼类。中华绒螯蟹的增殖效果尤其引人注目，通过增殖放流，许多湖泊中几乎绝迹的中华绒螯蟹资源得以迅速恢复，长江口的产卵场也得到恢复，产生了明显的经济效益。在 20 世纪 50 年代末开始进行的湖泊鱼类苗种放流，通常是多品种搭配按比例进行放流，一般青草鱼占 20%，鲤、鲂、鳊占 30%，鲢、鳙占 50%。据统计，鲤的回捕率为 15%，草鱼的回捕率为 28%，鲢、鳙的回捕率为 26%～30%。

海洋渔业资源增殖真正形成规模的是在 20 世纪 80 年代，并试验了"工程措施、生物措施和保护措施"共同作用的增殖模式。在工程措施上，1979—1987 年年底，沿海 9 个省（自治区、直辖市）营造了 24 个鱼礁点、投放破旧船 49 艘、浅海增殖礁 2.8 万多个，近 10 万 m³，浅海铺石 99 137 m³；在生物措施上，增殖放流和已经试验的品种，主要有中国对虾、长毛对虾、日本对虾、三疣梭子蟹、墨吉对虾、黑鲷、石斑鱼、大黄鱼、海蜇、牙鲆、乌贼、海参、黄盖鲽、六线鱼、鲍鱼、真鲷、贝类等（林金錶 等，2001），其中，放流数量最大、效果最显著的是中国对虾，在黄海北部的增殖放流取得了明显效果（刘海映 等，1994），大黄鱼的放流规模也较大（刘家富 等，1994；练兴常，2000）；

在保护措施上，主要通过渔政部门执法管理实施，1988 年颁布了《中华人民共和国渔业法》，并先后于 1985 年和 1991 年印发了《渔政工作文件选编》，加强了放流的渔政管理工作（王成海，1990）。

由于海洋天然资源的衰退，沿海各省（自治区、直辖市）都非常重视海洋渔业资源的放流增殖工作，如山东、上海、江苏、浙江、福建、广东等各省（直辖市）都加强了这方面的工作，并取得了巨大的综合效益（程家骅和姜亚洲，2010）。山东省早在 1981—1984 年进行了黑鲷、牙鲆人工苗种的放流试验，每年每种鱼放流 10 万尾。1983 年和 1984 年在山东的胶南、青岛等地放流了真鲷（规格 10 cm 左右）约 1 万尾、假晴东方鲀苗种（规格 3~8 cm）24 万尾、大规格牙鲆苗种 2.2 万尾。另外，还进行了乌贼、日本对虾、海蜇、鲍鱼、黄盖鲽、半滑舌鳎等人工放流增殖实验，取得了较好成效。浙江省也是国内较早开展放流增殖工作的省份之一，从 20 世纪 80 年代初开始，先后开展了中国对虾、海蜇、乌贼、石斑鱼、黑鲷等种类的增殖（徐君卓，1999）。至 1998 年年底，浙江省共放流 3 cm 中国对虾苗 14.49 万尾，回捕 2 169.89 t；放流石斑鱼 12.7 万尾，黑鲷苗 16.54 万尾，幼海蜇 7 233 万只，大黄鱼鱼种 14.3 万尾，在象山港进行了黑鲷、中国对虾和大黄鱼的放流。1986—1997 年，江浙还在东海区先后 8 次共放流了 69.82 万尾黑鲷苗种。

二、增殖放流技术体系

1. 苗种质量

我国用于放流的苗种大多是人工培育的苗种，但人工培育的苗种与野生苗种存在一定的遗传、形态、生理和生态上的差异。目前，我国不少育苗单位片面追求经济效益，采用不恰当的育苗方式，如"近亲交配、高温促变、药物保驾、无节制地多次产卵利用"，导致苗种的质量下降，而且用于育苗的亲本过少，可能导致遗传多样性的漂变和丧失。有些地方人工培育苗种的生长已出现病害增多、生长减慢、性成熟提早等退化情况。因此，在放流前必须对苗种质量进行严格把关（赵传细，1991）。

如浙北沿岸放流的大黄鱼苗种，来源于福建官井洋大黄鱼亲体的子代所繁育，经过了几个世代的杂交，对养殖群体遗传多样性的研究表明，其遗传多样性较低，种质有所退化，主要原因在于亲本的数量较少和苗种的种质较差。因此，对放流的人工苗种应选择种质纯、生长快、抗病和抗逆能力强的优良原种或者原种后代，提高放流成效。

2. 放流后的移动

幼体在特定的发育阶段，要求特定的生态环境。但苗种被投放到水体后，对生态环境的要求不一定完全得到满足，其分布趋向于最适生态环境中。因此，苗种放流后实际的环境条件与所要求的最适环境条件间的差距越大，则其分布越趋向分散和稀疏（李庆彪和李泽东，1991）。一般地说，苗种放流后地移动主要有以下 3 种情况：

（1）**向陆地沿岸方向移动**　据研究体长 3 cm 的中国对虾苗种，即使放流于 5 m 水深处，也向沿岸水域移动，并仍保持溯河习性。虾夷扇贝苗种放流后，也有向陆岸方向移动的倾向，有时移动甚至是集群性的。苗种放流后的这种移动倾向，与幼体多自然分布于沿岸海域的生态特点相符。苗种放流后向陆岸方向移动，可以认为是幼体趋向最适生态环境的表现。

（2）**移动受某些生态因子制约**　研究表明，潮流是制约虾夷扇贝分布的主要原因之一。因为适宜虾夷扇贝栖息的海区与底质和底栖生物的分布及组成有关，而这些因素都与底层流的强弱密切相关。另有研究表明，海藻的发育状态、潮流、环境的底质、放流场所的水深等因素，会影响鲍鱼苗种放流后的移动和分散，其中，最主要的因子是海藻的发育状态。若饵料丰富则很少往外移动，这种情况也反映出幼体趋向于最适生态环境。

（3）**与放流的场所有关**　一般来说，本来是某种鱼类的渔场，其苗种放流后移动则较小。而在本来不是其渔场的地点放流苗种，则可能发生远距离移动，这主要与鱼类的生活史和生活习性相关。如中华鲟幼鱼每年 5—10 月在长江口摄食肥育，完成从淡水向海水生活的生理转变。如这个阶段在长江其他江段放流中华鲟幼鱼，这些幼鱼会顺江而下，需要到达长江口栖息生长。

3. 放流后的存活

苗种放流后的存活率可能相差很大。研究表明，虾夷扇贝苗种放流后的存活率高者可达 95% 以上，低者只有 5.5% 左右，其他苗种放流后的存活率也有类似的情况。苗种放流后的死亡，往往主要发生在刚刚放流后不久的一段时间。造成放流苗种死亡的主要有下面 4 个原因：

（1）**放流过程中操作不当**　如果在运输和放流过程中苗种受到损伤或活力就已下降，则放流后的成活率必然降低。

（2）**放流苗种对放流区域某些环境因子不适应，特别是水温的急剧变化**　如虾夷扇贝能存活的水温上限是 23 ℃，但即使是在 20 ℃以下，急剧的变化也会导致稚贝死亡，在放流中应让苗种逐渐适应水温的变化。

（3）**敌害**　敌害的捕食和危害，也是造成苗种放流后死亡的主要原因之一。在放流中活力下降和受伤的个体，特别容易受敌害的危害。一些小规格苗种易被捕食，死亡率往往也较高。

（4）**疾病**　若苗种在培养过程中就已得病，则放流后死亡率较高。另外，有些种类抗病力低，在放流后得病而死亡。

4. 放流后的生长

苗种放流后的生长速度可能低于自然种群，也可能接近或高于自然种群。主要受以下 4 个因素的影响：

（1）饵料　如鲍鱼苗种放流后，放流区域的海藻数量对其生长很重要。放流时壳长22.5 mm 和 32.5 mm 的虾夷盘鲍苗种，经过第三个生长期，在饵料条件好的海区，平均壳长可达 75 mm 以上；而在饵料条件不太好的海区，平均壳长只有 60.5 mm。

（2）放流前的饲育管理　扇贝苗种如果在稚贝时期生长被抑制，其生长速度就较慢，放流后生长往往也不快。

（3）海区环境因子　水温、盐度、海流、底质等环境因子条件对生长影响较大，这些因子如能满足放流对象的生长发育，则放流对象生长较快，其中，水温对生长的影响较大。

（4）苗种来源　不同来源的同一种类进行放流时，因种质的不同其生长往往表现出一定的差异，这是内源性因素。

5. 放流数量

评估野生种群资源状况时，系统初始状态资源数量是一个不确定的数值，年间有很大变化，除在少数情况下测得这个量之外，通常只是个相对数值，所测值的可靠性也不大。而增殖种群与此不同，系统的初始状态（放流量）是个确定的数值，且有相应的生物学资料（平均体长、平均体重等），对一个正在运行的增殖系统而言，通过放流合适的数量可以获得最大的增殖效果。因一个水域的空间、饵料等都毕竟有限，放流数量超过一定数值后，会导致种内生态位竞争，增殖效果反而下降。但在实际生产实践中，由于经费和苗种的限制，而且许多水体是开放式的，所以多数情况下放流量不会大于最适放流量，增加放流量是有利的（刘永昌 等，1994）。

6. 放流规格

确定适宜的放流规格，是放流的关键技术之一。一般来说，苗种规格越大，其抗病力越强，对环境的适应性越强，也越容易躲避敌害的威胁。但苗种规格越大，其培育的成本也越大。因此，在放流中要综合考虑这两个因素，要因地制宜对不同的种类选择合适的规格。如浙江省象山港内放流对虾时选择 3 cm 的规格，是根据象山港较大的涨落潮差，通过同时放流 3 cm 与 1 cm 两种规格的对比而得出的，这样能有效提高放流的效果。而福建东吾洋由于湾内潮差小、流速缓，放流时选择了 1 cm 的规格，节省了放流的成本。

7. 放流时间

苗种的摄食节律、生境的生态因子、饵料的变化、敌害的分布和数量等都与放流时间有密切的关系，因此掌握合适的放流时间，可提高苗种放流后的成活率，减少不必要的损失。在放流前对放流水域进行调查，掌握生态因子变动规律，制定切实可行的方案，可提高成活率。如在登沙河所做的 1 cm 仔虾放流试验结果表明，即使在相同位置，不同天气条件对放流效果的影响也很重要。

8. 放流地点

放流后苗种的生长需要适宜的环境条件，水体中不同区域环境因子不同，因此要对放流区域进行基础调查，根据不同区域的生态环境条件及不同种类的生态习性，选择适当的增殖放流区域，使增殖的种类与水域环境相适应，提高苗种放流后的成活率，并对放流品种进行跟踪监测调查，找出适合生长的区域。象山港的中国对虾放流历时 10 余年，研究表明，港中的港顶部、港中部、港口部以 6∶3∶1 的放流比例较为合适，这是因为港顶部初级生产力明显高于港口部，饵料丰富，滩涂开阔，水流平缓，水深较浅，有利于幼体的索饵生长和逗留。1996 年，在长海县石城岛放流了 1 亿尾 1 cm 仔虾，没回捕到成虾，效果很差；但是 1997 年，在大连市金州区登沙河口水域放流了 5 500 万尾 1 cm 仔虾，回捕率为 5%，取得了较好的效果，因此，放流位置的选择非常重要。

三、对虾增殖放流和效果评估

20 世纪 80 年代初，随着对虾工厂化育苗技术的解决，我国先后在黄渤海、东海和南海有关港湾进行了对虾生产性增殖放流研究。目前，我国的对虾增殖放流和效果评估技术方面研究较多，初步掌握了放流对虾的生长、移动、分布、洄游、越冬、回归等规律（朱耀光 等，1994；葛亚非，1999）。

1. 放流苗种规格

国内中国对虾放流实践中，通常放流两种不同规格的虾苗；一是平均体长为 10 mm 左右未经中间培育的仔虾；二是经过中间培育的平均体长大于 25 mm 的对虾。在东吾洋，1987—1989 年放流体长 8～15 mm 的苗种，回捕率为 3.08%～5.66%，平均 4.5%；1991—1992 年放流平均体长为 10.5～13.8 mm 的苗种，回捕率为 5.85%～6.42%，平均 6.14%；1993 年放流平均体长 35.0～42.2 mm 的苗种，回捕率为 8.15%。因此，放流未经中间培育的仔虾，虽然回捕率较低，但可以大幅度降低成本，有明显的经济效益，比较可行（倪正泉和张澄茂，1994）。通过实验表明，苗种放流的应激死亡率为 16.5%，机械损伤死亡率为 5.3%，决定捕食死亡大小的主要影响因素是敌害鱼类的数量，而不是种苗个体的大小。因此为了节约成本，放流未经中间培育的体长为 10 mm 的虾苗可能比较适宜。

2. 放流区域

1991—1993 年，在渤海对虾的主要产卵场选择不同的海区开展了对虾种苗放流试验。结果表明，辽东湾辽河口附近水域和渤海湾沿岸水域苗种放流的效果较好，而大清河口和莱州湾的放流效果较差，主要原因是放流地点在河道内，离河流入海口较远，而河道内的违规捕捞和养殖场纳水对放流虾苗的损害很大。在象山港为选择适宜放流海区进行了敌害鱼类调查，结果表明，鲈、海鳗和大型石首鱼类是主要敌害鱼类，在象山港南部的水域敌害鱼类较少，是适宜的放流海区。因此通过一定的基础调查掌握各区域特征，选择合适的放流区域，可有效提高苗种成活率（李培军 等，1994）。

3. 放流数量

在一个特定的水域确定合理的放流数量对增殖放流有重要的意义，主要取决于水域的饵料生物数量或生态容量和野生群体的补充量。合理的放流数量可提高放流的效果，提高经济效益。刘瑞玉等（1993）对胶州湾进行了调查，潮下带幼虾栖息面积为 200 km^2（总面积为 429 km^2），按饵料生物的数量估算每 5 m^2 供养 1 尾虾，认为每年放流 0.7 亿～1 亿尾是合理的。徐君卓等（1993）根据象山港（563 km^2）5 月和 6 月野生和养殖生物资源消耗有机碳总量后的剩余量（27 542 t），估算对虾潜在的生态容量为 5 057 t，合理的放流量为 2 亿尾。叶昌臣等（1994）根据海洋岛渔场 1985—1992 年苗种放流数量和秋汛渔获量的数据，通过公式推算出合理放流量为 16 亿尾，放流群体的最大渔获量为 1.19 亿尾，海洋岛渔场的最佳经济放流量为 15 亿尾。

4. 放流群体的回捕率

放流群体的回捕率，是检验和评估苗种放流效果的重要指标之一。对不同体长的对虾苗种用挂牌或剪尾肢的方法进行标志放流，可以确定和对比在不同海区进行不同规格苗种放流的回捕率，研究放流群体的洄游分布、生长特性和死亡特性。在黄海的青海和海洋岛渔场的放流中，采用了在秋汛总渔获量中去除野生群体产量的方法，来估计放流群体的回捕率，估算两个渔场 1984—1995 年平均放流尾数为 18.8 亿尾，1984—1988 年的回捕率为 8%～10%，1989—1992 年的平均回捕率为 4%～5%，1993—1995 年的回捕率为 1.7%～2.8%。在海洋岛渔场，辽宁省海洋水产研究所试用了新的更为可靠估算回捕率的方法，即在种苗放流前（6 月中旬）、后（1 月中旬）在幼虾的主要分布区 0.5～3m 水深处设置调查断面，分别用手推网和密目扒拉网取样获取放流前后的幼虾相对资源量数据，根据放流和野生群体的比例，估算放流群体的回捕率。结果表明，与去除产量的方法求得的同期回捕率差异不大，说明两种估算的方法都有一定代表性。在黄、渤海对群体放流的斑节对虾和日本对虾种苗进行了标志，也得到较为准确的回捕率。

5. 捕捞对放流群体的影响

据叶昌臣等（1987）估计，1977—1979 年渤海秋汛对虾的捕捞死亡率为 77%，自然死亡率 13%；经过秋汛后捕捞游出渤海的不足 10%。实践表明，在秋汛捕捞强度较大而越冬场和翌年春汛不捕或少捕亲虾的条件下，基本上可以保证维持一定补充量所需的亲虾数量。在海洋岛渔场，据叶昌臣和孙德山（1994）估计，1985—1992 年捕捞死亡率平均为 81.7%，自然死亡率为 11.3%，游向越冬场的数量为 7% 左右，而放流群体在秋汛渔业中所占的比例平均高达 92.9%。1986—1995 年在象山港进行的对虾增殖放流，如设定放流后 1～2 d 的自然死亡率为 24.6%（估算值），此后其自然死亡率按 17% 计算，则年平均捕捞死亡率为 81%，剩下的越冬虾数量不足 3%。因此如果不能保持经常性的有效苗种放流，就很难维持一定的剩余群体补充水平，秋汛渔业就不复存在。

6. 放流后的移动和洄游

试验表明，放流虾群的移动与分布是多种因子（生长、密度、水温、饵料、地形、风雨、潮汐、群体大小等）综合作用的结果（徐君卓，1994）。象山港、东吾洋放流虾群在港内的栖息大致可分为近岸浅水区索饵栖息、港内深水区索饵栖息、向港口移动外逸索饵及越冬等 3 个阶段。象山港放流虾群的移动和分布，既显示出与它的发源地黄渤海相似的共性，又由于其落潮流速大于涨潮流速和旋转性不强的潮流特征，加速了虾群外逸进程，而强热带风暴和台风又成为集中出港的诱导因子，港内较小的温盐梯度，使放流虾群无明显的趋向洄游（徐君卓 等，1992），与黄渤海对虾在该生长阶段由"低盐高温"向"高盐低温"的深水水域洄游规律不同。

四、山东省渔业资源增殖放流

增殖放流是国内外公认的养护水生生物资源最直接、最有效的手段之一，具有投资少、见效快、效益高等特点，深受广大渔民欢迎。面临海洋渔业资源不断衰退的困境，近年来，山东省渔业部门不断把海洋渔业资源增殖放流工作做实、做强，引领全国增殖放流事业向前发展，取得了较好成效。

1. 基本情况

山东省增殖放流工作始于 1983 年。2005 年，在 22 年增殖放流工作实践和总结经验的基础上，为遏制渔业资源的持续衰退，经省政府批准，山东省实施了以增殖放流等为主要内容的渔业资源修复行动计划，在全国率先对渔业资源进行全方位修复，从此，山东省增殖放流步入快车道。2005—2014 年的 10 年间，山东省累计投入海洋增殖放流资金 10.68 亿元，放流各类海洋水产苗种 415 亿单位，秋汛累计回捕增殖放流资源 44.3 万 t，实现产值 142 亿元，综合直接投入与产出比达 1∶13.3。增殖放流物种基本涵盖中国对虾、日本对虾、三疣梭子蟹、海蜇、褐牙鲆、半滑舌鳎、黄盖鲽、黑鲷、许氏平鲉、金乌贼、大泷六线鱼、长蛸等山东沿海重要渔业资源，放流区域遍布山东省近海。

2015 年，山东省海洋增殖放流资金 1.65 亿元，计划放流各类海洋水产苗种 63.6 亿单位。2015 年，山东省政府还启动实施"海上粮仓"建设发展战略，计划到 2020 年增殖放流苗种 100 亿单位，预计下一步增殖放流资金投入力度还将不断加大。目前，山东省增殖放流的资金投入、放流规模、管理水平和增殖效益等均处于全国领先水平，其增殖放流主要经验和做法为全国增殖放流工作提供了示范和借鉴。

2. 主要经验和做法

多年来，山东省渔业行政主管部门科学务实，积极作为，强化措施，不断创新，始终坚持增殖放流的"科学化、规范化、制度化、高效化"发展方向不动摇，确保海洋增殖放流工作始终走在全国前列。

（1）坚持机构专管，强化行政管理 增殖放流涉及生态、环境、渔业资源、水生生物、水产养殖、捕捞等多学科，管理和技术并重，必须有专门机构和大量的专业人员参与做实做细，并不断完善，方能做大、做强。山东省多年来之所以能够持续不断地大规模开展增殖放流，并取得显著生态、经济和社会效益，领跑全国水生生物资源养护工作，除了各级领导高度重视以外，还与拥有山东省水生生物资源养护管理中心这一专门组织实施机构和专业队伍密不可分。山东省水生生物资源养护管理中心（原山东省海洋捕捞生产管理站）是隶属于山东省海洋与渔业厅的正处级事业单位，从1987年开始具体承担全省海洋渔业资源增殖放流管理工作，目前该机构的主要职能为：承担全省水生生物资源增殖放流工作，组织开展增殖新品种、新技术的试验、示范；承担全省水生生物增殖保护区的选划及海洋捕捞作业结构调整、新渔具渔法的择定工作；承担全省海洋牧场规划建设的具体组织实施工作；组织开展全省水生生物资源调查、监测、评价及合理利用工作。此外，受山东省海洋与渔业厅的委托，还承担全省休闲海钓的管理工作。

（2）坚持规划先行，确保科学实施 增殖放流是一项复杂的系统工程，影响因子多，技术含量高，必须统筹规划、科学实施，才能取得预期效果（刘锡山和孟庆祥，1996）。早在2004年，山东省就聘请包括院士在内的行业专家高起点、高规格、高标准论证编制了《山东省渔业资源修复行动规划（2005—2015）》，由省政府批准实施，确立了增殖放流等工作发展的中长期目标任务和行动措施。在此基础上，2009年又编制了《山东省水生生物增殖放流规划（2010—2015）》，对增殖放流进行更细致的谋划，初步构建了特色鲜明、定位清晰、布局合理、生态高效的水生生物增殖放流目标体系。2015年，省政府在山东省"海上粮仓"建设发展战略中，对增殖放流工作高点定位、系统谋划，为全省增殖放流事业的更好更快发展指明了方向。

（3）坚持健全制度，规范项目管理 为确保增殖放流健康发展，实现以制度促管理的目标，山东省高度重视打基础、管长远的制度建设，先后制定了一系列关于增殖放流的规章制度。其中，为加强项目资金管理，山东省海洋与渔业厅会同省财政厅出台了《山东省渔业资源修复行动计划专项资金管理暂行办法》，明确了增殖放流专项资金使用方向、使用重点、分配方式、保障措施，并定期审计，确保专项资金落到实处，提高资金使用效益。为强化增殖放流项目管理，出台了《山东省渔业资源修复行动计划渔业资源增殖项目管理办法》，明确了各级各部门的任务职责以及项目管理方式。为强化增殖放流苗种供应管理，出台了《山东省渔业资源修复行动增殖站管理暂行办法》，对放流苗种供应进行规范，确保苗种高效优质供应。经过不断总结探索，目前山东省已建立了增殖放流项目申报审批、苗种招标定点供应、苗种检验检疫、标准化操作、放流监督制约、增殖效果评价等六大长效管理机制，使增殖放流管理内容具体，程序规范，保障了增殖放流的顺利实施。2008年，省政府规章《山东省渔业养殖与增殖管理办法》颁布实施，将增殖放流纳入了法制化管理轨道，为推动增殖放流事业持续发展提供了重要政策依据和法律保障，并成为全国最早制定增殖渔业政府规章的省份。2014年，《山东省水生生物资源养护管理条例》已列入省人大立法计划，并已完成征求意见稿。该条例一旦颁布实施，将开创我国水生生物资源养护地方立法之先例，对提升增殖放流法律和战略地位具有重要意义。

（4）坚持多方筹措，加大资金投入　建立稳定的资金投入长效机制，是做大、做强增殖放流事业的根本前提和重要保障。山东省将包括增殖放流在内的山东省渔业资源修复行动计划，纳入了省财政预算内专项扶持项目。经过多年不懈努力，山东省已经建立了以各级财政投入为主，海域使用金、海洋生态损害补偿费和损失赔偿费、社会捐助等为重要补充的增殖放流资金多元化投入长效机制。在政府投资引导和广泛宣传影响下，全社会的资源养护意识普遍增强，越来越多的社会公众投入到增殖放流事业当中，成为增殖放流事业的重要力量。山东省招远市民营企业主徐发海先生，已连续多年义务放流鱼类及海蜇苗1.5亿尾，苗种价值达640万元，被人们广泛称赞。以政府投入为主、多元化参与的资金投入机制，保证了增殖放流资金的连年快速增长，促进了渔民群众的持续受益和收入的稳步增加。

（5）坚持标准化放流，确保高效实施　为统一规范增殖放流工作，最大限度提高财政资金使用效益，山东省在全国率先推行标准化放流，是国内制订增殖放流标准最早、最多、最有成效的省份。共制定《中国对虾放流增殖技术规范》等地方标准12项，基本囊括了山东省所有放流物种，对增殖放流的水域条件、本底调查、放流物种质量、检验检疫以及苗种包装、计数、运输、投放，放流资源保护与监测、效果评价等放流关键技术环节进行规范，并在增殖放流工作中严格执行，切实提高了放流技术水平和增殖苗种成活率，并对加强项目监管、确保生态安全以及提高增殖效益发挥了重要作用。另外，还负责制定了《水生生物增殖放流技术规程》《水生生物增殖放流技术规范　中国对虾》《水生生物增殖放流技术规范　日本对虾》《水生生物增殖放流技术规范　三疣梭子蟹》《水生生物增殖放流技术规范　鲆鲽类》等5项行业标准，为全国增殖放流的标准化管理提供了参考。

（6）坚持设立渔业增殖站，建立放流苗种供应体系　苗种保质保量稳定供应，是放流顺利实施的重要保证。山东省2005年放流苗种曾实行过招标采购，但暴露出很多弊端。一是项目执行进度较难把握。苗种繁育和增殖放流季节性都很强且最佳放流期很短，招标工作的运作过程又比较复杂，招标早了苗种还未繁育，招标晚了往往又已过最佳放流期。二是苗种质量难以保障。由于繁育场数量多、分布地域广、监管难度大，苗种质量难以保证。同时，苗种招标经常出现吃养殖"剩饭"的局面，加之往往是价格低者中标，苗种质量就更加难以保证，生态安全风险较大。三是影响增殖放流工作深入持续开展。供苗单位不固定首先是不利于增殖放流供苗单位开展前期筹备和持续投入。某些物种的苗种如果不放流则市场没有销路，企业繁育了此类苗种后竞标一旦不中便会造成巨大损失。另外一些效益不好的增殖苗种少有企业生产。其次是不利于科研推广部门进行技术指导和科学试验，不利于政府相关部门进行有效监管和扶持。此外，随着放流规模的不断增大，年年招标所产生的行政管理成本也很高。

为保证放流苗种优质高效供应，山东省根据苗种行业特点及生物特性，结合自身放流种类多、放流规模大、实施范围广的实际情况，确立了招标设立增殖站的定点供苗制度，这是山东省增殖放流工作领跑全国的一个优势。渔业增殖站的设置坚持公开、公平、公正，按照竞争、择优、科学、规范原则，采取选择性招标方式。省级渔业增殖站招标由山东省海洋与渔业厅在"海上山东"官方网站发布增殖站申报指南，明确增殖站设置的种类、数量、布局及具体要求。苗种生产单位按要求自愿填写申报书进行竞标，其最低门槛为苗种生产单位必须具备"四证"，即竞标增殖放流种类的水产苗种生产许可证、有效银行基本存款账户开户许可证、有效工商营业执照或事业单位法人证书、有效税务登记证。属地县、市两级渔业主管部门对竞标单位逐级审核把关后，按增殖站设置数量的1∶3比例上报省海洋与渔业厅，省海洋与渔业厅对竞标单位资质再行审查后，邀请有关专家组成专家评标组，由评标组根据《渔业增殖站设置要求》地方标准和相关规定，通过实地考查和现场质疑，对竞标单位的水域环境、地理环境、育苗设备设施、技术保障能力、经营管理等进行量化打分评标，提出书面评标结果和评标意见，报省海洋与渔业厅审核通过后，予以公示、公布。招标产生的增殖站连续3年承担某物种的放流任务。为加强对增殖站的监管，根据《山东省渔业资源修复行动增殖站管理暂行办法》，对增殖站实行年度考核、评议的动态管理，对年度考核优秀的增殖站，在下轮增殖站招标时予以加分；对年度考核不合格的增殖站，给予"黄牌"警示，并适当减少其下年度放流任务；对被证实存在严重弄虚作假行为造成恶劣社会影响的、全部或异地购苗放流的、连续两年受到"黄牌"警示的，给予"红牌"处罚，撤销其增殖站资格，且不得参加下一轮的增殖站竞标。

同时，放流苗种价格坚持市场化定价机制，一般按前三年市场平均价格确定下年度放流价格，克服了苗种市场价格波动大、变化快的困难，既坚持了市场化定价理念，又保持了放流价格的相对稳定，保证了放流苗种足量优质供应，确保增殖放流效果。年度放流任务下达后，及时与增殖站签订供苗合同，强化苗种供应管理。增殖站供苗制度不但能够保持供苗单位相对稳定，有利于企业有计划地及早安排苗种生产，而且便于行政主管部门从亲本开始，有针对性地加强对增殖站苗种生产各个环节的监管，确保苗种质量安全和生态安全。这样既保证了供苗队伍的活力，又增强了增殖站的责任感和危机感，并有效节省了年年招标产生的高额行政成本。

（7）坚持检验检疫，确保安全放流　增殖放流苗种健康问题不但涉及增殖放流事业长远发展，更关乎生态安全的大局。为了保证放流苗种的质量，确保生态安全，山东省建立了严格的增殖放流苗种检验检疫制度。坚持关口前移，每年放流苗种生产期间，省市县渔业主管部门三级联动，对增殖站放流苗种生产进行大检查，重点检查亲本来源和药物使用情况，严把苗种种质和质量安全的关口。放流前，放流苗种由当地渔业主管部门抽样，送具备苗种检验资质的机构按照有关放流技术规范的规定进行常规检验、疫病检疫和药残检测，严禁增殖站自行取样送检，确保样品的代表性和真实性。放流验收时，增殖站需出具检验检疫报告，经验收人员确认苗种合格后（苗种规格以现场测量为准），方可出库验收，对于未经检验或检验结果不合格的苗种一律不予放流，切实把负责任放流落到实处。

（8）坚持监督制约，确保阳光运作 增殖放流与广大渔民群众利益息息相关，为保证放流客观公正，山东省建立了一套严格的现代化监督制约体系。一是建立了内部分工制约机制。全省放流工作在省海洋与渔业厅统一领导下，厅规划财务处负责年度项目计划制定和资金使用监督检查，厅渔业处负责增殖放流宏观政策制订，省水生生物资源养护管理中心负责增殖放流项目的具体组织实施。相关部门单位之间责权分明，既相互协作配合，又相互监督制约。二是建设了行业行政监督机制。所有放流批次均按规定由省或市渔业主管部门派出的工作人员进行现场监督。坚持"五不放原则"：验收人员未到位不放，未公示不放，苗种规格不达标不放，监督人员（行业监督和社会义务监督）未到位不放，苗种未检验检疫或检验检疫不合格不放。放流苗种均匀装袋、充氧、入保温箱，并按规定整齐摆放后，通过立体坐标定位的方式抽箱计数，真正做到随机抽样。放流过程中的规格测量、苗种抽样、计数、投放等主要环节全程照（录）像并存档，在建立放流纸质档案的同时建立放流电子档案。三是建立了社会监督机制。为进一步增加增殖放流透明度和社会影响力，山东省积极开展增殖放流社会化监督。放流前2天，在放流渔港、码头、渔村、育苗场附近张贴放流公示，对苗种供应单位、放流水域、时间、种类、规格、数量等基本情况向社会公布，公开举报电话，广泛接受社会监督。放流时，抽样、计数等关键环节一律在放流驳运码头进行，放流过程由2名以上社会义务监督员进行现场监督，并邀请媒体跟踪报导宣传和监督，将放流操作完全向社会公开。社会监督机制使放流工作在阳光下操作，在群众参与下实施，受到了社会好评，赢得了社会公信。

（9）坚持开展放流效果评价，提高决策水平 增殖放流必须紧紧依靠科技。多年来，山东省不断加大对放流效果评价的资金投入，由水产院校、科研院所承担放流效果评价工作。每年在放流前后分别组织开展本底调查和跟踪监测，结合海上调查和陆上走访渔民调查情况，科学预报资源量和可捕量，指导渔民合理回捕生产。增殖资源开捕后，开展增殖资源生物学测定分析及回捕生产情况专项统计分析，并结合分子标志技术、信息船等，综合评价增殖效果，为渔业主管部门制定和调整增殖放流实施方案提供数据支撑和理论依据。根据增殖效果评价情况，及时对放流物种结构、布局、数量等进行调整。评价结果显示，增殖效果非常明显，如：山东省放流中国对虾占其近海中国对虾总资源量的94.56%，当年放流梭子蟹占其总资源量的38.65%。

（10）坚持大力宣传，营造良好氛围　自 2005 年以来，山东省每年至少组织一次声势浩大的增殖放流活动，请中央有关部委、省政府、省人大等领导参加放流活动。近几年，积极创新增殖放流宣传方式，开展省市县联动宣传，取得良好效果。10 年来，全省累计举办各类增殖放流宣传活动 400 余次，参与人数 20 万人次，引起强烈的社会反响。通过电视、网络、微信、报纸、电台、专题宣传片、公益宣传片、举办摄影大赛、公益认购等方式，对增殖放流进行广泛宣传报道。通过长期坚持不懈努力，增殖放流已经成为山东省重要的渔业品牌，相关工作也越来越引起各级政府的重视和社会民众的关注，全社会生态文明理念普遍提高。

3. 增殖放流效果

通过多年大规模增殖放流，山东省近海渔业资源和生态环境得以有效修复，增殖放流取得了良好的生态、经济和社会效益。

（1）生态效益日益凸显　通过增殖放流，山东省近海严重衰退的重要渔业资源得到了有效补充，中国对虾、梭子蟹、海蜇等大规模放流物种形成了较为稳定的秋季渔汛。全省秋汛中国对虾回捕产量 2005 年为 1 089 t，2010 年以来一直稳定在 3 000 t 左右，5 年增加了近 2 倍，参与回捕的渔船单船日产量最高达 2 000 kg，山东省近海中国对虾资源基本恢复到了 20 世纪 80 年代中期的水平；梭子蟹回捕产量 2005 年为 1 969 t，2013 年为 1.8 万 t，增加了 8 倍多，参与回捕的渔船单船最高日产达 1 800 kg。因海捕梭子蟹产量逐年增多，养殖梭子蟹价格大幅跳水。海蜇回捕产量 2005 年为 3 300 t，2013 年为 4.9 万 t，增加了将近 14 倍，莱州湾参与回捕海蜇的捕捞渔船单船最高日产达 15 000 kg。同时，大量增殖海蜇还有效抑制了处于同生态位有害水母的泛滥。资源调查结果表明，海蜇放流海区有害水母数量大幅下降。增殖放流还促进了山东省海洋捕捞渔船作业方式的调整，为了捕捞增殖资源，部分渔船主动将作业方式由拖网改为流网，对保护渔业资源和生态环境发挥了积极作用。

（2）经济效益尤为突出　多年来，回捕中国对虾、梭子蟹、海蜇等重要增殖放流资源已成为山东省 2 万多艘中小马力渔船约 60 万渔民秋汛的主要生产类型，沿岸渔民回捕增殖资源收入占全年总收入的 2/3 以上。据不完全统计，2005—2014 年山东省秋汛累计回捕增殖资源 44.3 万 t，实现产值 142 亿元。10 年间，全省回捕中国对虾 2.2 万 t，创产值 26.7 亿元；回捕梭子蟹 20.9 万 t，创产值 59.5 亿元；回捕海蜇 14 万 t，创产值 22 亿元，直接投入与产出比分别高达 1：15、1：39 和 1：29。莱州湾捕捞渔船仅回捕放流海蜇一项，单船产值在不到 1 周的时间里一般可达 20 万～40 万元。另外，在政府增殖放流项目的示范带动下，全省群众自发开展的浅海滩涂增殖渔业蓬勃发展。据不完全统计，目前山东省沿海底播养护面积已达 24.7 万 hm²，每年底播增殖贝类等水产苗种 700 亿粒，年均投资达 20 亿元，年均创产值 200 亿元，渔民增产增收非常明显。

（3）社会效益与日俱增　一是丰富了群众的菜篮子，满足了社会对绿色、安全、放心海产品的需求，提高了群众饮食品质，保障了水产品质量安全。二是直接带动了海珍品增养殖、水产苗种繁育、水产品加工贸易、休闲海钓等相关行业的发展，创造了大量就业机会。三是群众保护渔业资源和生态环境意识有了明显提高，参与义务放流的单位和个人越来越多，增殖放流正逐渐发展成为像陆地"植树造林"一样的群众性社会公益活动，"养护水生生物资源，建设生态文明家园"正成为全民共识和自觉行动。据不完全统计，2005年以来山东省企业、团体和个人共义务放流水产苗种15亿单位，折合人民币价值近亿元，参与社会公众达50万人次，"烟台全民公益放流活动""日照7.11阳光放鱼节"等已成为山东省重要的增殖放流活动品牌。四是进一步密切了政群关系，促进了渔区和谐稳定。放流时，不少渔民群众纷纷出船出力免费协助苗种运输、投放。东营等地渔民尝到了增殖放流的甜头，自发成立了海蜇生产合作社，协助渔政部门全天候不间断对增殖水域进行看护。放流活动受到渔民的普遍欢迎，增殖放流工作也被山东省政府确定为"为农民做的10件好事"之一。

五、我国渔业资源增殖存在的问题

围绕着近海和内陆水域的渔业资源增殖，我国有关单位和部门在放流种类的选择、质量鉴定、标志技术、运输、生长监测、效果评估、资源管理等方面开展了大量工作，但同时也还存在着以下一些问题（邓景耀，1995）。

1. 科研工作基础薄弱

当前的增殖放流工作中科研工作比较薄弱，许多研究还未进行，但苗种已经先行一步放入水域中，这容易导致增殖的失败，甚至引起灾难性的后果。每个品种的增殖放流能否获得较好的经济和社会效益，与水域的生态环境条件、苗种培育技术、放流措施，管理水平等都有着密切的联系。但我国在增殖放流领域还存在许多薄弱环节，如放流种类的选择、放流苗种的合适规格和数量、放流种群的生物学特性、苗种培育和运送、放流苗种的效果检验以及资源的管理等各方面的研究都应加强。目前需要重点研究种苗的遗传、生理、生态特性；苗种放入水域的应激反应；人工苗与天然苗的生理、生态差异；放流对象与野生对象的相互作用；对放流种苗实行疾病监察及管理；新的标志技术；增殖放流后生态系统的平衡及生物多样性；放流区域的生态容量等方面内容。

2. 系统调查和论证缺乏

在有些地方苗种放流前缺乏调查研究和论证资料，对放流水域的生态环境、饵料生物和鱼类种群缺乏科学分析和全面评价；对放流鱼类的数量和规格选择缺乏科学依据；对放流时间和地点、标志放流技术、回捕率的评价和监测未进行系统研究。由于不能坚持对近海与内陆渔业资源和生态环境进行常规的动态监测，故在水域的生态环境和群落结构不断发生变化的条件下，人工增殖放流时具有一定的盲目性（刘海峡 等，2000）。

3. 放流经费相对较少

尽管我国当前开展的大规模增殖放流对象都是属于低投入高产出的种类，但有些经费还是难以落实。这主要是渔业资源是可更新的公有性资源，偏重生态和社会效益，是项耗资很大的公益事业。例如，渤海对虾资源属于几个省（直辖市）共管，从 1985 年开始进行的大规模苗种放流，因为这些省（直辖市）经费未落实，从 1993 年开始放流数量锐减，导致 1993—1994 年渤海对虾渔获量大幅度地下降。我国的大麻哈鱼类增殖放流规模与世界水平的差距较大，主要原因之一也是经费不足。还有许多适于放流的经济鱼类也因经费难以落实而只能停留在试验阶段，难以进行大规模增殖放流。

4. 放流苗种普遍偏小

因经费缺乏，许多种类都只能放流小规格苗种，降低了放流的效果。当前放流的多数苗种规格过小，如放流的鲤、鲮规格为 5～8 cm，"四大家鱼"为 7.5～12 cm。放流种苗规格小，对江河生态环境的适应性较差，放流后容易被凶猛性鱼类所捕食而导致成活率低。

5. 增殖放流技术不够规范

渔业资源增殖是一项系统工程，具有很强的科学性、公益性、连续性和持久性。在有些地方资源增殖缺乏基本的可行性论证和调查研究，缺乏水域和放流种类的基础资料，未进行放流后的跟踪调查和管理，在放流品种、数量和方式，放流资金的投入，增殖后效益分析和分配等诸方面不够全面和规范。因此，即使是投入了部分资金，但由于计划不周，科研薄弱，没有长远发展意识，使增殖品种成活率低，形不成群体，在增产增效方面收效甚微。

6. 放流后的管理措施不力

放流群体进入水体后会因各种因素导致死亡，包括水域生态环境变化、水域污染、种苗被捕食、病害等，还包括人为的非法捕捞对种苗的损害。因此，在进行苗种放流的同时，如果不采取有效的保护措施，上述自然和人为损害因素足以使耗资巨大的苗种放流"付诸东流"，从而变得"徒劳无益"。在渤海进行的对虾苗种放流，有些年份效果不佳与此有很大关系。增殖放流活动是"三分放流、七分管理"，渔业资源的增殖和管理应当相辅相成，只有管理措施到位，才能使资源稳定增长和持续利用。

第二节　国外渔业资源增殖放流进展

由于工业和生活污染、水质状况严重恶化，加之捕捞和垂钓，影响了天然渔业资源的持续利用和生态平衡，因此，为了保护渔业资源和提高内陆水域的经济效益，世界各国相继进行了渔业资源的增殖放流，取得了较好成效。

一、增殖放流发展历程

1. 美国

在19世纪美国就开始了资源增殖的尝试，拥有较强的渔业技术，积累了丰富的增殖放流经验，在河流、湖泊和海洋的渔业资源增殖放流中均取得了良好的效果。河流渔业资源增殖放流的主要工作是，把美洲鲥从大西洋沿岸河流移植到太平洋沿岸河流。主要放流种类在西部为大鳞大麻哈鱼和硬头鳟，在东海岸河流中主要是大西洋鲑。近年来，在开展鲑鳟鱼类人工孵化方面取得了较好的效果，主要是大鳞大麻哈鱼、银大麻哈鱼和细鳞大麻哈鱼等。暖水性鱼类主要为蓝鳃太阳鱼、大口黑鲈和斑点叉尾鲴，增殖放流提高了河流渔业资源数量。美国东部塞斯夸汉那河（Susquehanna）是一条美洲鲥溯河产卵的河流，由于在河下游修建了4座梯级大坝，切断了美洲鲥产卵洄游通道，美洲鲥资源急剧下降。在1976—1989年的14年间，该河流共放流美洲鲥苗种9 821万尾，平均每年放流701.5万尾，经过长期坚持不懈的工作，使美洲鲥在该河的资源得以逐步恢复。湖泊渔业放流的鱼类主要有虹鳟、褐鳟、大西洋鳟、红点鲑、美洲红点鲑和银大麻哈鱼等冷水性鱼类。在温水湖泊中放流的鱼类，多数为大口黑鲈、蓝鳃太阳鱼、刺盖太阳鱼及斑点叉尾鲴等。在加利福尼亚及其他西部各州的高山湖泊中放流种类多为溪红点鲑和虹鳟等。苏必利尔湖、安大略湖、伊利湖和密歇根湖是美国淡水捕捞的主要内陆水域，放流的鱼类主要为各种白鲑和大眼狮鲈。在海洋渔业资源方面，从1885年至1952年数以亿计的鳕鱼类、比目鱼类等苗种和幼体被放流，但往往成效不大，主要原因是那时放流方面的科研工作做得很少，对放流种类的生活史、环境需求等所知甚少。随着科学的发展，近期进行的增殖工作取得较好的效果，放流了比目鱼类、蟹、鳕鱼类等。

2. 日本

日本是渔业资源增殖先驱国之一，渔业增殖从20世纪60年代开始大规模进行。以濑户内海为重点海域，并成立了专门的栽培渔业协会，在各海区和县分别设立了国家和县栽培渔业中心。1989年栽培渔业对象达92种；1991年日本政府栽培渔业的预算为48.6亿日元，共放流真鲷1 680.3万尾、黑鲷576.3万尾、牙鲆1 552.9万尾、红鳍东方鲀118.7万尾、日本对虾31 787.8万尾、鲍鱼2 583.9万尾、海胆5 829.5万尾。为了恢复虾夷扇贝资源，首先进行驱除海星和海胆等敌害的作业，然后从1971年起，进行了苗种的大量放流。1971年放流苗种14×10^4个，1973—1977年每年放流苗种大约为6×10^8个，1980年以后停止放流，而渔获量仍上升，并维持在27 000 t左右（李庆彪，1991）。另外在1986—1992年的7年中，放流了7万尾大弹涂鱼的苗种。日本每年在河口水域放流细鳞大麻哈鱼和大麻哈鱼苗种约4亿尾。在北海道约有160条河流中有大麻哈鱼产卵，在这些河流中洄游的大麻哈鱼，约有 77% 为孵化场所放流的苗种。通过在孵化场中培育苗种并在河流中放流，红点鲑渔业得到了不断发展。香鱼也每年在各河流中大量放流。胡瓜鱼是拉丁美洲鱼类，现已引进日本开展人工繁殖并在许多湖泊中放流。由于采取放流措施，樱鳟已在琵琶湖中定居繁殖。

3. 苏联　苏联把渔业资源保护和增殖工作紧密地与科研结合在一起，因此，科技人员在渔政管理和渔业立法中发挥着重要作用。各级渔政机构都设有资源预测评估和增殖部门，或设鱼类学处专门配备鱼类学家从事资源增殖工作（叶冀雄，1991）。苏联于 1910 年就开始在主要江河及河口沿海水域建立人工增殖站，最有成效的增殖对象是鲟类、麻哈鱼类和白鲑鱼类。苏联年均放流各种鱼苗近 90 亿尾，其中，鲟 1.25 亿尾，大麻哈鱼 7 亿尾，白鲑 64 万尾，鲤科和草食性鱼类 80 亿尾。全国鲟有 30%～40%、大麻哈鱼有 10% 的渔获物是来源于人工放流的苗种。此外，苏联每年还将 3 000 万尾大麻哈鱼和细鳞大麻哈鱼鱼苗从萨哈林岛移植到巴伦支海和白海。经过多年努力，目前不仅可在巴伦支海捕捞细鳞大麻哈鱼，而且在邻近国家的水域也有一定数量。20 世纪 80 年代以来，苏联在黑龙江共建有 4 个增殖站，主要放流各种大麻哈鱼，每年放流 1 亿尾。在阿纽河与日本合作建立阿纽尼斯基增殖站，年计划放流大麻哈鱼 3 000 万尾。

4. 欧洲

大西洋鲑在欧洲商业性捕捞中占据极其重要的地位，是一种经济价值高的游钓鱼类。在挪威，约有 300 条河流中生存着鲑鳟，在这些河流上建有多所孵化场，作为人工放流补充江河鱼类资源之用。在冰岛，人工孵化的大西洋鲑鱼苗每年有规律地在江河中放流，成鱼的回捕率较高。在瑞典，尽管存在修堤建坝及其他不利因素的影响，由于实施人工放流计划，大西洋鲑的资源也得到不同程度的补充和恢复。比利时、卢森堡、法国、瑞士、德国和荷兰等国在莱茵河流域曾实施鲑蹲的人工繁殖和放流计划，由于水质污染和闸坝的修建等原因使这些努力收效甚微。目前，欧洲国家为了保证放流鱼类有较高的成活率，开始趋向放流大规格鱼种。如在丹麦河口，放流 2 龄褐鳟进行育肥，1 年后便可捕获出售。研究表明，这些鱼放流后一般都在放流地点方圆 12 km 的范围内栖息生活。

二、增殖放流技术体系

围绕着近海和内陆水域的渔业资源增殖，许多国家的科研人员在放流种类的选择、放流种类的生物学、苗种繁育、标志技术、放流技术等方面进行了大量工作，在渔业资源增殖放流工作中总结出了许多较系统的措施和方案。

Hirohsi Fushimi 在日本甲壳类动物的放流中，提出了影响增殖成功的因素：①人为控制因素，如转运、环境、放流技术等；②种质因素，需要提高苗种的质量，以便提高成活率；③环境因素，需要增加生态学和生物学方面的研究。他认为放流工作中尤其要注意病菌的传播、食物竞争（同类相残）、野生种群遗传的退化3个方面。

Uwate 和 Shams 认为，在增殖中需掌握以下 6 个关键问题：①放流增殖并不是渔业资源管理的替代；②放流种类的生物学和养殖技术是增殖成功的关键；③资源增殖的影响可能是无关紧要的，但也可能是很难进行评估的；④资源增殖会影响到野生种群的遗传多样性；⑤将外来种进行增殖是个复杂的问题；⑥资源增殖需要投入很大的财力、人力和物力。

Blankenship 和 Leber 以及 Foldvord 等总结了渔业资源增殖的总体方案，认为在渔业资源放流中应充分考虑以下几个关键问题：①选择合适的放流种类；②阐明鱼类种群重建目标；③研究鱼类繁育技术，以便提供充足的苗种数量；④研究野外种群数量下降的原因；⑤研究合适的标志技术；⑥建立防止病害传播的管理体系；⑦获知所有的遗传多样性特征；⑧建立最佳放流策略；⑨评估放流鱼类的适应性；⑩研究放流鱼类的生态影响；⑪建立评估放流效果的数字化体系；⑫估算经济可行性；⑬评估能从中获益的人员并对其进行宣传教育。

1. 放流种类

在渔业资源放流增殖中，放流种类的选择要考虑以下因素：食物链短，生长快，生命周期短，繁殖力强，易于大量培育苗种，对环境适应力强，成活率高，抗病力强，病害少，经济价值高，活动范围小，回捕率高。此外，还要考虑放流种类的监测捕捞策略及对野生种群遗传多样性的影响。在选择种类时，为了避免偏差可使用专家打分的方法进行。这一方法首先是确定选择的条件及备选的鱼类，然后通过专家打分，最后通过专家的讨论来确定需要进行放流的鱼类。这个方法主要是通过分数等级来减少选择的偏差。

2. 放流时间

放流时间选在饵料最丰富、敌害最少时比较适宜。在日本比目鱼的放流中，将放流时间从 6 月改为 5 月后，回捕率增加到 3 倍，主要原因是 5 月饵料资源丰富并且捕食者数量减少。放流时间对成活率有着重要影响，有名锤形石首鱼（*Atractoscion nobilis*）在春季放流的苗种有 79% 能被回捕。另外有研究表明，夏季放流的龙虾死亡率比冬季的要高，原因可能是敌害数量较多。

一些增殖放流项目成功的经验之一是，将放流时间和地点与野生种群同步。如在夏威夷进行的鲻增殖，在不同的季节其回捕率不同。在春季放流的苗种（小于 60 mm）回捕率最高，此时，生长时间、体长与野生种群的补充群体是相似的。同样的，在佛罗里达州进行的放流也表明，和野生种群保持同步的苗种放入水域后收获数量是最多的。

放流时间也受其他放流策略因素的制约，如可能会因规格的因素而进行调整。如在加利福尼亚南部进行的放流表明，在春秋两季放流的大规格苗种回捕率较高。放流时间和规格两者间存在着相互作用，在夏威夷进行的研究表明，冬季放流的大规格苗种和秋夏两季放流的小规格苗种回捕率最高。

3. 放流地点

放流地点的选择是放流策略中的重要内容，温度、食物的可得性、捕食者的数量等，都是在选择放流地点首先考虑的因素。在放流时苗种应能捕到较多的食物，合适的生境能提供保护作用以便提高成活率。另外，底质的特点、水体理化因子等也影响苗种的成活率。在放流前还要调查研究环境容纳量和放流种类生物学特性、栖息环境等，可考虑生态位不同的种类在同个生境中共存，避免因食物和空间的竞争造成损失。

放流地点影响着苗种的移动，一般来说，与其野生种群生境相似的地点比较适合放流。丹麦将苗种放入饵料资源比较丰富的沿海，苗种的移动距离很小。在夏威夷，鲻的苗种放入与其野生种群的生境相似的地点，苗种几乎没有移动。同样的，在日本进行的实验表明 96％以上的鳕能在 2 km 范围内捕捞到。一些学者通过网围的实验手段进行了这方面的详细研究。

4. 放流规格

确定放流苗种的适宜规格具有重要意义，然而要确定放流苗种的适宜规格，是很困难的。长期以来，放流苗种的规格大多是建立在经验的基础上。自 20 世纪 70 年代后期以来，国外曾结合幼体发育过程中生理、生化的变化，从幼体生态习性的转变来探讨这一问题，取得了一些进展。

幼体生态习性的变化要受生理活动的支配，结合生理生化过程研究幼体的生态变化，从而为放流苗种的适宜规格提供依据，对深化苗种放流生态的研究有积极意义。对日本对虾幼体的生理、生化及生态习性研究表明，日本对虾幼体长到体长 9 mm 左右为浮游期，这时碳元素与氮元素之比和肥满度变化都较大，可以认为其生理机能发生了较大变化；完全的底栖生活则是在体长 25 mm 左右，在这以后抗流性增强，游泳力高，基本具备夜行性，蜕皮时几乎不摄食，表现出成体具备的生态特性。因此，日本对虾适宜放流的苗种应是进入底栖期以后，以体长来衡量，至少要在 25 mm 以上。

5. 苗种大小对被捕食的影响

大多数鱼类在其早期生活史阶段会受到许多捕食者的威胁，被捕食的概率与鱼类的大小紧密相关，即鱼类的大小一定程度上影响着被捕食的概率。若鱼类太小则提供的能量少，根据捕食策略捕食者会忽略这些小鱼；而鱼类比较大，则因捕食者口裂太小或追赶不上，这些鱼类难以被捕食。所以捕食关系中两种鱼的大小存在着一定的比例关系，影响放流苗种的死亡率，大规格苗种的捕食死亡率常比小规格苗种低。规格对被捕食的影响，一些学者通过实验进行了详细的研究。如壳长 26～50 mm 的蟹对全长 16～55 mm 的鲽类比较适口，对于全长小于 30 mm 的鲽类则捕食虾类较多。

6. 环境适应性

放流成功的关键因子之一是放流后苗种的成活率，然而在自然条件下人工培育的苗种比野生苗种更易被捕食，因为人工培育的苗种识别捕食者并做出适当反应的能力往往比野生苗种低，这样往往导致放流工作成效不大。许多研究表明，人工培育的苗种和野生苗种的行为学特征有所差别。如人工培育的鳕类和比目鱼类比野生苗种更喜欢离开水体底部，这样更容易被捕食者所吞食。另外，人工培育的日本比目鱼不像野生苗种那样会回到原来的栖息点。在实验室中人工培育的苗种在晚上活动要更频繁，在放流后这会导致其比野生苗种的死亡率高。

研究表明，通过一定的训练后，人工培育的苗种在这些行为学方面有所提高。为了训练苗种躲避捕食者的能力，通过放入捕食的鱼类，让这些苗种进行被动学习，可以用电极让它们学习躲避这些捕食者，经过训练的苗种放入水域后成活率就比较高。通过十几种鱼的研究表明，躲避捕食者是鱼类的本能，但需要通过实际的训练对这一能力进行强化。实验表明，有些鱼类提高很快，另外，有些鲑能通过模仿其他种群的行为而改变其本身的行为。

7. 标记和标志技术

标记（marking）和标志（tagging）是两类不同的技术方法。前者包括外标记、天然标记和化学标记；后者多用有形标志物附着在鱼体以供识别，主要包括内标志和能发射无线电或超声波的遥测标志等。随着现代分子生物学技术的发展，识别同种鱼类个体间在酶或DNA结构上的细微差异已经成为可能，遗传识别正被作为有别于传统标记技术的手段被采用。

外标记主要包括鳍条切除（fin clips）、鳃盖骨和鳍穿孔（operculum and fin punches）、烙印（brands）、浸染（pigment）等；内标志包括编码金属标志（coded wire tags）、PIT标志（passive integrated transponder）、可视植入标志（visible implant tags）、自然标志（natural marks）、生物遥测（biotelemetry）、遗传标志（genetic identification and marking）、化学标志（chemical marks）等。

各种标志或标记方法都具有自身的优缺点，在实际工作中，应根据研究目标的不同选择与之相适用的方法。若只是要求在较短时间内能对标记鱼的个体进行区分，则选择内标记较合适；若标记的目的要引起公众对鱼类的状况产生关注，则需要选择非专业人员容易辨别的方法，以外标记较为合适。若要对鱼类资源动态进行长期监测，要求标记或标志有较高的持久性，则以遗传标志最为合适；要追踪被标记或标志鱼的活动情况，则生物遥测标志是最好的选择，如果要在较短时间内完成大量鱼类个体的标志或标记，可采用整批标志的方法，化学标志法比较容易应用。

8. 遗传多样性

用于放流的苗种大多来自于人工繁殖并培育的苗种，这些苗种放入水域后可能引起鱼类遗传多样性的逐渐丧失。由于人工养殖过程中存在影响群体遗传多样性的瓶颈效应、遗传漂变、近交衰退和杂交渐渗等因素，使养殖群体基因库不可避免地会丧失某些特定的等位基因，因此，造成养殖群体的遗传变异及遗传多样性均低于野生群体的状况，这在许多人工养殖动物的检测中均已得到证实（全成干 等，1999）。挪威规定全国每年网箱养殖的鲑鱼逃逸外海的数量应小于40万尾/a，以减少人工养殖对野生种群遗传基因的影响。日本学者认为，鱼类育苗至少使用雌雄亲体50尾。Bartly-kent论述过有效使用100条亲鱼，可以维持野生群体98％的基因变化。因此，人工繁殖时必须保证足够的亲本数量，提供的放流苗种必须要有与自然群体相当的遗传变异，这样才能保证鱼类种质不会逐渐衰退。

三、国外渔业资源增殖先进的经验

国外对渔业资源增殖放流的研究起步较早，积累了较多的经验。对比国内的增殖放流工作，发现国外存在以下一些先进经验：

（1）具有专职机构　为了更好地进行管理和交流，成立了专门的渔业资源增殖管理部门。如日本栽培渔业协会，有全国性的16个事业场和实验站，县级栽培渔业中心40余个，还在全国各地市、镇、村成立了渔业协会和渔业团体，在北海道和本州建立的大麻哈鱼孵化场220余个，每年放流种苗10多亿尾。

（2）工作系统性强　放流计划和科研计划制订得较为周密，有较强的系统性。如日本从20世纪60年代以来，有关海洋牧场的研究项目持续下达，形成了一个完善的配套体系。

（3）研究领域深入　不但通过经验的积累，而且从理论上不断进行探索，从而不断提高放流的成功率。许多研究领域的工作都比较深入，如对遗传多样性的研究、对苗种行为学的研究、对放流策略的研究、对生态安全的评估等。另外研究的种类也很多，日本已先后对50多种增殖对象做了研究。

（4）重视苗种放流后的效应　如苗种放流后的生态效应，对野生种群的遗传多样性的影响，病害传播的控制，增殖效果的评估等，在这些方面都做了很多研究。

（5）经费投入多　为了保证取得良好的放流效果，许多国家都在事先进行充分调研，投入充足的放流经费。

第三节　渔业资源增殖放流和效果评估技术

增殖放流对我国天然渔业资源的恢复发挥了重要作用，并取得了重大的综合效益。但是，增殖放流是项技术含量高的系统性工作，需要在科学指导和政府监管下才能保证放流效果。因此，在开展增殖放流前要开展系统调查研究，掌握放流水域的理化环境、饵料基础、敌害生物、渔业资源结构等，并经过充分论证和研究示范，明确放流种类、数量和规格，放流的时间和地点，需要严格控制放流苗种质量，加强跟踪监测和效果评估，以便下一步调整放流策略，达到最佳的渔业资源增殖放流效果（陈丕茂，2006）。

一、增殖放流基础工作

1. 放流种类的生物学研究

①对放流苗种所需生境的研究。鱼类的生长总是处于一定的水域环境条件中，受鱼类自身的基本生理条件的限制，每种鱼只能适应一定的环境条件，应通过研究掌握这些范围，而且一些因子存在着最适值，如最适温度，最适 pH、最适碱度等。一般来说，生境因子的值与这些数值接近，则鱼类生长更快。②对放流苗种早期行为学的研究。放流技术的确定，如放流地点、放流时间、放流规格等，都需要通过对放流对象早期行为学的研究来完善。栖息、摄食、集群、移动等行为对放流的成功有着重要的影响。许多研究还表明，人工培育的苗种和野生苗种的行为学特征有所差别，可通过一定的训练提高苗种的能力。

2. 放流水域的基础研究

①对放流苗种捕食者的调查研究。通过生物学研究找出放流苗种的敌害生物，然后调查在放流水域中这些敌害生物的分布与数量，为合适的放流地点提供科学依据（唐启升 等，1997）。②对放流水域理化因子的调查研究。各种环境因子及其他因子都会对鱼类的生命活动产生影响，如溶氧、温度、透明度、水流、pH、硬度、碱度等，每种鱼只能适应一定的环境条件，应通过试验掌握这些参数，否则若放流水域环境条件超出了其适应范围，那么苗种的死亡率必然很高。③需对饵料资源调查研究。苗种进入水域后虽能承受一定的饥饿时间，但必须通过摄食来维持生命。充足的适口饵料可使苗种摄食足够的食物，并且只需移动较短的距离，消耗较小的能量，遇到敌害的概率也较小，有利于苗种的成活。④还要对水域的船舶航行、捕捞、污染、竞争者的分布与数量等状况进行调查，这些因素一定程度上对苗种的成活、生长都有影响（杜怀光和于深礼，1992）。

3. 标志或标记技术的筛选

为了掌握放流苗种的活动规律、评估放流苗种的成活率及方便今后的各项检验，常常对部分放流苗种进行标志或标记。现在世界上各项标志或标记技术非常多，对于长江流域鱼类放流中的标志或标记可考虑以下一些常用的方法，在各项放流活动中因地制宜加以使用。

（1）剪鳍法　这种方法操作简单，比较省钱。但缺点也是明显的，剪鳍易对鱼类的运动产生影响，经生长后标志可能不明显，还有可能导致部分鱼类的死亡。另外，这种方法一般仅适合于较大个体的鱼类，而对于小规格苗种则不易进行操作。

（2）挂牌法 这类标志有多种不同形状的构造，通过用丝或线等穿透鱼体的某一部位，然后在上面固定一个标志牌。在中华鲟的放流中多次选用这种方法进行标志：用不易生锈的银制成 4 cm×1 cm 的标志牌，在银制标志牌上注明放流单位、标本编号、联系电话、放流时间，将标志牌挂在幼鲟背鳍处。

（3）微型数码标志法 通过特殊的标志枪把一种扁平的长方形细条植入鱼的眼眶周围透明的皮下。这种细条通常用防水材料制作，上面注明编码，可以标明一定的信息，鱼被捕获后可通过特定的设备进行快速感应，从而知道在检测的一批鱼中被标志苗种的数量和比例。这种方法准确可靠，信息量大，检测方便。不足之处是价格昂贵，在大批量标志时不宜采用。对中华鲟等则可采用此方法，对部分个体进行微型数码标志。

（4）荧光浸泡法 通过采用注射、浸泡、投喂荧光物质等方式对鱼类进行标记，一般采用的荧光物质具有钙的亲和性，能与鱼体的钙化组织，如耳石、骨骼及鳞片等结合成稳定的螯合物，因而这类标记在鱼体中能保持很长的时间。其中，浸泡标记使用较多。荧光浸泡标记由于浸泡时浓度较高，易对鱼体造成伤害。另外，随着鱼体的生长，这种标记会被逐渐稀释。但是这种方法能在较短时间内标记大批量的鱼类个体，并且几乎对鱼类的各个发育阶段都能进行标记，比较方便可行，国外已有大量的学者采用此方法对人工放流效果进行监测。

4. 疾病的检验和预防

苗种放流前必须对鱼体进行检验，一方面可以提高鱼类放流后的成活率，而更重要的是防止疾病的传播。有些苗种在培育过程中得病，虽然用药后苗种生长正常，但仍需仔细检验。带病菌的苗种若被放入水域，随着苗种的到处游动，可能将疾病带给其他的鱼类种群，导致水域中鱼类的"灭顶之灾"。不同种群的鱼类存在着不同的疾病，野生种群对本水域中的某些病原体往往有一定的适应性。对本水域危害不大的病原生物，当外来的苗种放入后，就有可能暴发为严重的疾病，造成鱼类的大量死亡。这是因为在新环境下，病原体及其宿主还没产生相应的适应性。另外从养殖环境放入野外水域中，苗种也较易得病。因此，在放流前要对放流水域的鱼类病原体做系统的调查，并评估这些病原体对放流苗种的危害，以便提高苗种放流后的成活率。

5. 种质资源检测

放流对象种质资源保护效果如何，将直接影响着我国淡水渔业的质量，直接影响着我国淡水渔业的持续发展。放流的目的之一就是为了对渔业种质资源的保护，因此，在放流前应首先加强种质资源的检测工作，放流品种原则上要以本地原种和其子一代（用野生亲本繁殖的第一代后代）苗种为主，不向天然水域中投放杂交种、转基因种及种质不纯等不符合生态安全要求的物种。

二、增殖放流技术体系

1. 放流苗种

放流的苗种要严格控制其种质，在放流前要进行严格的种质鉴定。苗种一般由省级以上渔业行政主管部门批准的水生野生动物驯养繁殖基地、原种、良种场和增殖站提供。放流品种原则上要以本地原种及其子一代苗种为主，不向天然水域中投放杂交种、转基因种以及种质不纯苗种等，这些苗种不符合生态安全要求，如任意放流会导致野生种群遗传多样性的逐渐退化。

2. 放流规格

根据国内外的研究，一般来说，放流苗种的规格越大，对环境的适应性越强，躲避敌害及摄食能力越强，放流的效果往往也越好。但苗种规格越大，其培育所需的生产设施越多，成本也越大。因此，在放流中要综合考虑这两方面因素，要因地制宜对不同的种类选择合适的规格。放流鱼种必须达到一定规格，才可能取得好的放流效果。

3. 放流时间

放流的时间要由放流苗种的生物学特性和放流水域的条件决定，苗种的摄食规律、放流生境的生态因子、饵料的变化、敌害的分布和数量等都与放流时间有密切的关系，因此掌握合适的放流时间，可提高苗种放流后的成活率，减少不必要的损失。应避免在天气炎热的夏季进行放流，虽然此时饵料资源比较丰富，但苗种也很容易得病，成活率反而较低。放流时间的确定还要与放流水域结合进行考虑，要先进行放流水域的调查，因为水域的生物因子和非生物因子往往与时间是密切相关的，掌握放流水域各因子的时间变动规律才能确定具体的放流时间。结合国家实施的长江春季禁渔制度，在春季进行放流可取得较好的效果，这时水温低，在捕捞和运输过程中鱼种活动能力差，不易受伤；大水体中的凶猛性鱼类活动和摄食能力较弱，对鱼种的危害较小；此时放养也使鱼种尽早适应环境，待到水温回升时，即可大量摄食生长，延长了鱼种的生长期。

4. 放流地点

放流水域的温度、食物的可得性、捕食者的数量等，都是在选择放流地点时首先要考虑的因素。另外，竞争者的数量、底质的特点、水体理化因子、水域中的病原体等也影响苗种的成活率（冯广朋 等，2009c）。在放流前要对这些因素进行详细调查。在放流前还要查明环境容纳量，若某水域各项基础条件较差，将苗种大规模放入可能超出水域的容纳量，造成苗种因食物和空间的竞争而死亡。要选择多个地点投放，以免凶猛鱼类集中围歼，春季应选择水质肥沃的索饵场所进行投放。放流地点会直接影响苗种的移动，一般来说，与同种类野生种群生境相似的地点比较适合用来放流，苗种放入后移动的比例较少。尽量减少苗种放流后的移动，有助于提高成活率。

5. 放流数量

对一个正在运行的增殖系统而言，通过放流合适的数量能获得最大的增殖效果。因一个水域的空间、饵料等都毕竟有限，放流量超过一定数值后，反而超出水域容纳量，引起种内竞争，增殖效果会下降。通过对初级生产力的调查及其他影响因子的分析，可得出一定的水域中苗种放流数量的上限。但在实际生产中，由于经费和苗种的限制，多数情况下放流量不会大于最适放流量，增加放流量是有利的。

6. 放流比例

长江鱼类种类众多，人工放流仅以少数种类为主要放流增殖对象是不够的，如果放流真正奏效，那将进一步加剧鱼类种群结构的单一化，无法保护生物的多样性。因此，要在系统调查研究的基础上，根据野生种群需要补充的数量来进行合理的放流。

三、增殖放流效果评估

1. 对种质资源的影响

国内外已有研究表明，人工繁殖群体的数量过少，易引起子代遗传多样性的逐渐降低，在一些鱼类养殖过程中发现存在这个问题。但对于长江口渔业资源增殖放流对于种质资源的影响，因为我国在这方面研究较少，目前难以确定其对遗传多样性的影响程度。在今后的工作中需要加强监测和研究，完善重要渔业种质资源监测体系，健全渔业种质资源数据库，为渔业管理部门制订合理的放流规范提供科学依据。

2. 生态影响

自然界中，因竞争、捕食等因素，使水域生态系统中各生物之间及生物与环境之间存在着协调和平衡，生态系统自身进行有规律的物质循环和能量转换。在长江口进行大规模人工放流，人为地增加外来消费者，必然对生态系统产生一定的生态影响。进行长江鱼类人工放流要在严格的科学指导和管理下进行，工作重点之一是评估生态安全性，应关注以下几个方面：摄食对饵料资源的影响；与其他鱼类间的食物和空间竞争；鱼类的下行效应；对生态环境质量和生态平衡的影响。

3. 回捕率

评估增殖放流效果，研究投入与产出的关系，都需要对回捕率进行研究。回捕率的研究可采用多种方法进行，其中主要的有两种：一种是放流后的实际捕获量减去正常捕获量后，得出因放流而多捕的产量，多捕的尾数占放流尾数的比例即为回捕率，这个方法建立在放流前后捕捞量的变化；另一种方法是，利用标志回捕法进行估计，国内采用这种方法的也较多，关键是对苗种进行良好的标记以及苗种的回收检测，通过一定的公式估计回捕率。

4. 效益分析

效益分析包括经济、生态和社会效益。通常的天然水域人工放流，以增加产量和经济效益为主要目标，而长江口渔业资源增殖放流是以改善和提高鱼类资源为主要目的，是为了鱼类资源的持续利用和发展，这是一个长远的目标，具有巨大的生态和社会效益。

第四节　水生动物生境重建修复技术

栖息地（habitat）又称生境，是生物个体或种群栖息的场所，是指生物出现在环境中的空间与环境条件总和，包括个体或种群生物生存所需的非生物环境和其他生物环境。国际研究委员会（National Research Council）认为，栖息地是指动物或植物通常所生存、生长或繁殖的环境。目前，我国水域生态环境污染状况不断加重，水生生物的生存空间不断被挤占，生物灾害、疫病频繁发生，水域生态环境遭到破坏，渔业资源严重衰退，水域生产力不断下降，渔业经济损失日益增大。生态安全问题已严重影响我国渔业的可持续发展。因此，迫切需要加强渔业资源养护和水域生态环境修复，提高渔业的生态安全水平和可持续发展能力。

一、栖息地生态修复

栖息地受到破坏主要包括栖息地丧失和栖息地破碎两个方面，其结果是直接导致生物多样性下降。栖息地丧失是生物多样性锐减的主要原因，包括生境彻底破坏、生境退化及生境破碎化等（李俊清，2012）。栖息地破碎是指人为活动和自然干扰导致大部分连续分布的自然栖息地、被其他非适宜栖息地分隔成面积较小的多个栖息地斑块的过程，即由连续的整体向不连续的板块镶嵌体演化过程。对鱼类生境而言，栖息地是其生命活动不可缺少的外界环境。长江口生物栖息地不同程度受损的原因复杂多样，其中的主导因素是开发滩涂湿地的人类活动。栖息地斑块面积减少或斑块数量的增加、栖息地斑块面积变动以及向非栖息地转化是人类活动最直接的表现。

生物多样性丧失的直接原因是，栖息地生境丧失和片段化、外来物种入侵、生物资源的过度开发、环境污染以及全球气候变化等。也有学者将生境破坏、资源过度开发、环境质量恶化、物种入侵列为物种灭绝的"四大因素"。生态恢复与重建是根据生态学原理，结合生物、生态和工程学的技术方法，人为地改变和切断生态系统退化的主导因子或过程，调整、配置和优化生态系统内部与外部的物质、能量和信息过程及其时空秩序，使生态系统的结构和功能尽快恢复到正常或原有的乃至更高水平。面对栖息地受到破坏的情况，常采用栖息地修复方式来恢复栖息地未被破坏的状态。根据生物对栖息地需求范围，可将栖息地分为宏观栖息地（macro-habitat）修复、中观栖息地（meso-habitat）修复及微观栖息地（micro-habitat）修复等三种类型。

栖息地重建和保护，是从生态系统的角度恢复野生生物栖息地的良好对策。生物栖息地修复一般根据生物的活动空间范围以及生物行为特征而采用相应的方法，并广泛应用于鱼类生物栖息地修复等相关研究。对于生活史过程中，生境范围较窄的生物的栖息地受损后，常采用局部生境修复的方法。随着经济社会的发展，鱼类的生境适宜性降低和环境恶化导致鱼卵孵化率明显降低（Knaepkens et al，2004；Nash et al，2010）。对此，内容和形式多样的生态修复方法被用于其栖息地的修复。Caffrey 等（1993）在爱尔兰的运河中种植沉水植物，来为鱼类生存提供栖息地；Santos 等（2008）在水库种植水草建立人工结构为鱼类提供栖息地，以帮助鱼类完成其生活史。Knaepkens 等（2004）针对欧洲河道整治导致杜父鱼（*Cottus gobio*）自然栖息地退化的情况，选取价格低廉的人工基质如瓷砖充当杜父鱼产卵栖息的良好基质，成功恢复了杜父鱼的繁殖栖息地。Ziober 等（2015）在干旱的河流中，通过开凿小渠道帮助鱼类完成产卵行为。Martin 等（2012）通过内布拉斯加州改变水库乱石堆为鱼类提供产卵环境，从而达到保护当地鱼类的目的。而人工鱼礁等技术被认为是修复水域生态系统、增加生物多样性的可行方法，并且在世界范围内得到广泛应用。

进行生态修复的基础之一是掌握动物对外界环境因子的需求。对于有迁徙行为的动物，栖息地修复方法主要是修复其生活史所需栖息地，普遍采取构建生境廊道来修复栖息地。生境廊道从功能上可以分为通勤廊道（commuting corridor）、迁徙廊道（migration corridor）和扩散廊道（scatter corridor）。从空间形状可以分为线状廊道（linear corridor）、踏脚石廊道（step stone corridor）、景观廊道（landscape corridor）和结点廊道（the nodal corridor）（Rodrigueziturbe et al，2009），其主要功能是增加生境板块的连接性，促进栖息地板块之间的基因交流和物种活动，以帮助生物完成生活史。构建生境廊道的方法广泛用于鸟类迁徙（Wakefield et al，2009）、蝴蝶迁徙（Roger et al，2011）、野马迁徙（Strandberg et al，2009）、驯鹿迁徙（Skarin et al，2015）、海龟（Shaver et al，2016）、鱼类（Weng et al，2007）、大象（Pan et al，2010）、大麻哈鱼洄游（Duffy et al，2005）等。这些都是通过构建生境廊道，以达到修复这些生物完成生活史所需栖息地的目的，最终达到保护种群的目的。退化的生态系统的恢复和重建除了依靠生态学理论，还需参考生态工程学、经济学等多学科理论综合（周进 等，2001）。

二、人工漂浮湿地生态功能

人工漂浮湿地（artificial floating wetland）又称为人工浮床、人工浮岛、生态浮床、生态浮岛等；是一种运用无土栽培技术的原理，以能漂浮于水体的框架结构为基质（如高分子材料、无机非金属材料等），结合现代农业植物种植技术和生态工程的水生植物种植技术，能够净化水体、形成不同的景观格局以及为生物提供栖息场所的人工生态系统。该人工生态系统既具有陆地生态系统特征，又具有水生生态系统特征，还具有水陆交错带生态系统的特征，是具有多种功能的人工生态系统，广泛应用于河道生态恢复（Ning et al，2014）、湖泊污染治理（聂智凌 等，2006）、采矿业相关（Dobberteen & Nicker-son，1991）、高速公路的污染物去除（Pontier & Williams，2004）、港口的污染治理（Thoren et al，2003）、池塘养殖废水处理（吴湘 等，2011）、城市河道水质治理（Piy-ush & Asha，2012；Hijosavalsero et al，2011）、高尔夫球场景观及污染去除（Kohler et al，2004）、畜牧养殖业废水处理（李菊和韦布春，2013）、餐饮废水处理（胡小兵和鲍静，2010）、生物栖息地重建（Sirami et al，2013）等诸多领域。美国德裔植物学家Hoeger（1988）在会议论文《Schwimmkampen-germany's artificial floating islands》概括了人工浮岛的六大功能：防止堤岸侵蚀、保护海岸线、为野生动物提供栖息地、美化环境、对水质净化和过滤、生物消毒作用。当漂浮湿地技术应用于生态修复时，需考虑自然法则、社会经济技术原则、美学原则，其中，自然法包括地理学原则、生态学原则、系统学原则。生态系统演替、生物多样性、限制性和耐受性定律、生态位和生物互补原则、能量流动和物质循环、边缘效应、食物链原则、空间异质性原则等生态学原则，将会被广泛应用到生态系统修复后的构建和评估。

人工漂浮湿地与自然生态系统耦合而成新的生态系统，是介于陆地和水体之间的过渡带，既具有陆地生态系统特征又具有水生生态系统特征，其物理结构包括陆向辐射带、变幅辐射带、水向辐射带三个部分。它能够为生物提供隐蔽、稳定的生境，并为动植物提供繁衍栖息场所，同时也能净化水质。

植物能够通过发达的根系吸收、吸附污染物，并通过根际微生物对污染物的分解、矿化、富集作用，消减水中污染物。这些维管束植物是人工漂浮湿地运行的主体，在漂浮湿地生态系统中起核心作用。植物、微生物和水生动物构成综合系统对水体进行净化，净化机制主要靠植物的生化作用、微生物的吸收与降解、水生动物的吸收作用。这项技术最初主要应用于修复富营养化湖泊，如日本的琵琶湖（Nakamura）和霞浦湖的鱼类栖息地修复（邓志强 等，2013）。

世界自然保护联盟（IUCN）、联合国环境规划署（UNEP）和世界自然基金会（WWF）在编制世界自然保护大纲时，把湿地与森林、海洋一起并称为全球三大生态系统，并将淡水湿地视为濒危野生生物的最后集结地，湿地一直是生物多样性分布最多的区域之一。最早研究漂浮湿地的是美国生态学家Gurney，在此之后，国外许多学者也对此相继开展了相关研究（Sasser et al，1996）。20世纪50年代，日本构建人工漂浮湿地为鱼类提供产卵场所。利用人工漂浮湿地增加生物多样的研究范围逐步加大，关于人工漂浮湿地中鸟类、鱼类、水生昆虫多样性的研究也逐步展开（Hoeger et al，

1988；Chang et al，2014；Will & Crawford，1970；Payne，1992；Hsu et al，2011）。人工漂浮湿地为野生动物提供栖息空间、改善景观，还有不占用土地、不消耗资源、成本低廉，易管理，净化水质等优点，在受损生态系统的修复和物种保护领域得到广泛应用。

作为生态修复技术的人工漂浮湿地是依靠植物、微生物、水生动物构成新型的生态系统，该生态系统具有三个方面特征：①水-陆-气三相紧密结合。漂浮湿地因同时与水体相接又与空气相接，充分体现了水、陆、气三种生境交汇，使得生物多样性水平高，适用于多种生物生长，优于单纯的水域、陆地等生态系统，可聚集水禽、鱼类和两栖动物等。②抵御恶劣环境的能力强。漂浮湿地不受水位变动等外界环境因子影响。③移动的生物岛。漂浮湿地是一个人工合成的移动生物岛，在多个方面体现其功能：首先，人工湿地浮岛能够自由拆卸，自由组装；其次，人工漂浮湿地在外力的作用下，可以在水体移动。最后，漂浮湿地也可以根据外界环境的需要更换植物种类。

鱼类产卵场是指鱼类集群产卵的栖息场所，产卵场为鱼类产卵、繁殖提供了必需的水文动力、遮蔽物、栖息底质及饵料生物等鱼类亲本和初孵仔鱼生长发育的理化和生物条件。对于鱼类种群的繁衍和延续而言，产卵场具有不可替代的作用。不同鱼类物种，因其产卵类型和方式的不同所需的产卵条件也存在差异。各国科研工作者针对鱼类产卵类型开展了针对性的产卵场恢复和重建技术研究工作，取得了一定效果，如美国科研工作者针对鲑鳟和鲟鱼等鱼类的产卵特性开展了产卵场底质修复工作，为沉性卵提供了良好的藏匿和孵化环境等，恢复和重建了产卵场。

对于产黏性卵鱼类而言，卵附着基是不可或缺的产卵场必备生境条件，提供合适的产卵附着基，是修复该类型产卵场的重点。人工漂浮湿地（artificial floating wetland）利用漂浮材料为基质和载体，将高等水生植物或陆生植物栽植其中，通过漂浮材料和植物可为鱼类产卵提供遮蔽物和附着基质，产卵基质和植物根系也可形成生物群落为幼鱼索饵提供饵料生物，同时，植物根系的吸收或吸附作用可以起到水体净化的目的。因此，人工漂浮湿地对于鱼类种群结构的稳定和生物多样性丰度的提高，具有十分重要的支撑作用（Peterson et al，2009）。人工漂浮湿地因其能提供鱼类产卵繁殖和仔、稚、幼鱼索饵肥育所必需的理化和生物条件，且对于净化水体、景观美化均具有促进作用而成为当前研究的热点。

1920 年，日本科学家创建了第一个以吸引鱼类产卵、修复产卵场为目的的人工浮岛。此后，德国、韩国、澳大利亚、加拿大、中国、印度、西班牙、英国、美国等陆续开展了人工漂浮湿地设计构建及其功能研究，但早期漂浮湿地的主要目的是为了净化水体、美化环境等。人工湿地主要分为"干式"和"湿式"两种。人工湿地上移植植物的根系与水体直接接触即为"湿式"人工湿地；反之，移植植物根系不直接与水体接触称之为"干式"人工湿地。目前，应用最为广泛的人工湿地构建方式为有框架"湿式"人工湿地，约占人工湿地总量的 70% 左右。人工湿地的设计和构建分为单体和联体 2 种方式，每个单体长度为 2～3 m，可设计成长方形、正方形和三角形等。单体或联体的整体性在构建人工湿地过程中十分重要，尤其是在风浪较大的水体中。经研究证明，人工漂浮湿地对于鱼类集群产卵和幼鱼索饵具有显著的促进作用。在 Kasumigaura 湖的研究发现，建立人工漂浮湿地区域与未建立人工湿地区域相比，鱼类平均生物量为 267：1，鱼类生物量提高 200 倍以上；监测到的鱼类中以 1 龄幼鱼为主，同时还吸引到许多凶猛性捕食种类，生物多样性十分丰富。在 Biwa 湖的人工漂浮湿地构建实践中，经连续监测发现建立人工漂浮湿地水域鱼卵密度高达每平方米 56 600 个，说明鱼类已经将人工漂浮湿地当作重要的产卵场所。国内在池塘养殖和污水处理等领域也逐步引入了人工漂浮湿地理念，常被称为生态浮床，主要应用范围是污水处理，以及养殖池塘水体净化、建立池塘生态养殖模式。从目前国内外研究报道来看，开展人工漂浮湿地研究的主要目的还是以净化水体、美化环境为主，且主要研究应用于湖泊、水库等相对静态水体中（Nakamura & Mueller，2008）。人工漂浮湿地在鱼类产卵场恢复和重建的应用研究仍较少。

三、栖息地健康质量评估方法

鱼类栖息地是指鱼类能够正常生存、生长、觅食、繁殖及生命循环周期其他重要组成部分的环境总和，包括产卵场、索饵场、越冬场及连接不同生活史阶段的洄游通道等。影响鱼类栖息环境的因素，包括非生物因素和生物因素。非生物因素包括微观生境因素（水深、水流、基质、覆盖物），中观生境（河道形态、深潭、急流等），宏观生境因素（水质、水温、浊度和透光）；生物因素包括不同物种之间的竞争、捕食等关系。生物因素主要包括食物来源、被捕食的风险及同类之间的竞争等。栖息地是野生生物赖以生存的环境，栖息地质量的好坏直接影响物种生存及其资源的利用，因此科学评估栖息地质量，是对野生生物资源进行科学管理和合理利用的基础。

正常生态系统是生物群落与自然环境取得平衡的自我维持系统，各种组分发展变化按照一定的规律并在某一平衡位置做一定范围内波动，从而达到一种动态平衡状态。但是，在一定的时空背景下，自然干扰和人为干扰或两者的共同作用，会使生态系统整体发生不利于生物和人类生存的量变和质变，系统的结构和功能会发生相反的变化。其结果打破了原有生态系统的平衡状态，使生态系统的结构和功能发生变化和产生障碍，形成破坏性波动或恶性循环，具体表现在生态系统基本结构和固有功能的破坏或丧失、生物多样性下降、稳定性和抗逆性减弱及生产力下降。退化生态系统和正常生态系统的特征如表 4-1 所示。

表 4 - 1 退化生态系统与正常生态系统特征的比较

生态系统特征	退化生态系统	正常生态系统
总生产力量/总呼吸量（P/R）	<1	≥1
生物量/单位能流值	低	高
食物链	直线状、简化	网状、以碎屑食物链为主
矿质营养物质	开放或封闭	封闭
生态联系	单一	复杂
敏感性、脆弱性和稳定性	高	低
抗逆能力	弱	强
信息量	低	高
熵值	高	低
多样性（包括生态系统、物种、基因和生化物质）	低	高
景观异质性	低	高
层次机构	简单	复杂

有关栖息地质量的评估方法，可以分为景观生态学法、水文水力学方法、河流地貌方法、栖息地模拟法、综合评估法。动植物栖息地质量评价方法，包括传统方法和现代方法。传统方法主要有排列法、综合评分法、判别排序法、生境模糊评价法等；现代适用的方法则结合地理信息系统（GIS）进行栖息地质量评估，整个评估过程结合了诸多相关指数（栖息地适宜性指数）来指示栖息地的适合程度及栖息地优劣，从而实现对野生生物资源栖息地管理和合理开发。栖息地适宜性指数（habitat suitability index，HSI）是一种评价野生生物生境适宜性指数，其范围一般取值为0~1（0代表不适宜生境，1代表适宜生境）。栖息地适宜性指数模型根据栖息地各种因子的权重而综合考虑建立起来的模型，该模型广泛用于物种管理、环境影响评价、物种丰度分布和生态恢复的研究。

针对宏观栖息地生态系统的健康评价方法和手段研究较多，这些方法有 IFIM 法（instream flow incremental methodology）、CASiMiR 法（computer aided simulation model for instream flow regulations）、栖息地适应性指数、多元统计法、模糊逻辑、人工神经网络法、多物种和群落统计法（易雨君 等，2013）。这些方法是根据不同生态环境中的不同对象常选用栖息地适宜度的方法来评价，如鱼类（康鑫 等，2011；易雨君和乐世华，2011）、蟹类（蒋金鹏 等，2014）。而中观生态系统和微观生态系统的研究方法较少。中观生态系统健康程度的评价方法主要有群落组成与结构指标、物种多样性和功能多样性指标、生态系统净生产力、生态压力指标、生态能质和结构生态能质指标等。不论是宏观生态系统，还是中观生态系统，其生态系统内部的营养结构和能量流动情况是确定其生态稳定性、发育程度、成熟度的基础指标（Odum，1971）。生态系统的稳定性常用连接指数（connectance Index，CI）（Odum，1971）、系统杂食度（system omnivory index，SOI）指数（Walters et al，2000）等指标来确定；生态系统的发育程度用 Finn's 循环指数（FC）和 Finn's 循环平均能流路径长度（FCL）（Finn，1976）等来评价；生态系统的成熟度用生产量和呼吸消耗量的比值、结合生态系统的能量流动情况等来评价（何池全，2002；Ulanowize，1986）。

对受损生态系统进行生态修复的主要目的是使其恢复到原来自然状态，并具有可持续发展性，从而达到保护生物多样性的目的。栖息地修复重建后的评估具有重要作用，通过栖息地评估可以为人工替代栖息地提供基本信息基础。有关栖息地评估已成为生态完整性评价的重要指标。因此，虽然人工漂浮湿地有诸多生态学功能，但是它对生态环境的影响需要合理的评价体制。生态恢复评价以及生态健康评价应从生态安全、生态服务等角度考虑（高彦华 等，2003）。

第五章
长江口中华绒螯蟹资源增殖

中华绒螯蟹（*Eriocheir sinensis*）是我国名贵淡水经济蟹类，又称河蟹、毛蟹、螃蟹、大闸蟹等，隶属于甲壳纲、十足目、方蟹科、绒螯蟹属（图5-1）。因其原产于我国，两只大螯长有浓密绒毛，故命名为中华绒螯蟹。中华绒螯蟹自然资源分布广泛，长江水系的中华绒螯蟹具有生长速度快、个体肥大、肉质细嫩、味道鲜美、经济价值高等优良特性，深受养殖者和消费者喜爱。每年中华绒螯蟹在长江流域淡水湖泊、河流中生长发育，当性腺发育至Ⅳ期后开始向河口区咸淡水交汇水域进行生殖洄游和产卵繁育。

图5-1 中华绒螯蟹

长江口生境独特，水产资源丰富，长江口渔场也曾是我国著名的渔场之一，孕育着冬蟹等五大渔汛，成为中华绒螯蟹得天独厚的产卵场。长江口丰富的蟹苗等苗种资源，支撑着我国中华绒螯蟹等主导水产养殖业的发展（谷孝鸿和赵福顺，2001）。20世纪80年代以前，长江天然蟹苗具有重大捕捞价值（张列士 等，2001）。仅长江口区中华绒螯蟹冬蟹产量就高达100 t，蟹苗也有过67.9 t的高产量，曾为全国14个省（直辖市）的45个县（市）提供长江水系中华绒螯蟹苗种，是长江口可以向全国输出的最主要种质资源（图5-2）。长江口丰富的蟹苗资源支撑着我国中华绒螯蟹养殖业快速发展，目前中华绒螯蟹养殖年产值高达500亿元。

图5-2 中华绒螯蟹蟹苗

然而，长江中华绒螯蟹资源保护也面临着严峻局面：一方面长江沿江工程建设等对其洄游产生了诸多不利影响，而且水环境恶化日趋严重；另一方面由于长江水系亲蟹与蟹苗具有极高的经济价值，长江中下游渔民在冬蟹和蟹苗汛期过度捕捞，资源急剧下降。统计资料表明，1970—2003 年长江口亲蟹与蟹苗资源量年间变幅较大，总体呈衰退趋势，至 2003 年资源量降至历史最低点。

为了恢复长江中华绒螯蟹天然资源，长江沿岸省份采取了人工放流蟹苗和亲蟹等措施，然而相关科学研究仍然较少，增殖放流存在许多急需解决的问题，增殖效果往往没达到既定的目标。因此，系统研究长江中华绒螯蟹资源状况，研发资源增殖与养护技术体系，科学挖掘利用其优良的种质资源，对支撑河蟹产业发展、维护长江生态平衡具有重要的理论价值和现实意义。

第一节　长江口中华绒螯蟹资源变动概况

由于过度捕捞、水域污染等影响，20 世纪末长江口中华绒螯蟹资源开始急剧下降。①从亲蟹捕捞量来看，1970—1984 年长江口亲蟹资源丰富，总体保持较高捕捞产量。随着捕捞工具改进和捕捞效率提高，于 1976 年达历史最高产量 114 t，此阶段年均中华绒螯蟹捕捞量达到了 48 t；1985—1996 年，长江口亲蟹资源骤降，除 1991 年中华绒螯蟹捕捞量达到 25.5 t 外，其余年份捕捞量均为 10 t 左右，年均捕捞量仅为 11.3 t，不到前一阶段的 1/4，为亲蟹资源的衰退阶段；1997—2003 年，长江口中华绒螯蟹资源趋于枯竭，每年捕捞量降到了不足 1 t（1999 年捕捞量为 1.2 t），最低 2003 年仅为 0.5 t，年均中华绒螯蟹捕捞量仅为 0.8 t，完全失去了中华绒螯蟹的商业捕捞价值。②从蟹苗捕捞量来看，1970—1981 年，长江口天然蟹苗总体资源丰富，1981 年达历史最高产量 20 052 kg，为蟹苗捕捞的黄金时代；但在 1982—2003 年，长江口蟹苗资源下降，2003 年降到了仅 15 kg，完全失去了开捕天然蟹苗的商业价值，为蟹苗资源的衰退枯竭阶段。因此，20 世纪 80 年代以后，中华绒螯蟹资源逐渐衰退，到 2003 年左右甚至已经失去捕捞价值。2004 年以后，随着长江口中华绒螯蟹资源增殖放流和生态恢复工作的不断深入开展，目前其资源已经重新恢复到历史最好水平。

一、成蟹资源

1. 资源变动状况

中华绒螯蟹具有生殖洄游习性，长江水系中华绒螯蟹性成熟后的最终洄游目的地是长江口。因此，长江流域性成熟中华绒螯蟹的生殖洄游路线是从湖北的沙市、武穴等江段降河游到长江口，并于每年的9—12月形成长江水系中华绒螯蟹的汛期。长江各江段亲蟹洄游起始时间因江段而异，其原因主要是受各江段地理位置所决定的气候影响，水温的下降是亲蟹洄游的诱因，历史上长江各江段汛期时间如表5-1所示。中华绒螯蟹群体沿江而下，越近河口的江段亲蟹起汛时间越晚，但蟹汛汛期持续时间也越长，如南京和长江口亲蟹起汛时间分别比武穴晚了10 d和45 d，汛期持续时间分别比武穴长了49 d和123 d。目前，由于长江中华绒螯蟹资源衰退，长江很多江段已经多年未见蟹汛，只有长江口区自2004年起重新出现具有商业捕捞价值的蟹汛（施炜纲等，2002）。

表5-1 长江各江段亲蟹汛期时间

（施炜纲 等，2002）

江段	汛初时间 （月份/日期）	高潮时间 （月份/日期）	汛末时间 （月份/日期）
武穴	9月10日	10月4日	10月5日
九江	9月12日	9月6日	9月9日
安庆	9月15日	10月10日	10月22日
芜湖	9月18日	10月13日	11月27日
南京	9月20日	10月15日	12月3日
镇江	9月22日	10月17日	12月8日
江阴	9月24日	10月19日	12月12日
长江口	10月25日	10月30日	3月20日

40余年亲蟹捕捞量统计资料表明，1970—2003年长江口亲蟹资源量年间变幅较大，总体呈衰退趋势。2004年中国水产科学研究院东海水产研究所首次开展了2万只中华绒螯蟹亲蟹放流后，这一趋势才得以扭转。2004—2012年，长江口每年均开展了亲蟹的增殖放流，中华绒螯蟹资源得以逐年恢复，重新出现了冬蟹蟹汛和蟹苗汛。2004—2011年，长江口中华绒螯蟹捕捞量分别为1.8 t、10.7 t、6 t、16 t、14 t、14 t、25 t和26 t，年均捕捞量恢复到了14.2 t，每年资源量总体呈上升趋势。

在中华绒螯蟹洄游期，分别在长江口横沙岛、九段沙、三甲港附近水域上船监测捕捞中华绒螯蟹成蟹。对调查数据进行统计分析表明，横沙岛中华绒螯蟹产量较多的时期在11月25日至12月25日，而三甲港中华绒螯蟹产量在整个捕蟹期分布比较均匀。

横沙岛每船每天平均产量为 21 kg；三甲港为 45 kg。近年来，三甲港和横沙岛捕蟹的船只各大约为 14 只，除这两个地方的捕蟹船外，长江口大约还有 12 只船在捕蟹。根据上述调查数据进行建模推算表明，长江口中华绒螯蟹捕捞产量大约为 40 t，资源量约为 160 t。

2. 成蟹生物学特征

长江口中华绒螯蟹的体重分布在 20～250 g，主要分布范围在 40～140 g，分布最多的是 40～60 g，占 20.88%（图 5-3）；壳长分布在 30～80 mm，主要分布范围在 40～60 mm，约占 71.43%，而分布最多的是 50～60 mm，占 37.36%（图 5-4）；壳宽分布在 30～80 mm，主要分布范围在 40～70 mm，占 90.11%，分布最多的是 50～60 mm，占 36.26%（图 5-5）。

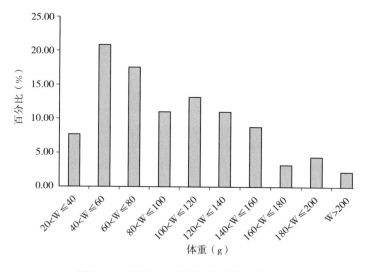

图 5-3 长江口中华绒螯蟹成蟹重量分布

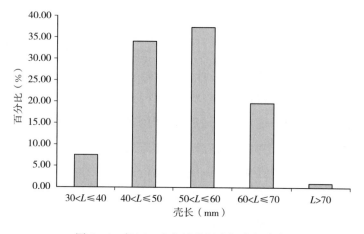

图 5-4 长江口中华绒螯蟹成蟹壳长分布

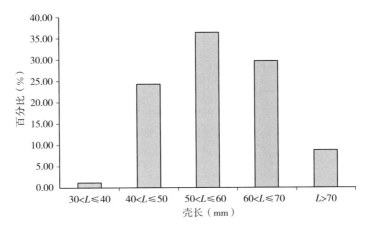

图 5-5　长江口中华绒螯蟹成蟹壳宽分布

中华绒螯蟹壳长与体重关系是：$Y = 0.0001 X^{3.379}$（图 5-6）。

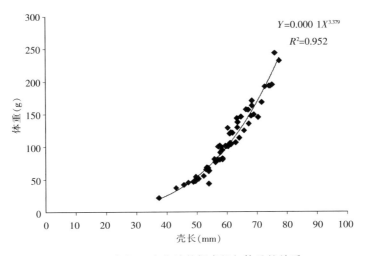

图 5-6　长江口中华绒螯蟹壳长与体重的关系

中华绒螯蟹雌蟹壳宽与体重关系是：$Y = 0.082X^2 - 4.27X + 64.61$（图 5-7）。

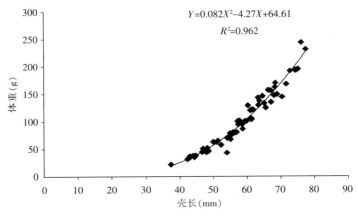

图 5-7　长江口中华绒螯蟹雌蟹壳宽和体重的关系

中华绒螯蟹雌蟹壳长与体重关系是：$Y=0.114X^2-6.601X+121.9$（图5-8）。

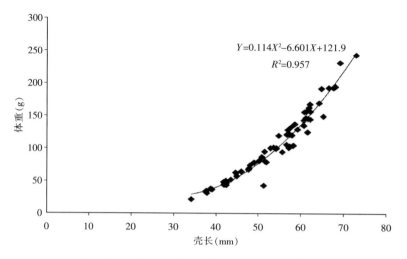

图5-8　长江口中华绒螯蟹雌蟹壳长和体重的关系

3. 成蟹资源保护策略

中华绒螯蟹冬蟹曾经是整个长江中下游的主捕种类，从20世纪70年代四省一市千艘作业船只、年捕捞量300～500 t，缩减到目前仅上海市的约40艘作业船只、年均捕捞量20 t（图5-9），因此，迫切需要对长江口亲蟹资源采取保护措施。可采取保护对策包括：

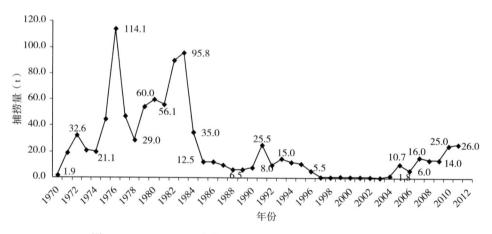

图5-9　1970—2012年长江口中华绒螯蟹捕捞量的年度变化

（1）对中华绒螯蟹亲蟹实施3～5年的禁捕，同时加强科研调查，确切掌握当前长江口生态环境下亲蟹繁殖群体的产卵时间和产卵场位置，在相应水域建立中华绒螯蟹繁育保护区，并根据其生态习性在保护区内实行禁渔区和禁渔期制度（王海华 等，2016）。

（2）加强渔政管理，严厉打击偷捕船只，规范长江口亲蟹捕捞作业，严格控制捕捞期和捕捞区，保障资源合理有序利用；对九段沙水道附近的捕捞强度应当合理控制，保证繁殖群体的数量。

（3）在亲本种质得到有效保障的前提下，加强人工增殖放流力度，可将禁渔期内在长江中游通江湖泊中放流大规格蟹种和在河口放流亲蟹、蟹苗相结合，从而迅速扩大种群数量。

（4）建立中华绒螯蟹种质评价标准，加强养殖业特别是育苗业的种质监控力度，防止种质混杂和退化。

（5）在长江口中华绒螯蟹的增殖放流中，研究其标志技术，通过标志放流，更好地掌握长江口中华绒螯蟹的洄游路线、洄游速度、产卵规模、死亡率等种群特征，尽快建立长江口中华绒螯蟹种质资源保护区。

二、蟹苗资源

1. 资源变动状况

历史上，我国各大河流入海口如珠江口、闽江口、瓯江口、长江口、海河口、辽河口等均有中华绒螯蟹蟹苗汛，汛期时间因各地地理位置而不同，总体规律是南方早于北方。长江口有捕捞生产价值的蟹苗汛期通常都在 6 月上旬的芒种到夏至前后，以芒种前后的第一个汛期苗发可能性最大、数量最多、最集中。长江以南的瓯江口、闽江口、珠江口蟹苗汛期依次比长江口提早 15～45 d，相差 1～3 个半月潮汐周期；长江以北的海河口、辽河口比长江口晚 15～30 d。目前，可以开展蟹苗捕捞生产价值的河口仅为上海市的长江口（含长江北岸、江苏北部等地）以及浙江省的瓯江口、杭州湾等地。

自从 1969 年在江苏太仓浏河闸和崇明北八滧发现中华绒螯蟹蟹苗资源后，崇明岛附近长江口水域一直是我国中华绒螯蟹最大的天然蟹苗捕捞场所（李长松 等，1997）。但由于长江水质污染、水利工程建设、酷渔滥捕等原因，长江中华绒螯蟹蟹苗资源一直处于衰退之中，期间虽偶有暴发但呈极不稳定状态。

历年统计资料表明，1970—2003 年长江口天然蟹苗资源量年间差异变动很大，呈衰退趋势（图 5 - 10）（俞连福 等，1999）。其中，1970—1981 年，长江口天然蟹苗总体资源丰富，1981 年达历史最高产量 20 052 kg，为蟹苗捕捞的黄金时代；但 1982—2003 年长江口蟹苗资源骤降，2003 年降到了仅 15 kg，完全失去了开捕天然蟹苗的商业价值，为蟹苗资源的衰退枯竭阶段。直到 2004 年中国水产科学研究院东海水产研究所首次开展中华绒螯蟹亲蟹放流后，这一趋势才得以扭转。

2004 年后，长江口每年均开展了亲蟹的增殖放流，蟹苗资源逐年恢复，重新出现了苗汛。同时，由于近年来渔民捕捞工具的改进和捕捞效率的提高，蟹苗旺发年份的捕捞量大增，2010 年蟹苗捕捞量达到 32 000 kg，2012 年也达到 21 235 kg，均高于 1981 年的历史最高产量 20 052 kg。

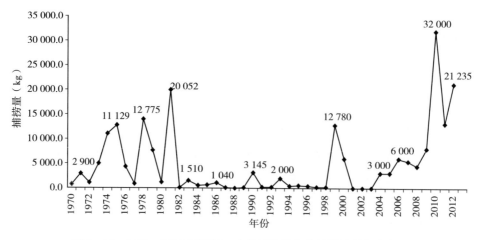

图 5 - 10　1970—2012 年长江口中华绒螯蟹蟹苗捕捞量的年度变化

2. 蟹苗生物学特征

2013 年中华绒螯蟹蟹苗资源监测表明，蟹苗见苗时间为 6 月 1 日，农历四月二十三。苗汛初期崇明北支、九段沙及佘山东部海域等 9 个监测站点均有见苗，但南北支的分布有较大差异。崇明北支蟹苗资源分布较广，121°50′E—122°23′E 共 5 个监测站点均有分散分布，且资源比例约占当天总量的 91.84%。九段沙附近的南槽和北槽水域 3 个点监测有蟹苗分布，资源比例分别为 4.08% 和 2.04%。佘山东部海域也有见苗，资源比例为 2.04%。图 5 - 11 为 2013 年长江口中华绒螯蟹苗汛初期蟹苗分布图，苗汛初期蟹苗资源比例见图 5 - 12。

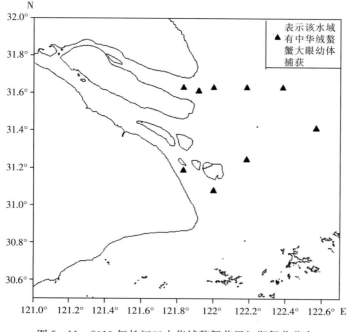

图 5 - 11　2013 年长江口中华绒螯蟹苗汛初期蟹苗分布

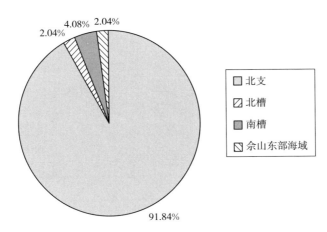

图 5 - 12　2013 年长江口苗汛初期蟹苗资源比例

　　2013 年 5 月 29—31 日长江口东旺沙、团结沙就见到部分蟹苗，但 6 月 1—2 日试捕发现资源密度低，捕捞量很少。正式捕捞从 6 月 3 日开始，东旺沙、团结沙、奚家港和三甲港当天捕捞量仅为 320 kg。之后日捕捞量呈上升趋势，东旺沙水域 4—5 日出现捕捞汛期，团结沙和三甲港 5—6 日达到峰值出现汛期。5、6 两日单日捕捞量超过 1 500 kg，两天捕捞量占汛期总捕捞量的 62.26%。7 日以后捕捞量逐渐下降，日捕捞量均在 400 kg以下。6 月 11 日日捕捞量仅为 22.5 kg，翌日 7 个监测点均无船只捕捞。北八溆水域整个汛期未见苗，故无船只捕捞。不同监测点汛期蟹苗捕捞量见表 5 - 2。

表 5 - 2　2013 年长江口不同监测点汛期蟹苗捕捞量（kg）

日期	A	B	C	D	E	F	G	合计
6 月 3 日	15	—	65	40	—	—	200	320
6 月 4 日	176	—	205	20	—	—	500	901
6 月 5 日	76	—	665	55	100	—	800	1 696
6 月 6 日	45	—	910	57	55	—	1 000	2 067
6 月 7 日	35	—	40	0	20	—	125	220
6 月 8 日	78	—	11	17			0	105
6 月 9 日	101	—	15			15	200	331
6 月 10 日	0					33	350	383
6 月 11 日	6					17	—	23

注："—"表示没有船只捕捞作业。

　　图 5 - 13 所示为各监测点捕捞量所占比例示意图。2013 年 7 个监测站蟹苗总产量中三甲港水域占 52.53%，团结沙水域产量所占比例为 31.62%，8.76% 捕于东旺沙水域。

这 3 个站点的累计占总捕捞量的 92.91%。剩余 4 个监测站点中，北八溆没有船只捕捞，捕捞比例为 0。

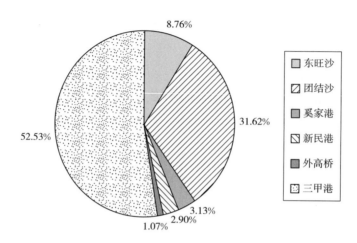

图 5-13　2013 年各监测点汛期总捕捞量比例

2013 年，长江口中华绒螯蟹苗总捕捞量为 6 027.2 kg，比 2012 年下降 71.6%。其中，北八溆未有渔船捕捞蟹苗，捕捞量为 0。东旺沙、团结沙、奚家港、新民港和外高桥蟹苗捕捞量均下降 7 成以上。相对而言，三甲港水域蟹苗捕捞量是 3175 kg（含部分捕捞自奉贤等地的蟹苗），下降仅有 3 成多一点。2012 年、2013 年两年长江口各蟹苗捕捞监测点捕捞量见图 5-14。

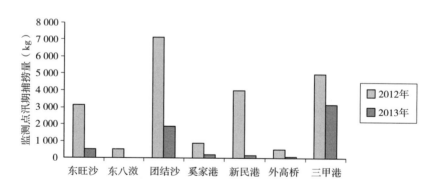

图 5-14　2012、2013 年长江口蟹苗捕捞监测点的捕捞量比较

2013 年蟹苗汛期时蟹苗资源分散。长江北支资源密度低，除东旺沙有少量渔船捕捞蟹苗外，蟹苗捕捞多集中在团结沙、三甲港附近的长江南支水域，奚家港、新民港和外高桥也有少量捕捞。如表 5-3 所示，2013 年蟹苗分布更偏向长江南支水域，南、北支蟹苗捕捞量由 2012 年的 4.8∶1 上升到了 10.4∶1，南支蟹苗捕捞量占总捕捞量的比例达到 91% 以上。

表5-3　2012、2013年长江口蟹苗捕捞数量的南北分布情况与比较

年份	捕捞量总数（kg）	北支捕捞量（kg）	南支捕捞量（kg）	南：北	南%	北%
2013	6 027.3	529.8	5 497.5	10.4：1	91.2	8.8
2012	21 235	3 670	17 565	4.8：1	82.7	17.3

2013年蟹苗汛期，与往年明显不同的是横沙、崇明附近水域各监测点如新民港、东旺沙、团结沙、奚家港附近水域蟹苗的发汛日期基本同步，未见蟹苗沿江上溯在长江口区形成明显的蟹苗汛高潮现象。各监测点蟹苗发汛时间如表5-4所示。

表5-4　长江口蟹苗发汛时间及其地点

日期	地点	汛况
2013-6-1	东旺沙、团结沙、奚家港	6月1、2日均已见苗，但资源密度低，无大规模捕捞价值
2013-6-3	东旺沙、团结沙、奚家港	6月3日开始捕捞，4、5、6日3 d捕捞量最高，为本年度苗汛高潮，8日蟹苗过奚家港
2013-6-4	新民港	6月4日见苗，5日开始捕捞，捕捞期5、6、7日3 d
2013-6-9	外高桥、吴淞口	9日苗到外高桥，10日苗到吴淞口，捕捞期为6月9、10、11日
2013-6-12	杨林港	苗到杨林港（已过浏河口）

2013年长江口中华绒螯蟹苗汛比较反常，蟹苗停留在长江口时间长。东旺沙、团结沙、奚家港、三甲港（含奉贤、南汇）6月3日开始蟹苗捕捞，6月4—6日为苗发捕捞量高峰期，一共3 d。7日因台风来临，晚潮长江口各点均没有渔船出海捕捞蟹苗。8日奚家港蟹苗"苗走浅滩"，深水处插网已无蟹苗，同时浅滩插网收获的蟹苗纯度降低，出现螃蜞苗，显示该点已经汛末，蟹苗已经沿江上溯。同时，监测到9日蟹苗已到外高桥，10日苗到吴淞口，12日苗到杨林港。此外，当年奉贤、南汇等杭州湾的蟹苗发汛日期也基本与长江口一致，蟹苗捕捞期是6月3—10日。蟹苗迁移路线模拟图见图5-15。

在调查的时间范围内，蟹苗的纯度出现了明显的波动。奚家港、东旺沙和团结沙3个监测点的纯度均呈现先上升后下降的趋势。6月1日蟹苗纯度最低，为40%～60%，3 d后逐渐升高。3个监测点4～6的纯度达到峰值，均在90%以上，6 d后逐渐下降，但趋势较缓。6月10日纯度60%～80%。蟹苗纯度的时间变化和资源量波动表现一致，即蟹汛前期纯度较低，但3～5 d汛期蟹苗纯度上升，之后纯度逐渐下降。不同站点之间比较，蟹汛前期的1～3 d，纯度为东旺沙＞团结沙＞奚家港。汛期3个监测站点纯度无显著差异。后期纯度奚家港＞团结沙＞东旺沙。推测站点之间蟹苗纯度的差异性和蟹苗迁移相

关。东旺沙水域要先于奚家港、团结沙见苗，因此同一时间点，东旺沙监测点的蟹苗纯度偏高（图 5-16）；而后期东旺沙纯度下降，推测是由于蟹汛末期，蟹苗群体已过东旺沙水域。苗汛各监测点蟹苗纯度变化见图 5-17。

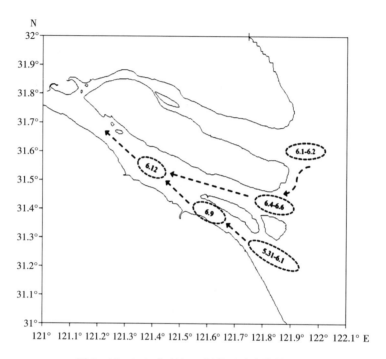

图 5-15　2013 年长江口蟹苗迁移路线模拟图

图 5-16 为蟹汛末期不同监测点野杂苗比例分布图。共鉴定出了中华绒螯蟹、天津厚蟹、三疣梭子蟹和字纹弓蟹 4 种大眼幼体。其中，中华绒螯蟹大眼幼体所占比重最大，其次为天津厚蟹和三疣梭子蟹。字纹弓蟹比重最小，仅有奚家港 1 个监测站有发现，且比例仅为 1%。5%～10% 苗种未能依据形态鉴别出属何种大眼幼体。

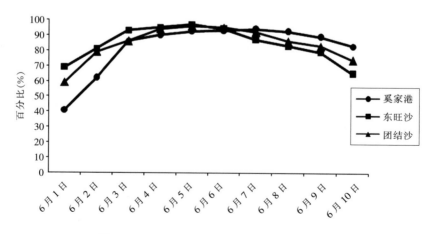

图 5-16　2013 年苗汛各监测点蟹苗纯度变化

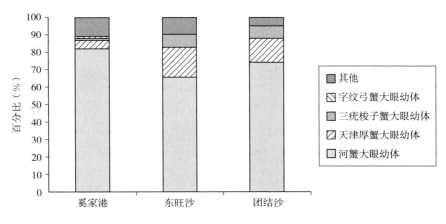

图 5-17 2013 年不同监测点蟹汛末期杂苗比例

三、资源增殖发展历程

增殖放流关乎水生生物资源的可持续发展，可以保护渔业资源、增加渔民收入、促进渔业可持续发展，为当前国内外水生生物资源养护和水域生态修复领域普遍采用。为了恢复长江中华绒螯蟹天然资源，长江沿岸省（直辖市）进行了人工放流蟹苗和亲蟹等措施。但在 2003 年以前，处于增殖放流的小规模试验阶段，中华绒螯蟹资源修复效果不明显。2004 年以后处于增殖放流的规模化实施阶段，每年放流数量与投入的资金快速增加，但相关科学研究仍然较少，在初始阶段因主客观因素的限制，基本上未开展大规模标志和效果评估，增殖放流存在许多亟须解决的问题。如对中华绒螯蟹资源衰退的主要成因认识不足，导致增殖放流工作盲目开展。放流技术研究不足，导致增殖放流成效低下和效果无法评估，增殖放流的技术问题都没开展深入研究，暴露出这一新兴事业的科技支撑不足。

近年来，中国水产科学研究院东海水产研究所等单位每年在长江口放流中华绒螯蟹亲蟹亲本 10 余万只，并取得了显著成效。研发了简单可靠的双重标志技术和自动化连续放流装置，解决了增殖放流中存在的标志技术和效果评估技术瓶颈，放流成活率显著提高，通过标志放流评估获得多项重要科学发现；率先利用国际上先进的超声波标志跟踪技术与生境适应性评估模型，解决了长江口中华绒螯蟹洄游路线、洄游速度、产卵场范围难以量化确定的问题，为科学放流和种质资源保护奠定基础；通过综合修复的技术措施，修复了长江口中华绒螯蟹天然产卵场功能，近年来蟹苗资源从濒临消亡已经恢复到年均 30～60 t 的历史最好水平，为我国开展水生生物增殖放流提供了科学借鉴和理论参考（图 5-18、图 5-19）。

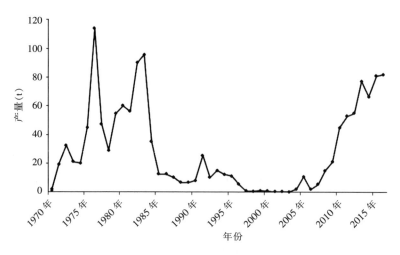

图 5-18　1970—2016 年长江口中华绒螯蟹捕捞量的年度变化

（数据来源：俞边福 等，1999；东海水产研究所项目组监测评估）

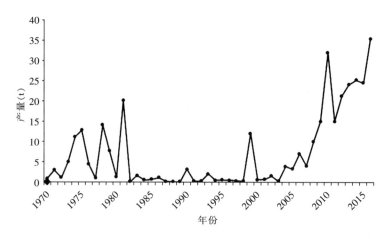

图 5-19　1970—2016 年长江口中华绒螯蟹蟹苗捕捞量的年度变化

（数据来源：俞边福 等，1999；东海水产研究所项目组监测评估）

第二节　增殖放流技术和管控措施

为了恢复长江中华绒螯蟹天然资源，长江沿岸省（直辖市）进行了人工放流蟹苗和亲蟹等措施，特别是长江口地区的亲蟹增殖放流活动，以期使天然蟹苗资源得到有效恢复。近年来，上海市每年在长江口放流中华绒螯蟹亲蟹 10 万余只。但因主客观因素的限制，基本上未开展大规模标志和效果评估。中华绒螯蟹是我国特有种类，国外学者的研究工作甚少。国内许多学者在中华绒螯蟹的养殖生物学方面做了大量的研究工作，如种质遗传差异性、人工繁殖技术、人工饲料技术、养殖模式等。然而，目前中华绒螯蟹人工增殖放流技术及其效果评估还未进行全面深入的研究，放流工作仍然存在很大的盲目性。围绕着如何科学开展长江口中华绒螯蟹亲蟹增殖放流和效果评估，如何合理有效地恢复长江口中华绒螯蟹优质丰富的渔业资源，这个问题，日益受到国家和社会的重视，成为当前亟待解决的重要科学问题。

一、研发亲蟹适宜标志技术

1. 标签与套环标志

标志放流技术是一种研究水生动物洄游和估算资源的方法，先在水生动物做上标志，然后通过重新捕获标志水生动物或者回收标志信号，根据标志放流记录、重捕记录和标志信息数据，绘制水生动物标志放流和重捕的分布图，以推测水生动物游动的方向、路线、范围和速度等。此外，根据水生动物标志放流的结果，还可估算水生动物种群数量的变动。针对中华绒螯蟹，研发出 2 项实用新型专利技术：标签与套环，以便双重标志后进行增殖放放。

外标签由黏胶层、基质层、油墨层和覆膜层组成，制作长度 1.5 cm、宽度 0.8 cm 的椭圆形标签，上面分 3 行用白色防水油墨分别印刷编号、电话和单位名称，在椭圆形标签的外沿采用紫外荧光油墨印刷一圈宽度为 1 mm 的边带（图 5 - 20）。在标志时，采用防水胶水将标志贴于中华绒螯蟹背壳较平整的区域，等胶水干后，即可将标志好的蟹进行放流。研究表明，该标签标志能保持时间 2 个月以上，保持率 90％以上，标志对蟹的存活与摄食无影响。当渔民捕获被标志蟹后，通过打电话通知，可前往捕获点回收验证。该标志优点在于多层膜结合材质较硬，撕不破，防水，防酸，防碱，黏性强，耐摩擦，抗刮，形状规格适宜，标签成本低廉，对蟹无损伤，检测方便，保持时间长，保持率高。

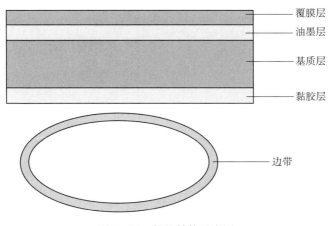

图 5 - 20　标签结构示意图

套环由自锁式尼龙扎带、信息标签和透明热缩管组成，自锁式尼龙扎带的宽度2.5 mm，信息标签粘贴在自锁式尼龙扎带靠近锁扣端的位置上，在信息标签外围套有透明热缩管将信息标签密封住（图5-21）。使用时将标志套在中华绒螯蟹螯足腕节部位拉紧，剪去多余扎带，操作非常简便。在实际使用中，采用由扎带锁扣和扎带构成的自锁式尼龙扎带、信息标签和透明热缩管，自锁式尼龙扎带的宽度2.5 mm，长度按套在中华绒螯蟹螯足腕节部位的需要选取，一般采用长度100 mm；信息标签的宽度与扎带宽度基本相同，信息标签长度15～20 mm，粘贴在自锁式尼龙扎带靠近扎带锁扣一端的位置上；透明热缩管长度略大于标签长度，透明热缩管套到粘好的信息标签外围。使用时，用加热器或酒精灯加热使透明热缩管收缩，将信息标签固定在扎带上密封，扎带环绕在螯足腕节部位拉紧，将多余的部分剪断（图5-22）。该标志的特点是结构简单，体积小，成本低廉，易于推广，防水耐磨。

图 5-21 套环结构示意图

图 5-22 中华绒螯蟹外标签与套环标志

2. 标志效果评估

通过 2011 年以来的放流试验证明，采用外标签与套环两种技术同时标志时，效果较好：每只亲蟹均有唯一的编码，价格低廉，检测方便，保持时间长，保持率 90% 以上，具有防伪功能，标志对蟹的存活与摄食无显著影响。研究发现，标签标志在亲蟹放流后 1~6 d 内保持良好，9 d 后保持率降低；套环标志保持率较好。2011 年研究表明，标签标志总体保持率为 72.22%，套环标志总体保持率为 99.54%（表 5-5）。

表 5-5　两种标志的保持率

日期（d）	标志蟹数	标签		套环	
		数量	保持率（%）	数量	保持率（%）
1~3	34	32	94.12	34	100
5	1	1	100	1	100
6	11	11	100	11	100
9	15	10	66.67	15	100
10	23	17	73.91	23	100
13	6	4	66.67	6	100
21	1	1	100	1	100
22	30	22	73.33	30	100
70	65	47	72.31	64	98.46
79	24	11	45.83	24	100
84	1	0	0	1	100
88	3	0	0	3	100
143	2	0	0	2	100
合计	216	156	72.22	215	99.54

套环标志比标签标志保持完整率高。标签标志在 5 d 内保持较完整，6 d 后完整率较低。标签标志总保持完整率为 40.38%，套环标志总保持完整率为 98.14%（表 5-6）。

表 5-6　两种标志的完好率

日期（d）	标签		套环	
	完好数	完好率（%）	完好数	完好率（%）
1~3	25	78.13	34	100
5	1	100	1	100
6	4	36.36	10	90.91
9	4	40	15	100
10	7	41.18	22	95.65
13	4	100	6	100

（续）

日期（d）	标签		套环	
	完好数	完好率（%）	完好数	完好率（%）
21	1	100	1	100
22	5	22.73	30	100
70	12	25.53	63	98.44
79	0	0	24	100
84	0	—	1	100
88	0	—	2	66.67
143	0	—	2	100
合计	63	40.38	211	98.14

二、放流亲体增殖繁育群体

长江口是中华绒螯蟹亲蟹生殖洄游的关键栖息地和产卵场，也是蟹苗的集中发生地。通常，放流亲蟹和苗种都会对自然资源的补充和恢复起到一定作用。2003 年以前，长江增殖放流中华绒螯蟹往往以苗种为主，虽然成本较低，然而从对比研究和监测结果来看，其缺点也很明显，苗种放流后进入水体中的死亡率较高，导致最终成活的亲蟹补充数量少，放流效果不佳。

从 21 世纪开始，东海水产研究所在长江下游至河口 12 000 km² 水域，构建了以 48 个固定站和 4 个流动站相结合的中华绒螯蟹资源监测网络。持续对长江中华绒螯蟹资源，以及相关的水文、理化和浮游、底栖生物等 30 余个资源环境因子进行了长期系统监测，建立长江中华绒螯蟹资源及生境监测数据库 11 个，掌握了长江中华绒螯蟹资源及生境变动规律。基于连续监测数据和历史文献资料，建立了长江中华绒螯蟹亲体与补充量关系模型和动态综合模型。模型评估表明，20 世纪 70 年代中期至 80 年代中期的高强度捕捞，平均捕捞量（65.76 t）超出资源利用平衡临界点 0.52 倍，补充型过度捕捞导致繁育群体不足，使资源种群数量减少，总体繁殖能力下降，从而造成补充量不足，是导致长江河蟹资源衰退的主要成因之一。

因此，结合增殖放流实践，提出放流亲蟹以增殖繁育群体的新思路，在长江口水域直接放流中华绒螯蟹亲蟹（图 5 - 23）。此时亲蟹性腺发育到Ⅳ期左右，已完成最后一次蜕壳，虽然放流亲蟹会增加放流成本，但因亲蟹具有较强的环境适应性，放流后能保证很高的成活率，而且可较快地抵达产卵场，抱卵繁育，成活率较高，可以通过直接增加繁育群体来提升繁殖能力（张航利等，2012）。

在长江口增殖放流中，亲蟹种质应符合 GB/T 19783—2005 的规定。雌蟹个体110 g 以上、雄蟹个体 130 g 以上。背部青绿色，腹部灰白色。十足齐全，无残肢、外伤，无畸形。体表清洁，无附生物。无寄生虫及其他疾病。体质强壮，肥满度好，活力强。雌雄比为 3∶1。质量应符合农业部 NY 5070—2001《无公害食品　水产品中渔药残留限量》的要求。亲蟹检验时，每一次检验批次随机多点抽样，抽样数量不少于100 只。亲本采用逐个计数方法。通过形态检验等，统计亲本的形态学数据、畸形个体和伤残个体，计算比例。种质检验按 GB/T 19783—2005 的规定。检验后如有不合格项，就对原检验批加倍取样进行复检，以复检结果为准。经复检，如仍有不合格项，则判定该批为不合格。

图 5-23　长江口中华绒螯蟹亲蟹标志放流

三、创建亲蟹放流技术体系

通过对比研究表明，放流亲蟹的适宜规格为：雌性 100 g 以上、雄性 150 g 以上。亲蟹放流数量主要考虑长江口水域的生态容纳量，并参考历史上亲蟹资源量与生态环境因子变动之间相关性进行确定。2004 年起，对长江口水域设置 17 个调查监测站点，对该水域理化因子、初级生产力、底栖生物、游泳动物等理化生物因子进行了每年 4 次的连续调查监测与研究分析，确定长江口水域每年放流亲蟹 10 万只以上，雌雄比 3∶1 为宜，可有效增加自然种群数量。在运输亲蟹时，雌、雄蟹分别放入干净的潮湿网袋中，使每只蟹都背部朝上、腹部向下，压实后袋口扎紧。运输过程中，应保温、保湿，防止风吹、日晒、雨淋，避免置于密闭容器内，不能叠层过多。

长江口中华绒螯蟹亲蟹增殖放流时间与地点的选择主要考虑：一是自然群体的洄游习性，包括亲蟹洄游至长江口水域的时间、洄游路径及其栖息地位置等；二是长江口水域环境条件；三是长江口中华绒螯蟹冬蟹捕捞作业时间，避免增殖放流亲蟹被大量捕捞。通常，中华绒螯蟹每年 11—12 月洄游下迁至长江口水域，沿长江口南支进入产卵场水域

（堵南山，2004）。

通过进一步对中华绒螯蟹洄游习性的研究和长江口主要捕捞作业时间和地点的调查，确定了长江水域中华绒螯蟹增殖放流时间以 12 月中下旬为宜，放流水域水温相差 24 h 内不低于 12 ℃，亲蟹养殖水温与运输期间温度及放流水域水温±2 ℃以内。放流地点宜选择在长江口南支。长江口放流水域条件是最低水位大于 3.0 m，方便船只进入放流。远离排污口及水库等进水口，水质条件较好。底质为沙质或泥沙底，敌害生物少，饵料生物丰富。放流天气以晴朗、风力较小的白天为佳，如放流水域风浪过大或 2 天以内有 5 级以上大风天气，应暂停放流。放流时需采用专用放流设备，或在顺风一侧贴近水面缓慢将中华绒螯蟹亲蟹分散投放水中。

2011 年 12 月 20 日，东海水产研究所在长江口放流中华绒螯蟹亲蟹 4 万只，其中，运用东海水产研究所发明的双标法（贴标和套环）标志 1 万只，均为长江水系原种或子一代苗种，雌蟹平均规格 100 g、雄蟹 150 g。中华绒螯蟹标志放流选择了 2 个放流点，分别为青草沙水库东南外侧水域（31°25′06″N、121°44′30″E）和宝钢码头外水域（31°26′06″N、121°29′39″E）（图 5 - 24）。放流率先启用了由中国水产科学研究院东海水产研究所与中国水产科学研究院渔业机械仪器研究所自行合作研发的专用亲蟹放流装置，这是我国首次采用专用装置实施亲蟹电动循环持续放流，发挥了科学合理、文明有序放流的示范作用（图 5 - 25）。

2012 年 12 月 25 日，课题组实施了 2012 年度长江口中华绒螯蟹标志放流，放流亲蟹 6 万只。课题组科研人员采用标签与套环专利标志，对招标采购的中华绒螯蟹亲蟹实施双重标志，每只亲蟹均有唯一的 5 位数编码。同时，派发大量有关此次标志放流的宣传画，设立有奖回收制度（图 5 - 26）。此次共标志亲蟹 10 000 只，分别在长江口宝杨码头和三甲港附近水域放流 5 000 只标志蟹。

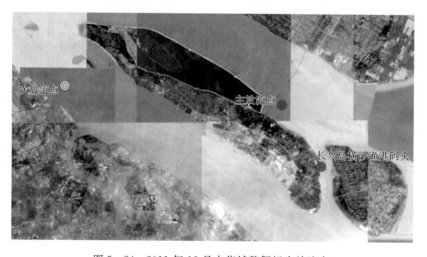

图 5 - 24　2011 年 12 月中华绒螯蟹标志放流点

图 5-25　2011 年 12 月中华绒螯蟹标志放流

图 5-26　2012 年 12 月中华绒螯蟹标志放流

四、开展亲蟹放流效果评估

2011—2014 年，增殖放流中华绒螯蟹亲蟹 40 余万只，其中，利用"贴牌＋套环"双重标志技术标志亲蟹 3.5 万只。经调查监测，共回捕标志亲蟹 2017 只（图 5-27），标志回捕率平均为 5.76%。中华绒螯蟹标志回捕率远高于国内外其他水生生物标志放流的回捕率，效果明显。主要是因为：一是与中华绒螯蟹洄游习性有关，增殖放流亲蟹迁移距离较短、且大量集中在长江口产卵场附近；二是重视标志回捕工作，发动渔民积极参与。亲蟹增殖放流后，一方面有计划地开展标志亲蟹跟踪监测和回捕；另一方面，在崇明、长兴、横沙等主要渔港码头散发和张贴有奖回收标志蟹海报，发动渔民积极参与。

图 5-27　长江口中华绒螯蟹标志亲蟹回收

基于回捕的中华绒螯蟹标志蟹，评估了放流亲蟹的洄游习性、繁殖性能以及亲蟹对长江口生境的适应性等，研究分析了长江口增殖放流的成效情况，为下一步调整增殖放流策略提供了科学依据。

五、强化资源综合管控措施

洄游习性及资源监测结果表明，长江口冬蟹汛期集中在 11 月下旬至 12 月下旬，捕捞区域主要集中在崇明横沙岛和浦东三甲港水域。基于 Schaefer 剩余产量模型对长江口中华绒螯蟹亲体资源进行了评估，确定最大持续产量为 76.7 t（图 5-28），相应捕捞努力量为捕蟹船 87 艘。由此提出捕捞总量控制、捕捞地点和时间限制的"一控二限"综合管控措施，确定长江口中华绒螯蟹亲体捕捞量控制在 77 t、禁渔区限制在三甲港水域、禁渔期限制在 12 月中上旬。

研究成果推动了农业部实行"长江河蟹专项（特许）捕捞"制度，为相关管理制度的实施及捕捞限额、禁渔区及禁渔期的动态调整提供了科学依据，实现了资源的可持续利用。资源监测评估表明，2010—2015 年资源量显著增长，年均达到 100 t 以上。

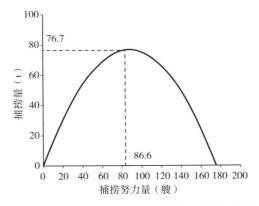

图 5-28　亲蟹平衡渔获量与捕捞努力量关系曲线

第三节　增殖群体特征和增殖成效

一、长江口放流亲蟹的洄游规律

利用标志亲蟹监测回捕和 GPS 数据，定量计算出中华绒螯蟹亲蟹在长江口水域的平均迁移速度为 3～7 km/d（表 5-7），低于其在长江中下游的迁移速度 8～10 km/d（堵南山，2004）。这可能是因为：一是在长江中下游水流较快，而河口区水流较缓慢；二是进入河口水域后，亲蟹需要时间进行生理调整适应长江口盐度等环境因子变化。另外，从监测的回捕标志亲蟹数量分布来看，亲蟹在南支主要沿长江口南支南港洄游，其中，沿南槽与北槽洄游数量比例为 7：3（图 5-29）。

表 5-7　放流标志蟹移动速度

捕获数量（只）	移动时间（d）	移动距离（km）	速度（km/d）
1	7	39.159	5.59
9	7	45.932	6.56
3	10	45.01	4.50
3	10	43.29	4.33

（续）

捕获数量（只）	移动时间（d）	移动距离（km）	速度（km/d）
9	10	44.076	4.41
22	11	44.421	4.04
1	11	48.211	4.38
3	13	38.158	2.94

图 5 - 29　中华绒螯蟹标志蟹洄游路线

二、放流亲蟹对生境的适应性

对放流后的亲蟹进行回捕，研究其对长江口生境的适应性。从表 5 - 8 至表 5 - 10 可以看出，中华绒螯蟹亲蟹增殖放流后，表现出了良好的生境适应性。通过对放流群体和自然群体血淋巴生化指标的连续对比研究发现，大部分血淋巴生化指标无显著差异（张航利　等，2013）。

表5-8　不同时间段总蛋白、白蛋白、血蓝蛋白和尿素的变化

捕捞时间	总蛋白（g/L）TP		白蛋白（g/L）ALB	
	野生蟹	回收蟹	野生蟹	回收蟹
2011.11.25，Ⅱ期	113.02±6.42a	—	7.984±1.30a	—
2011.12.24，Ⅲ期	99.41±17.38ab	—	7.703±1.35 ab	—
2011.12.29，Ⅳ期	83.83±25.05bc/A	89.68±8.04a/A	7.397±1.74ab/A	10.669±1.97a/B
2012.1.1，Ⅴ期	66.12±10.41cd/A	75.21±3.93b/A	5.566±1.03bc/A	7.001±0.2b/B
2012 1.3，Ⅵ前期	44.29±23.77 de/A	66.08±8.87b/A	4.463±1.97 c/A	5.596±0.35b/A
2012.1.5，Ⅵ后期	35.94±9.06e/A	35.05±10.82c/A	4.859±1.37c/A	3.894±0.41c/A

捕捞时间	血蓝蛋白（mmol/L）		尿素（mmol/L）UREA	
	野生蟹	回收蟹	野生蟹	回收蟹
2011.11.25，Ⅱ期	1.67±0.21a	—	1.88±0.36ab	—
2011.12.24，Ⅲ期	1.63±0.19a	—	1.72±0.16ab	—
2011.12.29，Ⅳ期	1.33±0.31a/A	1.26±0.12a/A	1.70±0.27ab/A	2.57±0.56a/B
2012.1.1，Ⅴ期	0.97±0.36b/A	1.10±0.05a/A	2.62±1.30b/A	2.11±0.33ab/A
2012 1.3，Ⅵ前期	0.99±0.11b/A	1.08±0.24a/A	2.34±1.14b/A	2.33±0.78ab/A
2012.1.5，Ⅵ后期	0.43±0.10c/A	0.61±0.17b/A	1.12±0.11a/A	1.26±0.03b/A

注：同一列数据下方小写英文字母相同，表示相互之间无显著差异（$P>0.05$）；大写字母相同，表示同一指标野生蟹与回收蟹之间无显著差异（$P>0.05$）。

表5-9　不同时间段脂类和肌酐的变化

捕捞时间	甘油三酯（mmol/L）TG		总胆固醇（mmol/L）TC		肌酐（μmol/L）CREA	
	野生蟹	回收蟹	野生蟹	回收蟹	野生蟹	回收蟹
2011.11.25，Ⅱ期	0.97±0.54a	—	0.27±0.06a	—	35.87±3.35a	—
2011.12.24，Ⅲ期	0.83±0.07ab	—	0.26±0.12ab	—	34.60±7.53a	—
2011 12.29，Ⅳ期	0.77±0.09ab/A	0.60±0.13a/A	0.21±0.03ab/A	0.17±0.02a/A	33.07±10.09a/A	36.17±0.69a/A
2012.1.1，Ⅴ期	0.47±0.11b/A	0.55±0.05a/A	0.18±0.01ab/A	0.18±0.02a/A	32.85±5.63a/A	34.81±2.39a/A
2012.1.3，Ⅵ前期	0.37±0.23c/A	0.43±0.29b/A	0.16±0.07b/A	0.13±0.03b/A	26.28±7.77b/A	28.63±2.14b/A
2012.1.5，Ⅵ后期	0.36±0.05c/A	0.37±0.04b/A	0.17±0.04ab/B	0.12±0.03b/B	20.04±5.78b/A	25.31±2.19c/A

注：同一列数据下方小写英文字母相同，表示相互之间无显著差异（$P>0.05$）；大写字母相同，表示同一指标野生蟹与回收蟹之间无显著差异（$P>0.05$）。

表 5-10　不同时间段 Ca^{2+} 和 Mg^{2+} 的变化

捕捞时间	Ca^{2+} （mmol/L）		Mg^{2+} （mmol/L）	
	野生蟹	回收蟹	野生蟹	回收蟹
2011.11.25，Ⅱ期	7.17±0.23ab	—	3.36±0.05ab	—
2011.12.24，Ⅲ期	6.98±0.32a	—	3.34±0.02a	—
2011.12.29，Ⅳ期	7.15±0.18b/A	6.99±0.37a/A	3.34±0.17a/A	3.44±0.07a/A
2012.1.1，Ⅴ期	7.23±0.19b/A	6.94±0.03a/A	3.43±0.03ab/A	3.48±0.02a/A
2012.1.3，Ⅵ前期	7.26±0.23b/A	6.92±0.41a/A	3.45±0.11ab/A	3.47±0.03a/A
2012.1.5，Ⅵ后期	7.24±0.14b/A	7.29±0.15a/A	3.48±0.01b/A	3.48±0.03a/A

从表 5-11 至表 5-14 可以看出，亲蟹在放流后 6 d 内出现免疫力下降、代谢增强等反应，放流 22 d 后亲蟹各项指标逐步恢复，并在 70 d 后接近或达到放流前水平（曹侦等，2013）。

表 5-11　放流后不同时间中华绒螯蟹肝胰腺中抗氧化酶和磷酸酶的活性

时间（d）	每毫克蛋白超氧化物歧化酶（U）	每毫克蛋白过氧化氢酶（U）	每克蛋白酸性磷酸酶（U）
0	16.29±6.90ad	0.17±0.08a	77.36±26.50ab
6	10.95±2.91ab	0.15±0.10a	98.10±9.81a
9	5.36±1.43b	0.11±0.03a	93.46±11.66ab
13	6.53±4.53ab	0.15±0.08a	42.89±6.44c
22	11.97±5.16abc	0.19±0.08a	74.22±30.74abc
70	22.26±9.98cd	0.19±0.06a	78.46±12.50ab
79	25.54±7.36d	0.20±0.09a	62.93±21.17bc

注：同一列中无相同字母上标的数值之间差异显著（$P<0.05$）。

表 5-12　放流后不同时间中华绒螯蟹血清中磷酸酶和转氨酶的活性

时间（d）	碱性磷酸酶（U/L）	谷丙转氨酶（U/L）	谷草转氨酶（U/L）
0	5.90±3.09a	479.48±149.90a	645.24±100.89a
6	7.32±4.32ab	860.73±180.63b	1 322.23±151.26bc
9	15.55±2.97b	1 030.80±59.14b	1 400.79±77.43b
13	11.08±3.01ab	593.76±222.47ac	1 010.19±39.70d
22	9.03±6.95ab	499.41±161.10ac	953.01±160.10de
70	9.02±2.94ab	639.32±247.59c	1 086±268.91cd
79	5.37±4.04a	431.16±145.48a	759.07±67.97ae

注：同一列中无相同字母上标的数值之间差异显著（$P<0.05$）。

表 5-13　放流后不同时间中华绒螯蟹血清中蛋白质及代谢产物的含量

时间（d）	总蛋白（g/L）	白蛋白（g/L）	血蓝蛋白（mmol/L）	胆固醇（mmol/L）	甘油三酯（mmol/L）
0	82.61±8.85[a]	6.27±0.93[a]	0.68±0.09[a]	0.67±0.11[a]	0.19±0.03[a]
6	85.13±16.56[a]	6.82±1.72[a]	0.57±0.15[bc]	0.87±0.19[b]	0.15±0.03[b]
9	82.53±5.37[ac]	6.64±0.91[a]	0.66±0.07[ab]	0.73±0.11[ab]	0.13±0.04[bc]
13	77.37±14.08[ac]	9.44±1.64[b]	0.53±0.09[bc]	0.62±0.15[ac]	0.19±0.02[a]
22	72.18±10.64[c]	6.73±0.93[a]	0.53±0.11[bc]	0.64±0.11[ac]	0.18±0.04[a]
70	61.64±13.98[d]	5.48±0.86[c]	0.50±0.10[c]	0.55±0.17[c]	0.11±0.03[c]
79	59.57±11.74[d]	5.09±0.70[c]	0.53±0.13[c]	0.54±0.14[c]	0.11±0.03[c]

注：同一列中无相同字母上标的数值之间差异显著（$P<0.05$）。

表 5-14　放流后不同时间中华绒螯蟹血清中脂类和离子的含量

时间（d）	肌酐（μmol/L）	钙（mmol/L）	镁（mmol/L）	磷（mmol/L）
0	29.89±1.91[ac]	6.48±0.20[a]	3.43±0.05[a]	0.39±0.08[a]
6	35.93±7.69[abc]	7.11±0.17[b]	3.46±0.02[bc]	0.60±0.26[bc]
9	33.56±2.07[ab]	6.98±0.42[bc]	3.44±0.04[ab]	0.67±0.11[b]
13	35.92±1.3[b]	7.04±0.19[bc]	3.48±0.03[bc]	0.43±0.12[ac]
22	31.01±4.69[abc]	6.90±0.27[bc]	3.48±0.03[bc]	0.60±0.18[bc]
70	29.34±4.31[ac]	7.00±0.37[bc]	3.48±0.04[c]	0.87±0.20[d]
79	26.82±3.05[c]	6.80±0.32[c]	3.47±0.02[bc]	0.90±0.21[d]

注：同一列中无相同字母上标的数值之间差异显著（$P<0.05$）。

从表 5-15 至表 5-17 可以看出，在亲蟹性腺发育的不同时期，放流群体和自然群体的性腺指数均在 V 期显著升高，而肝胰腺指数无显著变化；放流群体性腺总脂含量在第 VI_1 期显著下降，自然群体在第 VI_2 期显著升高，其他时期变化均不显著；放流群体和自然群体的肝胰腺总脂含量随着性腺的发育逐渐减小，第 VI_2 期显著低于第 IV 期。在亲蟹性腺发育的同一时期，放流群体性腺和肝胰腺的蛋白水平显著小于自然群体，两个群体的性腺指数、肝胰腺指数、水分含量、总脂含量等指标无显著性差异。因此，可以在放流前对亲蟹进行营养强化，提高其机体蛋白含量，这有助于提升增殖放流效果（冯广朋等，2015）。

表 5-15 中华绒螯蟹不同发育时期性腺指数和肝胰腺指数的变化

指数	群体	性腺发育期			
		IV	V	VI₁	VI₂
GSI（%）	自然群体	7.05±1.83ᵃᴬ	11.87±3.01ᵇᴬ	0.62±3.26ᶜᴬ	1.22±2.10ᶜᴬ
	放流群体	8.03±2.43ᵃᴬ	12.05±5.80ᵇᴬ	0.59±2.35ᶜᴬ	1.02±4.70ᶜᴬ
HIS（%）	自然群体	5.85±5.80ᵃᴬ	5.07±4.36ᵃᴬ	4.74±2.28ᵃᴬ	5.17±1.33ᵃᴬ
	放流群体	6.20±2.35ᵃᴬ	5.30±1.27ᵃᴬ	4.74±5.32ᵃᴬ	5.02±5.21ᵃᴬ

注：同一行数据上方小写英文字母相同，表示不同发育时期之间无显著差异（$P>0.05$）；同一列大写字母相同，表示同一发育时期放流群体与自然群体之间无显著差异（$P>0.05$）。

表 5-16 中华绒螯蟹放流群体和自然群体性腺水分、总脂和总蛋白含量的变化

指标	群体	性腺发育期			
		IV	V	VI₁	VI₂
水分含量（%）	自然群体	42.87±2.13ᵃᴬ	47.15±2.19ᵇᴬ	59.79±1.27ᶜᴬ	54.35±2.16ᵈᴬ
	放流群体	43.57±2.17ᵃᴬ	45.33±2.10ᵃᴬ	54.35±1.83ᵇᴬ	49.88±2.71ᶜᴬ
总脂含量（%）	自然群体	20.40±5.18ᵃᴬ	21.16±7.31ᵃᴬ	15.97±5.31ᵇᴬ	18.10±1.25ᶜᴬ
	放流群体	21.10±5.02ᵃᴬ	20.01±2.18ᵃᴬ	16.71±2.83ᵇᴬ	15.84±2.38ᵇᴬ
总蛋白含量（%）	自然群体	55.52±0.21ᵃᴬ	59.78±0.38ᵇᴬ	50.19±2.37ᶜᴬ	46.81±1.28ᵈᴬ
	放流群体	50.52±2.01ᵃᴬ	59.35±2.87ᵇᴬ	45.32±3.51ᶜᴮ	43.56±3.18ᶜᴮ

注：同一行数据上方小写英文字母相同，表示不同发育时期之间无显著差异（$P>0.05$）；同一列大写字母相同，表示同一发育时期放流群体与自然群体之间无显著差异（$P>0.05$）。

表 5-17 中华绒螯蟹放流群体和自然群体肝胰腺水分、总脂和总蛋白含量的变化

指标	群体	性腺发育期			
		IV	V	VI₁	VI₂
水分含量（%）	自然群体	50.23±2.15ᵃᴬ	51.35±1.27ᵃᴬ	50.87±5.23ᵃᴬ	50.90±3.28ᵃᴬ
	放流群体	51.23±4.20ᵃᴬ	51.02±5.11ᵃᴬ	52.57±1.30ᵃᴬ	50.35±1.13ᵃᴬ
总脂含量（%）	自然群体	55.13±3.76ᵃᴬ	52.85±2.55ᵃᵇᴬ	50.03±3.10ᵃᵇᴬ	46.94±2.96ᵇᴬ
	放流群体	55.07±3.36ᵃᴬ	50.21±2.28ᵃᵇᴬ	48.02±2.30ᵃᵇᴬ	43.88±3.19ᵇᴬ
总蛋白含量（%）	自然群体	31.84±2.05ᵃᴬ	32.58±3.08ᵃᴬ	30.50±0.50ᵃᴬ	30.98±1.31ᵃᴬ
	放流群体	28.51±2.31ᵃᴮ	28.13±1.06ᵃᴮ	25.18±2.13ᵃᴮ	26.56±5.32ᵃᴮ

注：同一行数据上方小写英文字母相同，表示不同发育时期之间无显著差异（$P>0.05$）；同一列大写字母相同，表示同一发育时期放流群体与自然群体之间无显著差异（$P>0.05$）。

三、放流亲蟹的繁殖性能评估

在长江口中华绒螯蟹亲蟹生殖洄游期间，通过定期采样研究了中华绒螯蟹放流群体和自然群体繁殖力随壳宽的变化规律，比较了放流群体和自然群体繁殖力的差异，从而评估人工增殖放流亲蟹的繁殖力。结果显示，随着壳宽的增大，中华绒螯蟹放流群体和自然群体的繁殖力都显著增加（表 5-18）。在相同壳宽范围内，放流群体和自然群体的繁殖力之间没有显著差异（表 5-19）。回归分析显示，放流群体繁殖力（F）与壳宽（CW）呈幂函数关系：$F=3.979CW^{6.208}$（图 5-30）。中华绒螯蟹自然群体繁殖力与壳宽呈幂函数关系：$F=1.696CW^{6.636}$（图 5-31）。协方差分析显示，放流群体与自然群体 F 与 CW 的两条曲线在显著性为 0.05 时拟合较好（表 5-20，图 5-32）。因此，放流群体与自然群体的繁殖力与壳宽之间无显著性差异，推断放流亲蟹能够适应长江口天然水域环境，并与自然群体的繁殖力水平相当。

表 5-18　中华绒螯蟹放流群体与自然群体繁殖力的比较

壳宽范围（cm）	壳宽（cm）		个体绝对繁殖力（怀卵量）（粒）	
	放流群体	自然群体	放流群体	自然群体
4.6～5.4	5.04±0.27ᵃ	5.20±0.20ᵃ	88 603.19±33 890.24ᵃᴬ	113 334.85±83 829.16ᵃᴬ
5.5～6.0	5.77±0.14ᵇ	5.72±0.20ᵇ	201 573.86±71 188.77ᵇᴬ	200 277.21±86 058.33ᵃᴬ
6.1～6.5	6.32±0.16ᶜ	6.30±0.15ᶜ	371 930.18±72 868.43ᶜᴬ	386 381.42±131 586.73ᵇᴬ
6.6～7.3		6.88±0.32ᵈ		605 541.56±330 162.25ᶜ

注：同一列数据右上方小写英文字母不同，表示相互之间差异显著（$P<0.05$）；大写字母相同，表示同一范围自然群体与放流群体之间无显著差异（$P>0.05$）。

表 5-19　中华绒螯蟹形态学参数及繁殖力

群体	样本量	壳宽（cm）	体重（g）	个体绝对繁殖力	个体相对繁殖力
放流群体	47	5.59±0.57	80.96±25.32	206 507.73±10,615.75ᵇ	2 344.59±953.57ᵃ
自然群体	85	5.85±0.56	91.60±31.89	263 994.56±23 676.71ᵃ	2 665.66±1 422.24ᵃ

注：同一列数据右上方小写英文字母不同，表示相互之间差异显著（$P<0.05$）。

表 5-20　中华绒螯蟹放流群体与自然群体 F 与 CW 方程拟合优度检验与回归显著性检验

拟合优度检验	$F_1=0.029$	$F_{0.05}=161^*$	$F_{0.01}=4052^{**}$
回归显著性检验	$F_2=60.938$	$F_{0.05}=18.51^*$	$F_{0.01}=98.49$

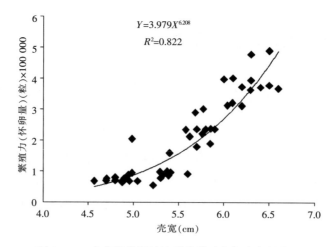

图 5-30　中华绒螯蟹放流群体繁殖力与壳宽的关系

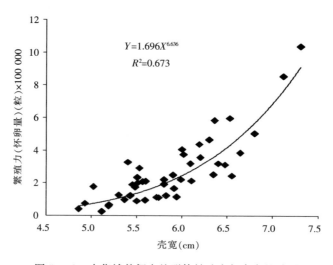

图 5-31　中华绒螯蟹自然群体繁殖力与壳宽的关系

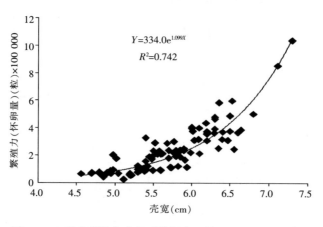

图 5-32　放流群体与自然群体拟合后繁殖力与壳宽的关系

四、长江口产卵场及其生境适宜性

采用栖息地适合度模型法研究长江口中华绒螯蟹抱卵蟹空间分布和水文环境因子的相关性，结果表明，抱卵蟹主要栖息在盐度 9～15、水体流速 1.3～1.5 m/s、水深 3～6 m、透明度 10～23 cm 水域，平均适合度均达 0.6 以上（图 5 - 33）。

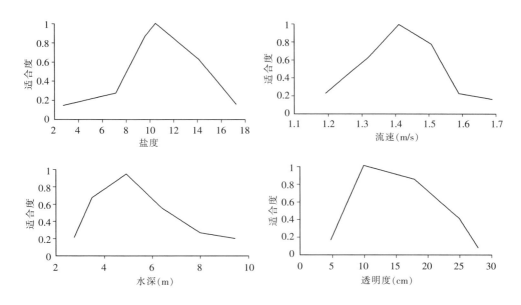

图 5 - 33　中华绒螯蟹抱卵蟹对盐度、流速、水深和透明度的适合度

栖息地适宜度指数（habitat suitability index，HSI）分布显示，长江口 23 个调查站点中，南支北港和九段沙水域 Z6、Z7、Z11、Z22、Z23 的 HSI 较高，均在 0.5 以上。其中，Z6 的 HSI 最大，为 0.6692。初步推测抱卵蟹主要适宜分布范围是横沙以东 20 n mile 及九段沙下游 5 n mile 海域，中华绒螯蟹的繁殖场范围为 121°58′—122°12′E、31°05′—31°22′N（图 5 - 34）。与历史资料相比，中华绒螯蟹繁殖场水域面积有所较少，同时位置有所偏移，向长江口内缩进约 5.14 n mile（蒋金鹏 等，2014）。长江口中华绒螯蟹产卵场范围的划定与环境因子需求的研究，为进一步开展中华绒螯蟹资源变动规律与恢复技术研究和自然保护区的建立奠定了基础。

适宜度指数显示，中华绒螯蟹主要适合分布于 Z6、Z7、Z11、Z22、Z23 站点的南支北港和九段沙水域。该水域盐度为 10 左右，王洪全等（1996）得出，中华绒螯蟹胚胎发育的最适盐度范围为 10～16，此盐度范围内中华绒螯蟹胚胎的离体孵化率无显著差异。水体流速对中华绒螯蟹能量代谢有一定影响，为减少能量消耗，抱卵蟹选择栖息在低流速的浅水区域。水深达 3 m 左右，这与张列士等（1988）调查得出，春季亲蟹在完成交配繁殖后陆续集中在 1～4 m 浅水区域一致。该水域水质较为混浊，透明度小。

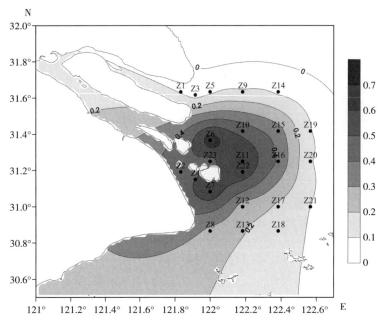

图 5 - 34　长江口中华绒螯蟹抱卵蟹栖息地适宜度指数的平面分布

五、长江口中华绒螯蟹资源恢复

近年来，对长江口水域中华绒螯蟹亲蟹捕捞量进行了连续调查监测和统计，结合标志放流与回捕数据，利用林可指数法计算出长江口中华绒螯蟹亲蟹的资源量在 140～160 t 波动，且呈现出逐年递增的趋势。1997—1999 年和 2000—2004 年，长江口中华绒螯蟹平均资源量仅为 3.5 t 和 30 t（俞连福 等，1999）。相比较而言，近几年，长江口中华绒螯蟹亲蟹资源量有了显著提升。从长江口蟹苗的发生量来看，与亲蟹资源量存在着正相关关系。1981 年，长江口中华绒螯蟹蟹苗最高产量达 20 t，随后产量直线下降，至 20 世纪初长江口蟹苗一度枯竭，年产量在 500 kg 以下，基本形不成产量。据调查监测显示，2011—2016 年，长江口中华绒螯蟹蟹苗产量在 15～35 t，估算其资源量在 30～70 t。从对比数量可以看出，近年来长江口中华绒螯蟹亲蟹与蟹苗资源量均具有显著提升，基本恢复到历史的最好水平，这与 2004 年以来长江口水域实施的中华绒螯蟹亲蟹增殖放流具有直接关系（图 5 - 35）。可见，中华绒螯蟹亲蟹增殖放流对于种群恢复具有十分重要的作用，且效果极为显著。

图 5 - 35　中华绒螯蟹蟹苗

第四节　增殖放流经验与启示

一、注重放流亲本

放流中华绒螯蟹苗种，虽然成本较低，然而从监测结果来看，死亡率较高，往往导致放流效果不佳。在深入研究中华绒螯蟹生殖洄游习性的基础上，结合增殖放流实践，长江口水域放流中华绒螯蟹亲蟹（图 5 - 36），此时亲蟹性腺发育到 IV 期左右，已完成最后一次蜕壳，具有较强的环境适应性（冯广朋 等，2013），放流后能保证很高的成活率，而且可较快地抵达产卵场，抱卵繁育。

图 5 - 36　中华绒螯蟹亲本

二、研发适宜标志

适宜的标志技术是困扰增殖放流效果评价的主要难题之一。目前，应用于海洋生物的标志方法主要有实物标志、分子标志和生物体标志三大类型，其中，实物标志种类相对较多,且操作方法也相对简便。实物标志是早期增殖放流实践中使用最多的标记手段,传统上多采用体表标志,如挂牌、切鳍、注色法等。近年来,随着现代科学技术的进步,体内标志技术及其他高新标志技术也得到很快的发展,如编码微型金属标、被动整合雷达标、内藏可视标、生物遥测标、卫星跟踪标等,也已广泛应用于海洋生物洄游习性和种群判别研究,而且这些标志技术仍在不断改进和完善。东海水产研究所项目组查阅了大量资料,自主研发了适合中华绒螯蟹成蟹的适宜标志(图5-37),从而保证了效果评估的顺利开展,获取大量的一手数据(冯广朋 等,2016)。

图 5-37　回收的双重标志中华绒螯蟹亲本

三、坚持系统研究

针对长江口中华绒螯蟹增殖放流中存在着诸多科学技术问题开展了深入研究:一是深入系统开展长江口水域生态环境因子调查与监测,加强环境容纳量动态研究与评估;二是优化当前增殖放流技术和装置,尤其是对放流亲蟹的行为特征、生理生态和环境适应性等基础研究(Wang et al,2012;Wang et al,2013),提高质量管理(图5-38);三

图 5-38　中华绒螯蟹亲本放流

是开展放流效果跟踪评估技术研究，建立科学量化评估体系；四是加强长江口中华绒螯蟹产卵场与环境因子需求的调查研究（冯广朋 等，2012）；五是加强种质资源挖掘和综合利用（Huang et al，2013；Huang et al，2016；Wang，2016）。

四、注重后期管控

科学管理是切实恢复中华绒螯蟹资源的重要保障，因此中华绒螯蟹洄游路径各江段渔业管理与研究部门需要实行联动机制，根据中华绒螯蟹洄游习性与发育特征，分别制订增殖放流与资源保护计划，控制捕捞压力。加强渔政管理，严厉打击偷捕船只，规范长江口亲蟹捕捞作业，严格控制捕捞期和捕捞区，保障资源合理有序利用（图5-39）；对九段沙上下水道附近的捕捞强度合理控制，保证繁殖群体的数量。需要建立中华绒螯蟹种质评价标准，加强养殖业特别是育苗业的种质监控力度，防止种质混杂和退化。在亲本种质得到有效保障的前提下，加强河口放流亲蟹力度，可在禁渔期内迅速扩大种群数量。建立"政府＋企业＋研究所"的联动机制，为企业参与长江增殖放流和生态修复树立了样板。

图5-39　中华绒螯蟹资源捕捞管理

五、加强宣传工作

近年来，开展的长江口中华绒螯蟹资源恢复技术研究与示范，起到良好的效果，促进了自然种群的恢复，亲蟹与蟹苗资源量大幅提升，已达到了历史最好水平。相关工作引起了政府和社会的高度关注，《解放日报》《文汇报》《新闻晚报》《上海科技报》和东方卫视等媒体，对此科研活动进行了详细跟踪报道（图5-40），为国内水生生物增殖放流工作提供了典范。而且项目组在长江口各个码头和众多渔船上分发标志放流宣传单，开展标志有奖回收，使渔民充分掌握亲蟹标志识别能力和信息上报途径。这些工作增加了标志放流的影响力，使相关项目得以成功实施。

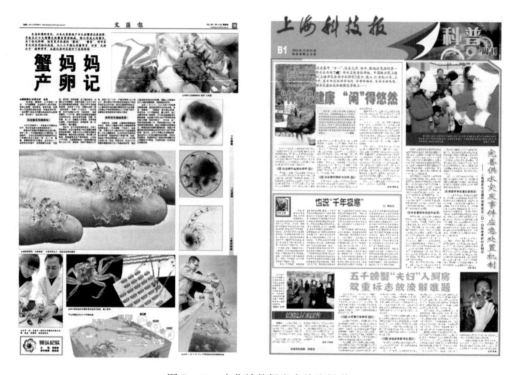

图 5 - 40　中华绒螯蟹亲本放流报道

第六章
长江口水生动物栖息生境替代修复

长江口渔业生物资源极其丰富，这主要得益于广袤的滩涂湿地为水生生物提供了生存必需的栖息生境条件。然而，近年来长江口大规模滩涂围垦、工程建设等，致使水生动物产卵场、索饵场等关键栖息地遭到破坏，渔业资源渐趋枯竭，亟待开展长江口水生动物关键栖息地恢复和重建工作。人工漂浮湿地作为一种人工湿地，主要用于一些植被无法生长的水域和需要人工修复的地方。建立"水面植物浮床＋水下产卵场"相结合的立体式漂浮湿地，可为水生动物栖息、摄食等提供遮蔽和藏匿场所。同时，水生植物一方面可以吸收水体中氮磷等富营养物质，另一方面，植物根系可以为鱼卵、浮游动物及附着饵料生物提供附着基质；水下产卵场通过吊养沉水植物和悬挂附着基质，构建饵料生物附着、鱼类产卵和仔稚鱼索饵等栖息场所，营造一个适宜水生动物繁殖发育和索饵肥育的生境，起到受损水域生态修复的目的。

第一节　长江口水域生境变动和修复

长江口及邻近区域工农业的迅速发展，滩涂围垦、环境污染、水工建设、过度捕捞等因素综合影响的不断加剧，导致长江河口生态环境日趋恶化，生态系统功能全面衰退，迫切需要对长江口生态环境进行全面修复，采取多种技术措施恢复和重建长江河口水域生态系统，从而减缓水域环境质量的下降趋势，发挥出长江口应有的经济、社会和生态效益（陈吉余和陈沈良，2003）。

一、长江口生境退化状况

长江口水域渔产潜力巨大，是我国最著名的河口渔场，也是许多珍稀水生动物及重要渔业养殖种类的产卵场、育幼场、索饵场和洄游通道，形成了长江口渔场的凤鲚、刀鲚、前颌间银鱼、白虾、冬蟹等五大渔汛。长江口独特的生态环境条件造就了河口丰富的渔业资源，中华绒螯蟹、日本鳗鲡等优良种质资源对我国淡水养殖业的可持续发展发挥着重要的支撑作用，其产业发展中最重要的养殖苗种来自长江口地区。

然而，近几十年来急剧增加的人类活动对长江口水生生物资源及其栖息地造成巨大危害，导致长江口生态系统功能退化，渔业资源服务功能全面衰退，呈现出"水域荒漠化"现象。主要表现为：①水体生态环境质量急剧降低，水体污染严重，水域富营养化严重，有机物浓度严重超标，赤潮、水华等频繁暴发，范围扩大，造成大量鱼、虾、蟹等水产动物的死亡；②渔业资源衰退，主要经济鱼类产卵场遭到破坏，传统渔场衰退，鱼、虾、蟹的洄游路线受阻，生物种群结构改变，生态平衡失调，捕捞强度大大超过渔业资源的良性再生能力，导致渔业资源衰竭，低龄化、小型化、低值化明显，生物可再生潜力下降；③水域生物多样性下降，鱼类多样性呈明显下降趋势，濒危水生动物逐年增多，濒危程度加剧，一些重要的珍稀、濒危水生野生动物物种已濒临灭绝；④水域生态系统结构破碎，渔业服务功能严重退化，初级生产力遭受严重破坏，导致上层营养级中植食性水生动物失去了重要的营养来源。

二、长江口生境修复进展

开展长江口环境修复，是维护河口生态系统功能、实现渔业经济与社会可持续发展的迫切需求。《国家中长期科学和技术发展规划纲要》（2006—2020 年）环境重点领域指出："改善生态与环境是事关经济社会可持续发展和人民生活质量提高的重大问题。我国环境污染严重；生态系统退化加剧；污染物无害化处理能力低。在要求整体环境状况有所好转的前提下实现经济的持续快速增长，对环境科技创新提出重大战略需求。"可见，水域生态环境问题已经成为社会的一个共性问题，也是关乎国计民生的关键性问题。2006 年，国务院发布《中国水生生物资源养护行动纲要》为渔业科技和产业发展提供了重要政策依据，明确提出要加大渔业科研投入，加强渔业设施建设，整合科研资源，发挥学科间的互补优势，对水生生态环境修复与渔业资源养护的瓶颈制约问题进行全方位攻关，将成果进行大范围应用、推广与示范。农业农村部《中长期渔业科技发展规划（2006—2020 年)》在水生生物资源养护领域，明确了中长期的科技攻关方向。重点开展代表性水域生态环境与渔业资源的调查、监测、评估技术开发，构建水域生态环境的诊断与修复技术平台；积极研发渔业资源增殖的新技术和新模式，加强渔业资源早期预警监测和合理利用技术研究。

鉴于近年来长江河口生态系统的全面衰退，已对生物资源的可持续发展利用及人类健康等带来很大的负面影响，阻碍国民经济的健康发展，目前许多学者在长江口开展了一些相关的研究。1999 年，在上海浦东国际机场建设过程中率先实施了长江口九段沙湿地的"种青引鸟"生态修复工程，开辟了长江河口区生态修复工程的先河。底栖生物是水生生态系统中重要组成部分，在水生生态系统中占有十分重要的地位，是长江河口区内许多水生动物的优质饵料，在河口生产力及水体食物网中发挥着重要作用。然而近年来，长江河口区底栖生物这一生态类型在河口环境发生了巨大变化：生物量急剧降低，物种大量减少，这也成为河口生态系统衰退的重要标志之一。为了修复长江口的生态环境和渔业资源，由长江口航道建设有限公司资助和委托，中国水产科学研究院东海水产研究所承担的"长江口底栖生物放流"项目，在长江口持续进行了底栖生物的放流。投放褶牡蛎 22 万多个，菲律宾蛤苗种 1 500 kg。其中，投放水泥柱 1 119 条，每条水泥柱附着褶牡蛎 200～300 个；投放菲律宾蛤沙粒苗 50 袋，共 1 500 kg；还随同投放了藻类

（紫菜、浒苔），腔肠动物（海葵），多毛类（沙蚕），软体动物（贻贝、梭蛤、红螺、蜓螺等），甲壳类等以及多种鱼类。

三、渔业水域生境修复技术研究

在国外，随着各国国民经济发展，各相关生态系统均受到不同程度的破坏，对生态系统的压力增大，对生物物种和人类健康造成威胁。为保护生态系统和保障人类健康，自 20 世纪 90 年代起，各国普遍重视修复生态学（restoration ecology）。修复生态学具有强烈的保护和修复生态的崭新理念，并具应用生态学背景和学科综合性，它不仅保持着传统生态学和现代生态学的特点，而且与环境科学、水文学、海洋学、气象学、渔业科学、工程学、经济学、管理学及社会学等保持着非常广泛的学科交叉。1992 年，美国国家研究理事委员会主编出版了《水生生态系统的恢复——科学、技术和公共政策》一书，著名生态学家 John Cairns（水生生态系统恢复委员会主席）认为水生生态系统的恢复生态学是新生的学科。该书得到美国地学、环境、资源全国研究理事委员会水科技圆桌会议的认可。正像该书副标题那样，水生生态系统恢复包含科学、技术和公共政策三部分。该书综述了全美国受到危害的水资源（包括湖泊、江河、溪流和湿地）的恢复状况，概述了水生生态系统恢复的全国性对策，其建议既包括项目的理想范围和尺度，又包括所需要的政府行为。该书介绍了美国水生生态系统恢复的主要案例特征，阐明了在恢复中使用的重要概念、关键技术，成功恢复所需的一般条件，以及恢复的规划和评价等。毫无疑问，该书所提供的生态学基础知识和先进技术，将有助于更好地开展综合性生态恢复研究。同年，美国国家研究委员会出版了《水生生态系统修复的科学技术和方针策略》一书，从而进一步详尽阐明了美国的水生生态系统修复科学技术和策略。两本书的出版问世，对我国水生生态系统的恢复，特别是对长江口水生生态系统的修复提供了理论基础并输入新的理念，也为环境保护政策的制定提供了参考和帮助。

越来越多的科学家通过监测水生生物的栖息地，以掌握水生生物的分布及相关丰度。然而，由于自然栖息地的空间和相关时空变化，使用传统的数据分析方法往往很难。随着遥感技术和地理信息系统（GIS）等新技术的发展，形成了水生生物栖息地监测的综合方法。遥感技术具有感测范围广、信息量大、实时、同步等特点，可以方便地获取所需区域尺度的时空信息资料，大大提高监测研究中的数据获取能力，可以有效克服地面调查中可能遇到的各种限制。利用遥感信息可以推理获得影响水域理化和生物过程的一些参数，如水表温度、叶绿素浓度、初级生产力水平的变化等，通过对这些环境因素的分析，可以实时、快速地推测、判断和预测水生生物栖息地环境情况。另一方面，应用 GIS能对水生生物栖息地的状况进行评估，因为 GIS 叠加功能不仅使得评估过程直观，而且为进一步分析奠定基础。GIS 结合不同的数据类型，建立加入空间变量的新模型，为帮助解决空间数据内部分析问题提供了一个有效工具。这些新模型应用范围广、可适性强，它们可以应用至多种类型的水域及物理环境。例如，利用多种空间数据、航天卫星图像、水底观测和专家判断可以生成一张综合的近岸自然岩礁生境图。然后，该图可被用于估测物种的丰富度，以及评价其生产潜力。许多学者开展了相关研究应用，如通过 GIS 分析水深、温度以及时间等参数与鲸分布的相关性，获得了加拿大东部海岸鲸的分布和丰富度图，为更好地保护鲸提供科学依据；利用 GIS、主成分分析和聚类分析的方法，根据海域鳕长期捕获数据、捕捞深度以及海洋表面温度的平均数据，对苏格兰水域鳕丰富度的季节格局进行了分析；根据 1998—2003 年每年两次的调查数据，利用统计学和空间指数，描述了章鱼生活史不同阶段的栖息地空间格局。李小恕等（2005）利用 GIS 技术，对导致东黄海主要水生生物的种群变化的主要栖息地环境影响因子进行了分析。赵明辉等（2010）利用 GIS 空间局部插值法构建景观分析模型，对南海北部浮游动物景观格局及其与栖息地环境因子进行了分析。长江口的多数水生物种在整个生活史会进行空间位移，在不同空间尺度上呈现出典型的不同特点，不同时期中生活在不同的、多样的栖息地类型中，同样其所遭受的捕食者威胁和其生活的环境条件都存在空间异质性。因此，时间和空间上更加精确、量化的物种丰富度能在各个尺度上与相关管理过程相匹配。另外，长江口独特的环境特点，例如水体透明度低、含沙量大，受潮汐、风浪等影响大，导致水温、水深、底质、流速、含沙量等栖息地环境因子的监测也面临挑战。

"漂浮湿地"也称为人工浮岛（artificial floating island）、生物浮床（floating raft）等，主要是利用漂浮材料为载体，填充基质后将高等水生植物或陆生植物栽植其中，为鱼类提供遮蔽物和产卵附着基质，产卵基质和植物根系也可形成生物群落为幼鱼索饵提供饵料生物，同时利用系统中的植物、基质及相关微生物的三重协同作用实现污水的净化。因此，"漂浮湿地"对于鱼类种群结构的稳定和生物多样性的提高具有十分重要的支撑作用，能为鱼类提供繁殖和仔、稚、幼鱼索饵肥育所必需的理化和生物条件，尤其是产黏性卵的鱼类，受精卵可以有效地黏附在植物根系中进行附着和孵化。另外，"漂浮湿地"还可以净化水体、美化景观，已成为当前研究的热点。

1920 年，日本科学家建立了第一个以鱼类人工产卵场为目的的"漂浮湿地"，此后，各国陆续开展了"漂浮湿地"的设计构建及功能研究，但是主要目的集中于净化水体、改善水质和美化环境等方面。目前，水体富营养化已成为备受研究者们重视的全球性水环境问题。而国内外多数研究认为，恢复或重建水生植被，是控制水体富营养化发展的必要环节。水生植物的生长很大程度上受到外部环境条件的影响，因此，多数人工浮岛的设计都是聚焦于筛选合适的浮岛植物以及减少外部不良环境因素对植物生长的影响。对浮岛功能的研究，则重点在于验证植物对水体富营养化的改善，阐明浮岛净化水质的机制原理。这种思路的缺点在于并没有全面考虑到生态系统的完整性与系统性，低估了鱼类等水生生物在水域中的生态地位和相互影响，弱化了改善水体环境和净化水质的生态目的。

国外有研究者证明了"漂浮湿地"对于鱼类集群产卵和幼鱼索饵具有明显的促进作用。在 Kasumigaura 湖的研究表明，建立人工浮岛的区域与未建立区域相比，鱼类平均生物量比值为 267：1，生物量提高了 200 倍以上。其中，以 1 龄幼鱼为主，同时还吸引到多种凶猛性肉食鱼类，生物多样性十分丰富。在 Biwa 湖的人工浮岛构建实验中，经过连续监测发现，建立浮岛水域鱼卵密度高达 56 600 个/m²，可见鱼类已能够在人工浮岛中正常产卵，人工浮岛的构建使鱼类产卵场得到了恢复。目前，国内仅有一部分研究在评价人工浮岛生态功能时考虑到了其鱼类栖息地的功能（董金凯 等，2012），而几乎未见关于人工浮岛聚鱼效果及人工替代产卵场的研究。目前，国内外关于"漂浮人工湿地"的研究主要目的是以净化水体、改善水质为主，而且基本上均在静水湖泊、水库中开展研究。在自然开放水体中通过构建"漂浮人工湿地"，对鱼类产卵场进行修复的研究报道尚未出现。

第二节　长江口人工漂浮湿地的构建

人工漂浮湿地主要由浮床框体、浮床床体、浮床基质、浮床植物等 4 个部分组成（邱竞真 等，2009），其设计和构建过程如图 6-1 所示。人工漂浮湿地根据种植的植物是否与水体结合，分为干式和湿式两种类型。在水生生物生境修复中，采用较多的是湿式人工漂浮湿地。

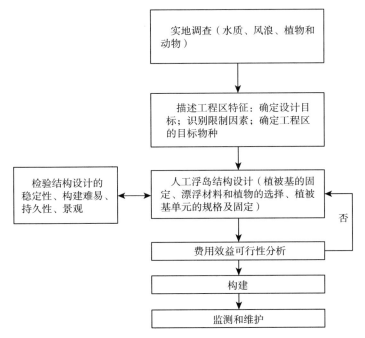

图 6-1　人工漂浮湿地的设计和构建过程

一、漂浮湿地单体结构

漂浮湿地单体由水上植物浮床和水下产卵场两个部分组成（图6-2）。

图6-2 长江口人工漂浮湿地结构设计图

1. 水上植物浮床

水上植物浮床呈"三明治"结构（图6-3），主要由框架、竹片夹、网片、填料和植物五部分组成。

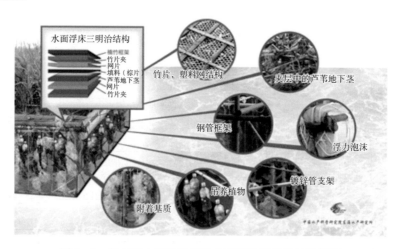

图6-3 长江口人工漂浮湿地水面植物浮床结构设计图

（1）框架结构 所制作框架为正方形，以430 cm长的6根楠竹（φ5 cm以上）构成，框架底部等距排列4根，与上部的2根楠竹两两相交，用φ5 mm的聚丙乙烯绳索绑紧。浮床框架内面积16 m²。

（2）竹片夹　用于夹紧网片和植物。竹片夹一组 2 片，由细长竹片构成，竹片规格为长 4 m、宽 2 cm，去除竹间隔。竹片排布采用纵横各 17 个竹片，垂直交错排布，各交错点打孔以铁丝和扎带扎紧。

（3）网片　用于夹紧所种植的植物。采用聚乙烯无节结网片，网目规格为 1.5～2.0 cm。每个浮床床体使用 2 片网片，分上层网片和底层网片 2 种，网片面积为 16 m²。

（4）填料　主要是作为植物根系着生的固定基，可采用棕榈、化纤材料和土工布等材料，使用棕榈的效果较好。

（5）植物　选用长江口区常见的芦苇作为水面挺水植物，用于构建植物浮床。浮床制作主要是利用芦苇地下茎，通过无性生殖方式，使其生长成为水面植物。

水面芦苇浮床制作时，首先在浮床框架上铺设底层竹片夹，竹片夹四周与浮床框架绑紧。然后，在底层竹片夹上依次铺上底层网片、填料和芦苇地下茎，最后再铺上上层网片和上层竹片夹，使用塑料扎带铁丝，穿过上下层竹片夹、上层网片、棕片填料和芦苇地下之间夹紧系牢（图 6-4）。

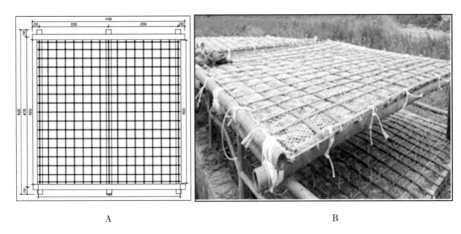

A   B

图 6-4　芦苇浮床布局（A）及实物图（B）

2. 水下产卵场

水下产卵场主要由主体框架、悬挂支架、附着基质、沉水植物和浮球等五部分组成（图 6-5）。

（1）主体框架　用钢管制作主体框架，钢管直径为 40～60 mm，钢管直接焊接或用十字扣扣紧，框架长、宽、高为 4 m×4 m×2.5 m，主体框架体积为 40 m³。

（2）悬挂支架　主要用于悬挂附着基和吊养沉水植物。在主体框架顶部和底部分别按 80 cm 间距，焊接直径 15～20 mm 镀锌管 5 根，上下 2 层悬挂支架上均焊上相对应的圆形环，方便悬挂。

（3）附着基质　主要用于黏性卵鱼类产卵和水生生物附着。选用材料有棕榈片、塑料绳丝和麻袋片。框架上的 5 根镀锌管分别悬挂 3 种附着基质和吊养沉水植物，附着基质每排悬挂 6 挂，每挂基质上分别包括 10 片棕片、10 缕麻片和 10 缕塑料绳。

（4）沉水植物　利用塑料瓶作为种植植物和固定植物的容器，将塑料瓶瓶底剪去部分，将植物的根系固定在瓶内瓶口处，植株则露出瓶底漂浮在水中。瓶内填入少量泡沫塑料，以使吊瓶呈向上漂浮式。吊瓶下端分别固定在 1 根平放的钢管上。钢管两端用长 1 m 的绳索固定在水面框架上，这样所有吊瓶均被固定在水下 800 mm 处。

（5）浮球　由泡沫塑料制成，每个产卵场单体用浮球 12 个。浮球为圆柱体，直径 500 mm，浮球置于框架四周。

图 6-5　水下产卵场实物图

二、漂浮湿地联体安装

考虑到经济性和实用性，可将漂浮湿地单体组装成联体方式，并用合适方式进行固定。如将漂浮湿地联体组装成每排 11 个、共 4 排，形成长方形的人工漂浮湿地（图 6-6）。

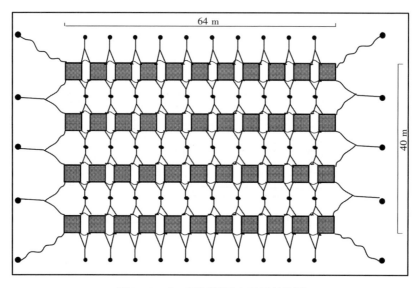

图 6-6　人工漂浮湿地布局及结构图

1. 安装步骤

漂浮湿地单体组装：在陆地上，将漂浮湿地单体水面植物浮床与水下产卵场上下固定，然后在单体 4 个角上系上固定绳套。

竹锚制作与打桩：选择直径为 10 cm 以上的楠竹 1.5 m，用铁丝在 0.45 m 处绑扎一圈竹片，在铁丝绑扎处设一能固定绳索的孔。用机械将竹锚斜向打入拟设漂浮湿地位置的江底淤泥之中。

漂浮湿地联体安装：将漂浮湿地单体用船运至安装位置，将 4 个角固定在预留的桩绳上。桩绳选用 φ20 mm 的聚丙乙烯绳索，桩绳长度与水深的比值为 5∶1。2 个单体之间间距为 2 m，用 φ10 mm 绳索连接。

2. 应用效果

安装漂浮湿地单体 44 个，面积 704 m²，形成长度为 64 m、宽度为 40 m 的漂浮湿地水域，修复水面面积达 2 560 m²，水下产卵场体积达 7 680 m³（图 6 - 7）。

图 6 - 7　人工漂浮湿地实物图

考虑到框架材料的安全性、实用性及经济性等各方面因素，漂浮湿地采用刚性较好的钢管和具有柔性的楠竹作为主框架材料。实践表明，所选用的主框架材料基本可以符合长江口环境条件，在漂浮湿地取材和安装技术上可行。但是，还有一些地方可以进一步优化提升：①植物浮床的固定，因为漂浮湿地浸泡在水中，受到风浪影响，浮床随水流摇摆波动，导致浮床结构中各层构建物之间相互交错、挤压，容易使中间的植物受到损伤从而导致水面植物生长不良，因此在选材和固定技术上应加以优化；②湿地单位的布局，各单体之间留有 2 m 左右的间距，但在潮汐和风浪的作用下会导致单体之间的碰撞和挤压，使单体受损。

三、漂浮湿地设计优化

1. 框架结构优化

主要体现在湿地单体结构牢固性方面，可采取的措施包括：湿地单体由 16 m²/个减小至 9 m²/个；竹片夹两两相交处增加紧固锁定装置；单体连接处增加轮胎和泡沫，防挤压和增加浮性；去除水下产卵场的框架结构，采用直接悬挂产卵基质的方式。具体结构是水上植物浮床由框架、竹片夹、网片、填料、植物、轮胎和泡沫等七部分组成的"三明治"结构。框架主体以 430 cm 长的 6 根楠竹（φ5 cm 以上）构成的正方形。漂浮人工湿地内面积为 9 m²；竹片夹用于夹紧网片和植物，每组上下 2 片，由细长竹片构成，竹片规格为长 3 m、宽 2 cm，厚度适中，去除间隔。竹片排布采用纵横各 13 片，垂直交错排布，各交错点打用 φ5 mm 的聚丙烯绳索绑紧；网片用于夹紧所种的植物，采用聚乙烯无节结网片，网目规格为 1.5～2.0 cm。每个浮床床体使用 2 片网片，分上层网片和底层网片 2 种，网片面积为 9 m²；填料主要是作为植物根系着生的固定基，采用棕榈片浸泡后单层使用；轮胎主要是用于减小台风等外界因素所带来的冲击力，每 2 个浮床之间系 1 个轮胎，置于 2 个泡沫之间；泡沫主要是起到增加浮力的作用，每个浮床用 12 个，置于框架四周。浮床制作主要是利用芦苇地下茎，通过无性生殖方式，使其生长成为水面浮床植物。

2. 水下产卵场结构优化

水下产卵场主要由两部分组成，分别是悬挂支架和附着基质。悬挂支架采用 4 根楠竹等距排列，与框架主体的 2 根楠竹两两相交，用 φ5 mm 的聚丙烯绳索绑紧，主要用于悬挂附着基；附着基质选用生态环保的棕榈片，用于黏性卵鱼类产卵和水生生物附着。悬挂支架上每根楠竹悬挂附着基质 6 挂，每挂基质上包括 10 片棕榈片。

此外，人工漂浮湿地还可以去除水下层主体框架、沉水植物及浮球等装置，为整个漂浮人工湿地减轻重量；而在水上层的浮床四周增加泡沫及轮胎，可以分别增加漂浮人工湿地的浮力和减小台风等外界环境因素带来的冲击力。

第三节　漂浮湿地水生植物生长评估

选取崇明岛本地滩涂植物芦苇（*Phragmites australis*）及已存在的水生植物马齿苋（*Portulaca oleracea* L.）作为漂浮湿地生态修复物种（安静 等，2011；成水平 等，2002；张佳蕊 等，2013）。利用芦苇在不同环境均能生长的生态功能，根据长江口不同盐度、不同流速等外界环境，在长江口设置 3 处漂浮湿地的放置位点。三处不同的理化环境和外界环境均有差异，芦苇和马齿苋共同种植在 3 个不同地点（图 6-8），芦苇和马齿苋均能正常生长，在不同环境条件下，芦苇和马齿苋的种群密度以及生长适应性存在差异。

东旺沙河道漂浮湿地

长兴岛漂浮湿地 　　　　　　　　东旺沙港口漂浮湿地

图 6-8　长江口人工漂浮湿地的放置位点

一、芦苇与马齿苋种群密度

　　漂浮湿地上植物的生长密度变化如图 6-9 所示。在不同生态环境，植物的种群密度随着时间变化趋势不同。3 个放置位点的马齿苋种群密度，随着时间变化逐渐高于芦苇的种群密度。而河道漂浮湿地上芦苇和马齿苋种群密度的变化呈现如下波动［图 6-9（A）］：在刚开始生长时，芦苇的种群密度高于马齿苋的种群密度；1 个月后，马齿苋的种群密度逐渐高于芦苇的种群密度。长兴岛水域的漂浮湿地［图 6-9（B）］，马齿苋的种群密度较芦苇种群密度高，并且马齿苋的种群密度呈现先上升后略微下降、最后上升趋势。芦苇密度生长到一定数量后保持恒定，3 个月后呈下降趋势、最后保持稳定生长。东旺沙水域的漂浮湿地［图 6-9（C）］，植物的种群密度随时间呈现下列变化：芦苇的种群密度先高于马齿苋，然后马齿苋的种群密度逐渐高于芦苇、芦苇种群密度呈现先升后降再升趋势，马齿苋种群密度呈现先升后平稳生长最后呈下降趋势。

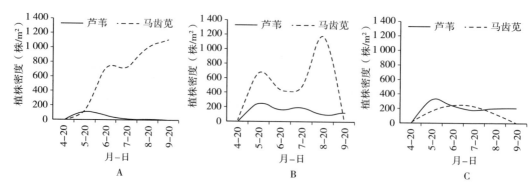

图 6-9　芦苇和马齿苋在人工漂浮湿地上的生长情况

A. 河道　B. 长兴岛　C. 东旺沙水域

二、芦苇生长特征

1. 生长状况

（1）芦苇平均高度　3 处芦苇的高度均呈现先快速增加后缓慢平稳增长。经过 1 个月的生长，芦苇的生长速度为：长兴岛水域＞东旺沙水域＞河道水域。2 个月后，长兴岛芦苇的平均株高增加 35.75 cm；东旺沙水域芦苇的平均株高增加值为 45.75 cm；而河道漂浮湿地上芦苇的株高增加值为 8.32 cm。在 3 个月以后的生长中，芦苇高度的增加率呈现如下趋势：东旺沙＞长兴岛＞河道（图 6-10）。

（2）芦苇平均质量　3 处漂浮湿地的芦苇的生物量积累都随时间呈增加趋势。长兴岛芦苇单株的平均质量增加尤为明显，1 个月后单株平均重为 4.18 g，5 个月增加到 8.25 g，芦苇的物质积累速度较快。河道漂浮湿地芦苇的单株平均重呈现先上升后稳定趋势，平均值为 1.41 g。东旺沙水域漂浮湿地芦苇的增加速度较快。可以得出，3 处漂浮湿地的芦苇物质的积累速度为：长兴岛＞东旺沙＞河道（图 6-10）。

（3）单株芦苇叶鞘平均高度　放置在长兴岛和东旺沙水域的人工漂浮湿地，单株芦苇的平均叶鞘重逐渐增加，而河道漂浮湿地的单个芦苇植株的叶鞘重先增加后减少。长兴岛漂浮湿地上芦苇单个叶鞘的重量呈现先增加、后平稳再增加的生长趋势，经过 5 个月的生长达到 2.78 g/株。而在东旺沙水域漂浮湿地芦苇的叶鞘重量增加趋势缓慢，经过 3 个月的积累，叶鞘重达到 0.98 g/株。河道漂浮湿地上芦苇叶鞘呈不规则变动，生物量积累缓慢，甚至还有下降趋势（图 6-10）。

（4）单株芦苇平均叶片重　对比 3 个不同放置位点上的单株芦苇平均叶片重，长兴岛芦苇的叶片增重较为明显，1 个月后，其值为 1.37 g，5 个月其值增加到 2.37 g。在河道漂浮湿地上的芦苇叶的生物量，开始迅速增加到一定值后，芦苇叶的直径便不再增加。在东旺沙水域漂浮湿地上，芦苇叶片的生物量一直呈上升趋势，从迅速增加到逐渐平稳

（图 6-10）。

（5）单株芦苇直径 单株芦苇直径也受到水体环境影响，在长兴岛漂浮湿地上生长的初期茎秆直径增长较快，从萌芽到茎秆的平均直径达到 0.38 cm 后，其后 1 个月植株直径增长缓慢；而 2 个月后，芦苇整个生长基本上处于停止生长，茎秆直径约为 0.46 cm。而在河道和东旺沙水域的芦苇直径生长到一定阶段（河道芦苇直径为 0.35 cm、东旺沙水域芦苇直径为 0.34 cm），茎秆直径不再生长。3 处人工漂浮湿地上芦苇直径呈现相同趋势（图 6-10）。

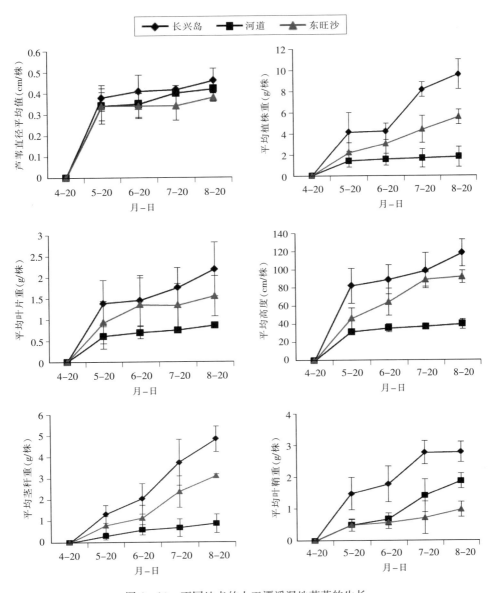

图 6-10 不同地点的人工漂浮湿地芦苇的生长

2. 生长评估

三处漂浮湿地和潮间带的主干直径、植株高度与根系长度芦苇比较结果如表 6-1 和

图 6-11 所示。在潮间带生长的芦苇主干直径比漂浮湿地上生长的芦苇主干直径大；潮间带生长芦苇的平均高度比漂浮湿地上的芦苇高，在东旺沙水域和长兴岛水域的芦苇平均高度接近；而河道内漂浮湿地生长的芦苇平均高度最小。对比 4 处芦苇的根系长度值发现，在潮间带生长的芦苇根系长度低于漂浮湿地上生长的芦苇根系长度，而在长兴岛生长的芦苇根系最长。

表 6-1　漂浮湿地与潮间带芦苇生长指标的比较（平均值±标准差）

地点	主干直径（cm）	植株高度（cm）	根系长度（cm）
潮间带（A）	0.83±0.07	198.22±11.43	11.42±3.30
东旺沙（KZ）	0.38±0.02	92.35±6.70	28.37±5.71
河道（HD）	0.42±0.07	40.34±5.51	13.26±2.82
长兴岛（CX）	0.46±0.06	118.56±14.79	36.72±8.43

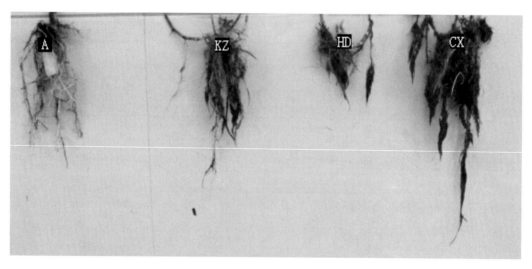

图 6-11　不同位点的漂浮湿地与潮间带芦苇根系生长状况

A. 潮间带芦苇根　KZ. 东旺沙漂浮湿地芦苇根　HD. 河道漂浮湿地芦苇根　CX. 长兴岛漂浮湿地芦苇根

三、马齿苋生长特征

（1）平均高度　在不同生态环境中，马齿苋单株的高度不一样。河道和长兴岛漂浮湿地马齿苋的生长速度要明显高于东旺沙水域漂浮湿地马齿苋，5 个月后，长兴岛漂浮湿地的马齿苋平均高度达到 111.12 cm；河道漂浮湿地的马齿苋平均高度达到 97.56 cm；东旺沙水域漂浮湿地的马齿苋平均高度达到 26.10 cm（图 6-12）。

（2）**茎秆均重**　三处漂浮湿地马齿苋的茎秆重呈上升增长趋势。但是在河道漂浮湿地上生长的马齿苋植株的茎秆重增加值和生物量明显高于其他两组，在东旺沙漂浮湿地上马齿苋的生物量保持平稳。经过 2 个月生长，河道、长兴岛、东旺沙漂浮湿地上马齿苋的单株茎秆均重分别为 6.40 g、2.88 g 和 0.52 g。5 个月后，三处马齿苋的平均值分别为 14.65 g、8.66 g 和 1.48 g（图 6-12）。

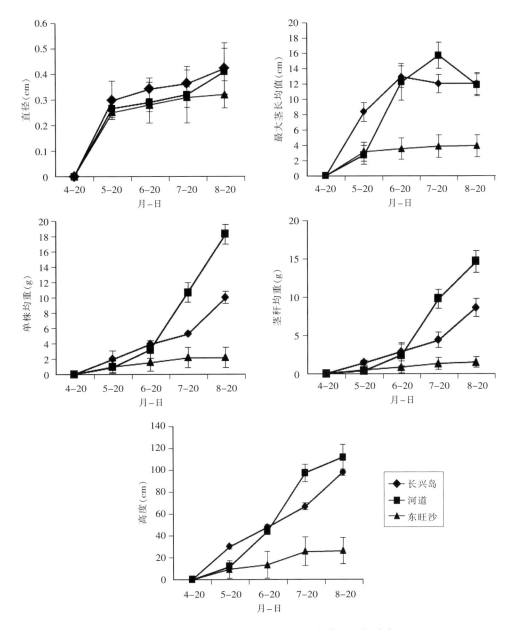

图 6-12　不同水域生境的漂浮湿地马齿苋的生长动态

（3）**最大茎长**　不同水域马齿苋的最大茎长呈现差异：在长兴岛和河道漂浮湿地上生长的马齿苋最大茎长在 2 个月内均增加值较大。长兴岛水域漂浮湿地上的马齿苋经过 1 个月生长，植株的平均直径增加到 12.3 cm，此后，马齿苋的最大茎长趋于平稳状态；河道漂浮湿地马齿苋的最大茎长在 7 月 20 日到达峰值（15.8 cm），随后下降到 11.9 cm；而在东旺沙水域漂浮湿地上的马齿苋在生长 1 个月后达到 3.17 cm；6—8 月期间，马齿苋的最大茎长保持平稳状态，8 月 20 日达到 3.93 cm（图 6 - 12）。

（4）总重　在 3 个不同水域的漂浮湿地，马齿苋的平均株高趋势各不相同。长兴岛漂浮湿地上马齿苋的平均株重呈平稳增加趋势，1 个月后，平均单株重 0.99 g，2 个月后增长到 3.99 g，4 个月后其值为 10.07 g。在河道漂浮湿地生长的马齿苋，单株的平均重增加速度明显高于其他两组漂浮湿地。4 个月后，该处马齿苋的平均单株重为 18.33 g；而在东旺沙水域放置的漂浮湿地的马齿苋平均单株重则增加较少，1 个月生长后的平均值为 0.99 g；此后 3 个月，马齿苋的平均单株重增加缓慢，4 个月增长到 2.16 g（图 6 - 12）。

（5）主干直径　在不同的漂浮湿地生长的马齿苋茎秆直径呈现增加趋势，从植株开始萌发生长 1 个月后，长兴岛、河道、东旺沙水域马齿苋平均单株直径分别为 0.29 cm、0.26 cm、0.25 cm。随后的 2 个月，马齿苋植株的平均直径呈现缓慢增加；3 个月后，长兴岛、河道、东旺沙水域马齿苋单株平均直径分别为 0.42 cm、0.41 cm、0.32 cm（图 6 - 12）。

第四节　漂浮湿地水生动物种群评估

长江口滩涂湿地面积广阔，为水生生物提供了良好的栖息场所，众多水生生物、鸟类和其他生物在此进行觅食、繁殖和栖息，也是洄游鱼类、蟹类等必经通道。人工漂浮湿地作为水域生态修复的一种良好模式，兼具陆地生态系统和水域生态系统的双重特征。在饵料生物的培育和水环境净化等诸多方面具备多重生态功能，故长江口人工漂浮湿地的成功构建，有利于维持增殖放流后期的保育场功能和促进河口生态系统可持续发展。

一、漂浮湿地仔、稚鱼群落

1. 长兴岛漂浮湿地

长兴岛漂浮湿地的鱼卵仔鱼数量较少，种类也较少，共采集仔、稚鱼 6 种 259 尾。通过对不同站点水平采样的监测结果分析，各个站点丰度均值最大为 0.91 个/m³，最小为 0.37 个/ m³，比最大值少了 0.54 个/ m³。对垂直采样的监测结果分析表明，各个站点的丰度没有明显的变化趋势，丰度最大值为 1.42 个/m³，丰度最小值为 0.23 个/m³。人工漂浮湿地投放点 5 号站点的丰度为 0.3 个/m³，与最大值 1.42 个/m³ 相比差距较大（图 6 - 13）。

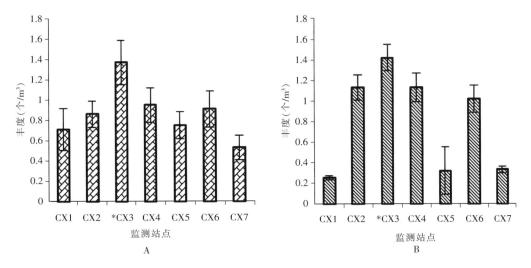

图 6-13 长兴岛人工漂浮湿地周边的仔、稚鱼分布

A. 水平分布 B. 垂直分布

监测结果表明，漂浮湿地周边水域凤鲚（*Coilia mystus*）为优势物种。在水平采样中每个站点都有凤鲚仔、稚鱼出现，其中，3 号站点凤鲚仔、稚鱼数量最多为 18 尾。垂直水平采样过程中，共收集到凤鲚仔、稚鱼 14 尾。凤鲚优势种的原因是长江口凤鲚大多生活在沿岸浅水区或近海，进入繁殖期集结成群游向长江口、钱塘江口等咸淡水区域产卵；亲鱼产卵后回归海里生活，而幼鱼在河口成长；凤鲚产卵期持续较长，从 5 月中旬直至 9 月初、小满至夏至（5 月下旬至 6 月下旬）为产卵盛期。

2. 东旺沙河道漂浮湿地

HD_2 点为人工漂浮湿地投放处，水平采样丰度平均值为 1.54 个/m^3，为 4 个采样点的最高值。并且距离 HD_4 越远的监测点，仔、稚鱼的丰度越低。HD_2 点垂直采样的平均

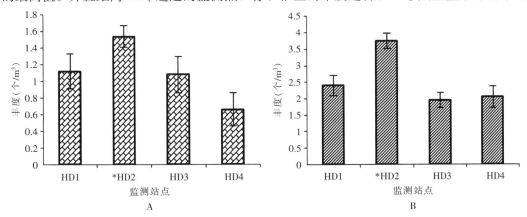

图 6-14 东旺沙河道漂浮湿地周边的仔、稚鱼分布

A. 水平分布 B. 垂直分布

值为 3.75 个/ m³，和水平采样的结论类似，离人工漂浮湿地较远的站点（HD₄）的丰度较少，为 2.05 个/ m³。不论从水平采样监测还是从垂直采样监测，结果都表明人工漂浮湿地在河道水域对仔、稚鱼有明显的栖息功能（图 6-14）。

共采集到仔、稚鱼 390 尾，其中，䱗（*Hemiculter leucisculus*）105 尾，占总数的 38.46%，为主要优势种。这和䱗生活于水体中上层，性活泼，杂食性，主要摄食水生昆虫、高等植物、枝角类和桡足类等生活习性相关。

3. 东旺沙水域漂浮湿地

共采集到仔、稚鱼 1352 尾。其中，凤鲚（*Coilia mystus*）339 尾、虾虎鱼科（Gobiidae）274 尾、鲅（*Liza haematocheila*）155 尾、䱗（*Hemiculter leucisculus*）78 尾，分别占总数的 25.07%、20.27%、11.46%、5.77%。凤鲚、虾虎鱼、鲅在多个站点中均有出现。

水平采样丰度平均值从 1 号站点到 5 号站点出现先升高后降低的趋势，在 3 号站点出现最大值 11.95 个/m³，5 号站点最小值 2.61 个/m³。垂直采样丰度在漂浮湿地处最大，而在其他位点仔、稚鱼的丰度呈减少趋势（图 6-15）。

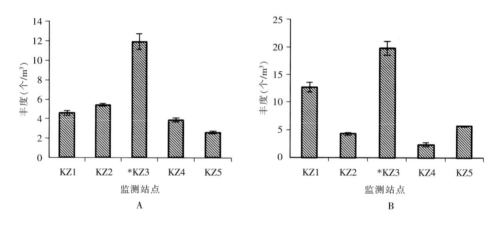

图 6-15　长兴岛人工漂浮湿地周边的仔、稚鱼分布

A. 水平分布　B. 垂直分布

东旺沙港口的优势种为虾虎鱼和凤鲚，分别占总数的 46.9% 和 32.4%。虾虎鱼种类众多，广泛分布于长江口水域，是许多水生动物的重要饵料，在长江口鱼类群落中占有较高的比例。

综上所述，长江口漂浮湿地修复水域的鱼卵仔鱼数量均较高，尤其在修复起始阶段，垂直网和水平网采集的鱼卵仔鱼丰度均有明显升高，表明"水面植物浮床＋水下产卵场"修复模式可以发挥重要作用。在漂浮人工湿地修复的后期，随着芦苇根的生长和附着基质的悬挂，在漂浮湿地的水下基质上逐渐聚集了原生生物、水生昆虫幼体、虾蟹幼体等，它们是早期发育仔鱼的饵料来源，故在空间水平上修复区保持相对高的仔鱼丰度。

二、漂浮湿地鱼类群落

2014 年 5 月中旬，在长江口南支北港的长兴岛近岸水域构建人工漂浮湿地（图 6 - 16）。设置 3 个调查站位对鱼类多样性进行监测，包括人工漂浮湿地修复实验区（RA），以及上游对照区（UA）和下游对照区（DA），对照区距离实验区 5 km。自 7—11 月的每月小潮，采用流刺网（长 50 m、高 2 m、网目长宽各为 120 mm 和 200 mm）和地笼网（长 50 m、宽 0.2 m、高 0.2 m、网目长宽均为 120 mm）监测，网具放置时间为 12 h，监测频率为 1 次/月。

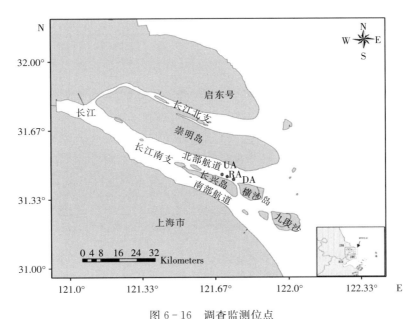

图 6 - 16 调查监测位点

UA. 上游水域 RA. 修复水域 DA. 下游水域

1. 鱼类种类组成及丰度

监测采集鱼类共 7 目 10 科 20 种（表 6 - 2），其中，鲤形目种类最多，包含 4 科 9 种；鲈形目次之，包含 4 科 5 种。不同水域鱼类种类及数量存在差异：RA 区渔获物共 19 种，其中，鲤科鱼类 8 种，塘鳢科、鲻科各 2 种，其他科的鱼类各包括 1 种。鱼类丰度最高为似鳊，占总渔获物 21.28%，长蛇鮈丰度次之，占总渔获物 14.56%；窄体舌鳎、麦穗鱼、中华乌塘鳢、尖头塘鳢丰度最低，其数值均为 0.49%。UA 区渔获物共 14 种，其中，鲤科鱼类共 7 种，鲻科鱼类 2 种，其他科目仅 1 种；鱼类丰度最高为似鳊，占总渔获物 21.28%，光泽黄颡鱼的丰度次之，占总渔获物 17.02%；窄体舌鳎、鲫、鲻、鲹丰度最低，其数值均为 1.06%。DA 区有鱼类 12 种，其中，鲤科鱼类 6 种，鲻科鱼类 2 种，其他科目（舌鳎科、鮨科、虾虎鱼科、鳡科）各 1 种。光泽黄颡鱼的丰度指数最高，其值为

51.52%，长蛇鉤丰度次之；窄体舌鳎、鲛丰度最小，其值均为1.01%。

表6-2　渔获物种类及不同位点的鱼类丰度

种类	代码	丰度（%）		
		UA	RA	DA
鲽形目 Pleuronectiforme				
舌鳎科 Cynoglossidae				
窄体舌鳎 *Cynoglossus gracilis*	a	1.06	0.49	1.01
鲱形目 Clupeiformes				
鳀科 Engraulidae				
刀鲚 *Coilia nasus*	b	—	3.40	—
胡瓜鱼目 Osmeriforme				
银鱼科 Salangidae				
大银鱼 *Protosalanx chinesis*	c	2.13	2.43	—
鲤形目 Cypriniformes				
鲤科 Cyprinidae				
长蛇鉤 *Saurogobio dumerili*	d	14.89	14.56	14.14
银鉤 *Squalidus argentatus*	e	3.19	1.94	4.04
似鳊 *Pseudobrama simoni*	f	21.28	24.27	7.07
翘嘴鲌 *Culter ilishaeformis*	g	1.06	3.88	—
麦穗鱼 *Pseudorasbora parva*	h	—	0.49	—
鲫 *Cyprinus auratus*	i	1.06	0.97	—
鳘 *Hemiculter leucisculus*	j	—	—	2.02
鳊 *Parabramis pekinensis*	k	9.57	5.34	4.04
贝氏鳘 *Hemiculter bleekeri*	l	6.38	10.68	2.02
鲈形目 Perciformes				
塘鳢科 Eleotridae				
中华乌塘鳢 *Bostrychus sinensis*	m	—	0.49	—
尖头塘鳢 *Eleotris oxycephala*	n	—	0.49	—
鮨科 Serranidae				
中国花鲈 *Lateolabrax maculates*	o	15.96	7.77	5.05
虾虎鱼科 Gobiidae				
斑尾刺虾虎鱼 *Acanthogobius ommaturus*	p	4.26	3.40	3.03

（续）

种类	代码	丰度（%）		
		UA	RA	DA
鳗虾虎鱼科 Taenioididae				
拉氏狼牙虾虎鱼 *Taenioides cantonensis*	q	—	1.94	—
鲇形目 Siluriformes				
鲿科 Bagridae				
光泽黄颡鱼 *Pelteobagrus nitidus*	r	17.02	3.40	51.52
鲻形目 Mugiliformes				
鲻科 Mugilida				
鲻 *Mugil cephalus*	s	1.06	13.11	5.05
鲛 *Liza haematocheila*	t	1.06	0.97	1.01

2. 鱼类群落优势种

选取相对重要性指数（IRI）作为确定鱼类优势种的方法，3 个不同水域（UA、RA 和 DA）数目与种类如图 6-17 所示。UA 区鱼类有 5 个优势种：鳊、鲻、尖头塘鳢、拉氏狼牙虾虎鱼、斑尾刺虾虎鱼；RA 区有 6 个优势种：鳊、鲻、银鮈、尖头塘鳢、拉式狼牙虾虎鱼、光泽黄颡鱼；DA 区有 5 个优势种：鳊、鲻、银鮈、拉式狼牙虾虎鱼、斑尾刺虾虎鱼。3 个站位优势种共 7 种，其中，鳊、鲻、拉式狼牙虾虎鱼在 3 处水域均为优势种。生态修复水域的生物种类要高于其他对照水域，并且此水域的优势种数目要多于其他两个区域。另外，鳊、鲻和银鮈的 *IRI* 值均高于其他 2 个水域。

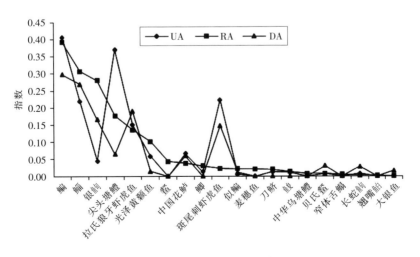

图 6-17 渔获物相对重要性指数变化

3. 鱼类群落多样性

鱼类多样性指数如表6-3所示。UA和DA区Marglef多样性指数、Shannon-Wiener多样性指数、Pielou均匀度指数、Simpson优势度指数等随着时间的变动幅度较大，而这些指数在RA区变动幅度较小。RA区在相同月份比其他2处水域S值高，在不同月份RA区Marglef多样性指数相对稳定，并且基于物种数量反应生物群落种类多样性的Shannon-Wiener多样性指数（H'）也有上述一致变动趋势（冯广朋，2008）。反映群落均匀度的Pielou均匀度指数（J'）在RA区变动幅度较其他2个水域小，表明人工漂浮湿地水域的物种均匀度较高，而其他两个水域的物种均匀度变化显著；反映群落单纯度的Simpson优势度指数（D）呈现和Pielou均匀度指数一致的变化趋势。

表6-3 不同水域的鱼类群落生物多样性指数

多样性指数	UA 区			RA 区			DA 区		
	7月	9月	11月	7月	9月	11月	7月	9月	11月
S	2.72	1.23	2.57	2.96	2.46	2.98	1.52	1.19	2.72
H'	1.85	1.12	2.03	2.07	2.03	2.08	1.43	0.82	2.09
J	1.85	5.45	2.15	1.91	2.26	1.90	3.45	4.61	2.09
D	0.22	0.41	0.16	0.16	0.18	0.17	0.27	0.62	0.14

4. 鱼类生活习性和生态位宽度

按照鱼类生活习性，将渔获物进行分类的结果如表6-4。营底层生活的鱼类有11种，在中上层生活的鱼类共有9种。在上游水域，斑尾刺虾虎鱼的生态位较宽（其值为1.039 7）。长蛇鮈、似鳊、中国花鲈、鳊、鲫的生态位范围在0.1～1；人工漂浮湿地水域渔获物的生态位均小于1，长蛇鮈（生态位宽度指数为0.859 1）和斑尾刺虾虎鱼（生态位宽度为0.834 0）占有主要生态位；在下游水域渔获物中，斑尾刺虾虎鱼的生态位宽度大于1，长蛇鮈次之（生态位宽度为0.98），其余物种生态位较窄。

表6-4 渔获物的生态位宽度和生态习性

种类	生活习性	生态位宽度		
		UA 区	RA 区	DA 区
窄体舌鳎 *Cynoglossus gracilis*	D	0.000 0	0.000 0	0.000 0
刀鲚 *Coilia nasus*	D	0.000 0	0.278 0	0.000 0
大银鱼 *Protosalanx chinesis*	D	0.000 0	0.178 5	0.000 0
长蛇鮈 *Saurogobio dumerili*	D	0.656 0	0.859 1	0.980 0
银鮈 *Squalidus argentatus*	D	0.000 0	0.000 0	0.000 0

（续）

种类	生活习性	生态位宽度		
		UA 区	RA 区	DA 区
似鳊 *Pseudobrama simoni*	P	0.845 1	0.572 8	0.598 3
翘嘴鲌 *Culter ilishaeformis*	P	0.000 0	0.000 0	0.000 0
麦穗鱼 *Pseudorasbora parva*	P	0.000 0	0.000 0	0.000 0
鲫 *Cyprinus auratus*	D	0.173 3	0.346 6	0.000 0
鳘 *Hemiculter leucisculus*	P	0.000 0	0.000 0	0.000 0
鳊 *Parabramis pekinensis*	P	0.186 4	0.572 3	0.562 3
贝氏鳘 *Hemiculter bleekeri*	P	0.067 6	0.140 5	0.000 0
中华乌塘鳢 *Bostrychus sinensis*	D	0.000 0	0.000 0	0.000 0
尖头塘鳢 *Eleotris oxycephala*	D	0.000 0	0.000 0	0.000 0
中国花鲈 *Lateolabrax maculates*	P	0.891 9	0.621 6	0.500 4
斑尾刺虾虎鱼 *Acanthogobius ommaturus*	D	1.039 7	0.834 0	1.098 6
拉氏狼牙虾虎鱼 *Taenioides cantonensis*	D	0.000 0	0.000 0	0.000 0
光泽黄颡鱼 *Pelteobagrus nitidus*	D	0.000 0	0.278 0	0.000 0
鲻 *Mugil cephalus*	P	0.000 0	0.632 9	0.500 4
鮻 *Liza haematocheila*	P	0.000 0	0.000 0	0.000 0

注：D. 底层；P. 中上层；UA. 上游水域；RA. 修复水域；DA. 下游水域。

三、漂浮湿地中华绒螯蟹种群

将人工替代栖息地功能的人工湿地浮排在室内拆卸后，清点浮排内部的中华绒螯蟹仔蟹。不同月度的仔蟹在人工漂浮湿地数目分布如图 6-18。仔蟹在人工漂浮湿地上的分布时间为 5—10 月，单位面积内仔蟹的数目 6 月最多，6 月以后的仔蟹数逐渐减少，表明 6 月仔蟹大量栖息于人工漂浮湿地，人工替代栖息地为仔蟹提供了必需的栖息场所。3—5 月期间仔蟹数量很少，主要是因为中华绒螯蟹还未繁育出仔蟹；6—10 月期间仔蟹数量逐渐减少，主要是因为仔蟹摄食肥育后向长江中游溯河洄游。因此，长江口仔蟹洄游期间，人工替代栖息地为其提供了栖息和摄食场所。

将每个月份的仔蟹体重进行分段统计分析，采用 0.2 g 为分段统计刻度，进一步分析仔蟹在人工漂浮湿地分布情况。6—9月，中华绒螯蟹仔蟹在人工替代栖息地的统计结果如图6-19所示。6月人工替代栖息地的仔蟹体重为0~0.2 g；7月人工替代栖息地的仔

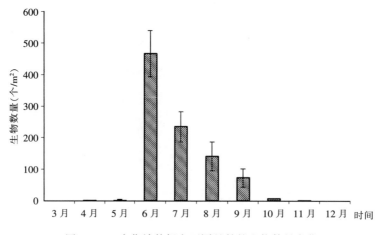

图6-18　中华绒螯蟹在不同月份的生物数量变化

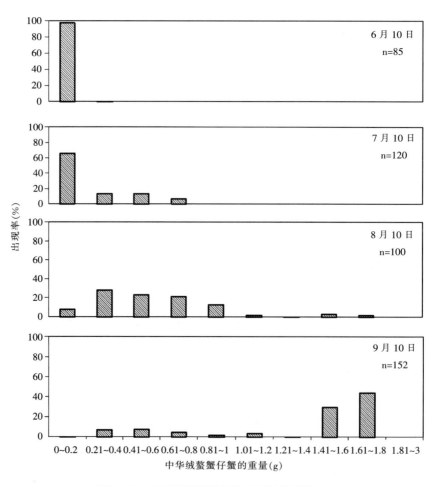

图6-19　中华绒螯蟹的体重在不同月份的分布

蟹分布范围从 0～0.8 g，此期间重量为 0～0.2 g 的仔蟹分布数目明显高于其他分组；而 8 月人工替代栖息地的仔蟹重量数值较大，重量为 0～0.2 g 的仔蟹的百分比明显减少，而重量数量较高的仔蟹在人工替代栖息地的所占比例有所增加；9 月人工替代栖息地的仔蟹个体逐渐生长，重量为 1.61～1.8 g 的仔蟹所占比例较高。

采用无土栽培技术的人工漂浮湿地技术，是对受损自然水域进行人工修复的常用方法。人工漂浮湿地在内陆湖泊、河道等都有广泛应用（王婕 等，2011；卢进登 等，2006）。在内陆水域如城市内河、湖泊等建立生态浮床的主要功能，集中在水质改善、景观修复等方面（王鹤霏 等，2013）。人工漂浮湿地不仅能为鸟类提供栖息地，还可为鱼类提供产卵及栖息场所，增加了生物多样性。为野生动物提供栖息地，是人工漂浮湿地的主要功能之一（Ma et al，1993；Rozas & Zimmerman，2000；Minello et al，2012）。人工漂浮湿地的中华绒螯蟹在不同季节均有分布，并且从仔蟹阶段到扣蟹阶段均能捕获，表明人工漂浮湿地对仔蟹具有重要的栖息隐蔽和提供饵料的功能。

第五节　漂浮湿地的生态系统功能评价

EwE 是一款实用的生态系统营养网络建模软件，已被证明是新一代的生态系统分析管理工具，主要用于生态系统健康评价和营养结构分析。基于生态系统的能量流动和食物网结构的生态通道模型，整合了当今生态学的基础知识。利用 EwE 6.0 构建芦苇人工漂浮湿地生态系统的生态通道模型，可以评估生态修复过程中芦苇人工漂浮湿地生态系统的营养结构和能量流动状况，以达到评价芦苇人工漂浮湿地生态系统的稳定性和提出合理的治理措施，为生态修复提供理论依据。根据对芦苇人工漂浮湿地生物资源调查得到的相关数据，以及参考生态模型的构建方法，人工漂浮湿地生态系统的营养通道模型由 17 个功能组构成。

一、各功能组的营养关系

采用混合营养影响（mixed trophic impacts，MTI）分析人工替代栖息地内部各功能组之间的关系。正面影响（positive impact）和负面影响（negative impact）是生态系统中固定存在且相反作用（Hannon，1973）。若是相同功能组之间的捕食，则可确定为负面影响；功能组之间的捕食者对被捕食者之间的关系，可以确定为负面影响，反之则为正面影响（Christensen et al，2004）。在春季的人工替代生态系统中，中国花鲈对鲻和鲛的负面影响最大，浮游动物对生态系统内的多数生物均产生明显的负面影响（图 6 - 20）。

在夏季，大弹涂鱼对蟹类的负面影响较大，即表明大弹涂鱼在生态系统中大量捕食虾蟹类；功能组中国花鲈对鲻和大弹涂鱼的负面影响较大，对功能组鲛、虾蟹类为正面影响，表明中国花鲈这个功能对该时期的生态系统有对立的控制作用（图6-21）。在秋季，生态系统的多数功能组对其他功能组有明显的负面影响，而碎屑对绝大多数功能组的影响

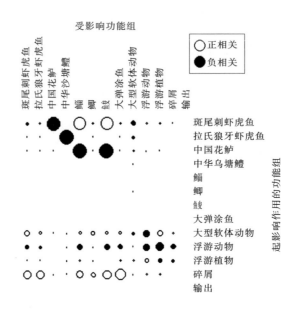

图6-20　人工替代栖息地生态系统在春季的营养关系图

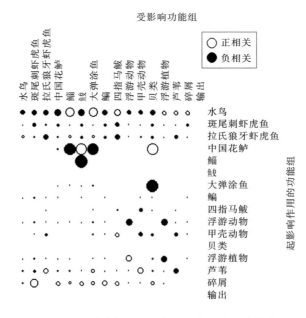

图6-21　人工替代栖息地生态系统在夏季的营养关系图

为正面影响，即表明此时生态系统内部的营养消耗较多，并且碎屑食物链在稳定生态系统的功能有绝对作用（图6-22）。冬季的生态系统中，肉食性的生物（中国花鲈、大弹涂鱼）对生态系统的其他功能组有明显的负面影响；而此阶段的浮游生物、芦苇、碎屑对生态系统的其他功能组贡献明显（图6-23）。综上所述，生态系统内部的功能组之间的营养关系明确，间接反映生态系统内部各功能组之间在营养结构上达到平衡。

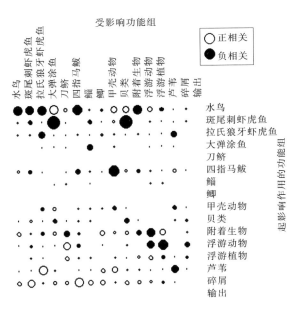

图6-22　人工替代栖息地生态系统在秋季的营养关系图

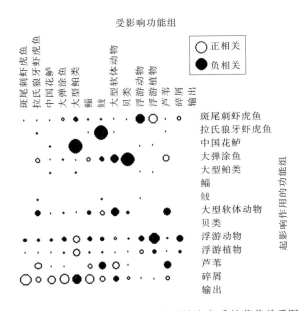

图6-23　人工替代栖息地生态系统在冬季的营养关系图

二、不同季节的林德曼分析

生态系统中营养级之间能量传递，主要由输入能量、输出能量、被捕食的能量、生物体自身消耗的能量及流入碎屑的能量等构成。整合营养级之间的能量传递关系，通常采用林德曼分析（Lindeman，1991）。不同季节的人工替代栖息地生态系统的林德曼分析结果如图6-24至图6-27所示，从林德曼食物的流通路径可以看出，人工替代栖息地生态系统在不同季节均包含了2条整合食物链。春季的该生态系统牧食链的最高营养级可以虚拟到Ⅳ营养级，各营养级占系统总输入量（total system throughout，TST）的数值沿食物链逐级降低：从第一营养级的37.53%降到第四营养级的0.123%；生物量的积累在第二营养级最高（每年25.94 t/km²），然后顺着营养级升高的方向逐渐降低，而作为生产者的第一营养级和第三营养级的生物积累量大约相等。该生态系统的碎屑食物链可以虚拟4个整合营养级，其中，碎屑作为第一营养级占系统总输入量的44.35%，其余营养级占有系统的总输入量的值沿碎屑食物链逐渐升高而降低。从生物量积累量来看，在碎屑食物链中的第一营养级占有最大的生物积累量（每年27.17 t/km²），到第四营养级的生物积累量最小（每年0.598 t/km²）。

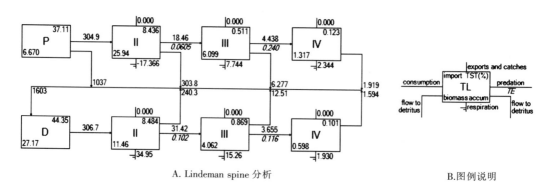

A. Lindeman spine 分析　　　　　　　　B.图例说明

图6-24　人工替代栖息地春季 Lindeman spine 分析

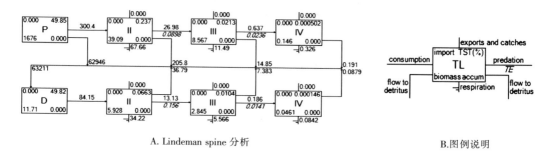

A. Lindeman spine 分析　　　　　　　　B.图例说明

图6-25　人工替代栖息地夏季 Lindeman spine 分析

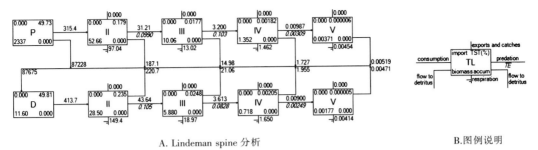

A. Lindeman spine 分析　　　　　　　　　　　B.图例说明

图 6-26　人工替代栖息地秋季 Lindeman spine 分析

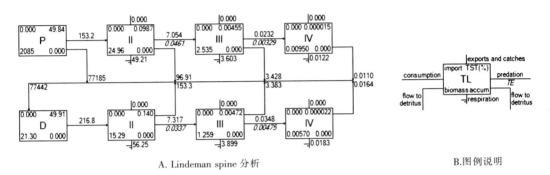

A. Lindeman spine 分析　　　　　　　　　　　B.图例说明

图 6-27　人工替代栖息地冬季 Lindeman spine 分析

三、循环路径长度分析

生态系统成熟度指标，可以通过如下几个方面的指数来评价：平均食物链长度、系统总食物链长度、Finn's 循环指数（FC）、Finn's 循环平均能流路径长度（FCL）、Finn's 循环长度等（Finn，1976）。上述这些指标可以通过构建好的营养通道模型计算获得。人工替代栖息地在不同季节的相关指数统计，以表格形式列出（表 6-5）。长江口人工替代栖息地生态系统的能量流通量在春季最高（每年 320.180 t/km²），说明在春季时，生态系统的稳定程度高于其他季节，并且系统内部能量传递效率高于其他 3 个季节。漂浮湿地生态系统 Finn's 循环指数春季最高（FCI＝8.860），夏季（FCI＝0.189）最低，秋季和冬季略高于夏季。表明其他 3 个季节的内部能量未能完全流通，其原因为芦苇在这 3 个季节的生物量远高于春季，能够为生态系统内的功能组源源不断地提供能量。

成熟生态系统的物质再循环比例高于不成熟的生态系统，成熟生态系统的能量流经功能组的食物链长，这个长度可以用 Finn's 循环平均能流路径长度（FCL）来表示。长江口人工替代栖息地生态系统的 Finn's 循环指数（FCI），春夏秋冬季节的值分别为 8.970、0.050、0.200 和 0.110；Finn's 平均能流路径长度（FCL），春夏秋冬季节的值分别为 2.698、2.008、2.015 和 2.007。表明在春季的人工替代栖息地生态系统发育程度最高,其他季节逐渐减低(表 6-5)。

表 6-5　人工替代栖息地生态系统循环路径长度分析

参数	数值				单位	备注
	春季	夏季	秋季	冬季		
循环流量(包括碎屑)	320.180	44.360	244.450	158.970	t/(km² · a)	
Finn's 循环指数	8.860	0.030	0.140	0.100		
Finn's 平均能流路径长度	2.694	2.006	2.011	2.006		
Finn's 直线路径长度	9.067	3.860	2.410	2.448		没有碎屑
Finn's 直线路径长度	2.456	2.005	2.008	2.004		有碎屑
路径总数量	45	48	39	22		
路径平均数量	3.38	3.38	3.28	2.68		

四、生态系统的总体特征

人工替代栖息地生态系统在不同季节的总体统计学参数如表 6-6 所示。生态系统总消耗量是表征系统规模的指标,它是总摄食、总输出、总呼吸以及流入碎屑能量的总和。从表 6-6 可以看出,该生态系统在秋季的总消耗量最多(810.681 t/km²),总消耗量在冬季最少(384.452 t/km²),其余两个季节的系统总消耗量位于两者之间,但均低于其他生态系统(五里湖、千岛湖和杭州湾);该生态系统的系统初级生产力(TPP)和总输出量(TEX)随着季节逐渐上升,并且在同一个季节这两个值接近相等,两者之差为系统的总呼吸量(TR)。该生态系统的总呼吸量在秋季最高、春季最低,总呼吸量远低于其他对比的生态系统的呼吸量值;总初级生产量/总呼吸量(TPP/TR)在春季最低(29.797)、冬季最高(651.913),该值高于其他生态系统,表明人工替代生态系统有大量初级生产量,可以满足更多的植食性的生物在此摄食;该生态系统的聚合度(A)在春季最低(0.384),在其他季节的聚合度均高于春季,该生态系统的聚合度高于其他生态系统;系统的连接系数(CI)在春季最高(0.233),夏秋冬季的连接指数分别为 0.190、0.185 和 0.175;生态的系统杂食度(SOI)指数在春季最高(0.188),其他季节均远远低于该值,但该生态系统的系统杂食度(SOI)指数均低于其他生态系统。

表6-6 人工替代栖息地生态系统总体统计学参数及与其他
生态系统（五里湖、千岛湖和杭州湾）的比较

特征参数	人工替代栖息地				五里湖	千岛湖	杭州湾	单位
	春季	夏季	秋季	冬季				
总消耗量（TQ）	669.885	425.651	810.681	384.452	3 459.152	5 337.542	5 191.52	t/（km² · a）
总输出量（TEX）	1 296.578	51 269.97	61 872.8	73 553.75	680.604	3 083.137	4 139.15	t/（km² · a）
总呼吸量（TR）	45.025	119.393	281.51	113.001	2 010.505	1 131.544	2 646.65	t/（km² · a）
流向碎屑总量（TDE）	1 607.872	51 367.18	62 290.68	73 772.28	2 981.992	5 990.3	7 345.42	t/（km² · a）
系统总流量（T）	3 619.36	103 182.2	125 255.7	147 823.5	9 132.254	15 543	19 323	t/（km² · a）
总生产量（TP）	1 832.486	51 610.49	62 521.34	73 861.3	3 447.926	4 436	8 294	t/（km² · a）
总初级生产计算量（TPP）	1 341.604	51 389.36	62 154.31	73 666.74	2 691.109	4 214.681	6 785.8	t/（km² · a）
总初级生产量/总呼吸量（TPP/TR）	29.797	430.423	220.789	651.913	1.339	3.725	2.563	
系统总产量	1 296.578	51 269.97	61 872.8	73 553.74	680.604	—	—	t/（km² · a）
总初级生产量/总生物量（TPP/TB）	33.473	36.673	36.353	36.596	10.431			
总生物量/总输入量（TB/TT）	0.011	0.014	0.014	0.014	0.028	—	—	
总生物量（除去碎屑）	40.08	1 401.28	1 709.76	2 012.97	257.999			t/km²
聚合度（A）	0.384	0.841	0.821	0.901	0.267	0.334	0.315	
Finn's循环指数（FCI）	8.860	0.030	0.140	0.100	0.155	0.241	0.25	
Finn's平均能流路径长度（FCL）	2.694	2.006	2.011	2.006	3.393	3.688	2.174	
连接系数（CI）	0.233	0.19	0.185	0.175	0.277	0.222	0.31	
系统杂食度（SOI）	0.188	0.05	0.088	0.065	0.119	0.087	0.35	

数据来源：五里湖，黄孝锋等（2012）；千岛湖，Liu等（2007）；杭州湾，徐姗楠等，2008。

系统能量学通常从总初级生产量/总呼吸量（TPP/TR）的参数值来表示：如果该值大于1，则表明生态系统处于发育阶段，有足够能量供给高营养级的消费者；如果该值等于1，则说明生态系统中由生产者产生的能量等于高营养级的消费者能量，该生态系统处于不稳定状态；如果该值小于1，则说明生态系统消耗的能量比产出能量多，该生态系统接近衰退状态。本研究表明，人工替代栖息地生态系在春、夏、秋、冬四个季节的TPP/TR值分别为29.797、430.423、220.789和651.913，说明该生态系统能够容纳更多的消费者在此取食，该生态系统处于良好的发育阶段。

Finn's 循环指数（FCI）、Finn's 循环平均能流路径长度（FCL）、连接指数（CI）、系统杂食指数（SOI）是用来描述生态系统物质循环的参数（Finn，1976）。该系统的连接指数（CI）和系统杂食指数（SOI）在不同季节分别为（0.233、0.190、0.185、0.175）和（0.188、0.050、0.088、0.065），该生态系统功能组的连接指数（CI）春季最高，其他季节较低。该生态系统在春季聚合度最高，其他季节均小于春季，即说明生态系统在春季的稳定性高于其他 3 个季节。

在长江口建立人工漂浮湿地后，诸多生物在此栖息，生态系统的功能完整性和能量流动畅通性较好，成熟度较高。除此之外，除了具备成熟生态系统的重要功能，人工替代栖息地还能为中华绒螯蟹仔蟹提供栖息环境以及让其他生物在此栖息。这些结果表明，人工替代栖息地具备多种多样的生态功能。

当人工替代栖息地生态系统与长江口水体相接时，该生态系统的健康程度是一个值得考虑的问题。如果这样一个生态系统能够健康运行，那么该生态系统则可以为生物提供良好的栖息环境。人工替代栖息地生态系统还具有水生生态系统的其他一些功能，如净化水质、美化环境、消波减浪、提供栖息地等。通过对不同时间段生态系统的建模可以看出，中华绒螯蟹仔蟹人工替代栖息地生态系统包含如下 3 种成分：生产者、消费者和分解者（碎屑功能组），这与其他生态系统的成分相同（Villanueva et al，2006；Harvey et al，2012；Rybarczyk & ElkaiM，2003）。该人工生态系统在不同季节的营养结构分析结果表明，生态系统内的生物量和营养结构均呈现"金字塔"结构，即处于低营养级生物的生物量高于高营养级生物的生物量，能量流通量随着食物链的方向逐渐减少。因此，可以从整体上确定该生态系统的营养结构和能量流动均呈合理的生态系统结构。另一方面，虽然在人工漂浮湿地建立了生态系统的营养结构和能量流动模型，但是在采样过程中，还包含很多的不确定性因素，如外界环境（潮水、风向、大洋环流等）和生物栖息时间段差异（候鸟迁徙、鱼类不同发育阶段的生境选择、部分蟹类洄游等），这些需要今后深入研究和验证。

第七章
渔业资源增殖放流管理与前景

开展水生生物增殖放流，对促进渔业可持续发展、改善水域生态环境、维持生物多样性和维护国家生态安全具有重要意义。渔业资源增殖放流工作始于 20 世纪 50 年代末，80 年代后增殖放流活动渐成规模，2000 年以后增殖放流工作发展较快。近年来，在各级政府和有关部门的大力支持以及全社会的共同参与下，全国水生生物增殖放流事业实现跨越式发展。目前，全国内陆所有省（自治区、直辖市）以及四大海域均已开展增殖放流工作，增殖放流活动由区域性、小规模发展到全国性、大规模的资源养护行动，放流规模和参与程度不断扩大，形成了"政府主导、各界支持、群众参与"的良好社会氛围，产生了巨大的经济、社会和生态效益。但随着增殖放流规模的扩大和社会参与程度的提高，一些地区也存在布局不合理、针对性不强、生态效益不突出、整体效果不明显等问题，甚至可能产生潜在的生物多样性和水域生态安全问题。增殖放流是一项复杂的系统工程，各地应根据境内水域和水生生物资源分布状况、特点及生态系统类型和生物习性，结合当地渔业发展现状和增殖放流实践，科学规划适宜增殖放流的重点水域和物种，加强增殖放流规范管理，力争确保放流取得实效，保障水域生态安全。

第一节　增殖放流管理

科学规范的管理，是增殖放流工作顺利实施和取得实效的关键。健全完善的制度体系，是增殖放流事业发展的重要基础和保障。为加强增殖放流规范管理，实现增殖放流科学、规范、有序发展，国家先后制订了相关发展纲要和总体规划，并加强了增殖放流制度建设，目前，已经初步形成了增殖放流规范管理的制度框架体系。但增殖放流工作还存在放流活动随意性大、规范性不强、制度建设不完善以及贯彻执行不到位等问题，这与增殖放流事业快速发展的形势不相适应，有待于在今后发展中逐步加以解决。

一、制度框架设计

1. 国务院文件

2006 年 2 月 14 日，国务院印发了《中国水生生物资源养护行动纲要》，对增殖放流工作进行顶层设计和全面部署，推动增殖放流工作在全国普遍开展。《纲要》提出了三项水生生物资源养护行动：一是渔业资源保护与增殖行动；二是生物多样性与濒危物种保护行动；三是水域生态保护与修复行动。渔业资源保护与增殖行动，又包括重点渔业资源保护、渔业资源增殖、负责捕捞管理 3 项措施。2013 年 3 月 8 日，国务院印发了《国务院关于促进海洋渔业持续健康发展的若干意见》，提出要加强海洋渔业资源和生态环境保护，不断提升海洋渔业可持续发展能力，为增殖放流工作持续健康发展指明了方向。2015年4月25日，中共中央国务院印发了《中共中央国务院关于加快推进生态文明建设的意见》。该文件是继党的十八大和十八届三中、四中全会对生态文明建设作出顶层设计后，中央对生态文明建设的一次全面部署，是今后一个时期指导我国生态文明建设的纲领性文件，明确要求加强水生生物保护，开展重要水域增殖放流活动。

2. 部门规章

2009年，农业部发布《水生生物增殖放流管理规定》，进一步规范增殖放流各项工作，明确了水生生物增殖放流的主管部门和职责分工，提出了增殖放流水生生物的种质和质量要求，强化了社会单位和个人开展增殖放流活动的规范要求，加强了对增殖放流活动全过程的监督管理，同时对有关招标采购、公开公示、效果评估、资金使用、统计报告等环节进行了规范。《规定》的颁布实施，为水生生物增殖放流事业科学、规范、有序发展提供了重要保障。该规定涉及增殖放流职责分工、资金管理、宣传教育、公众参与、规划制订、供苗单位资质要求、苗种质量要求、监督管理、社会放生管理、技术规范、禁渔期和效果评价、信息统计等增殖放流工作多个方面。文件的出台有力地推动增殖放流工作的深入开展，同年，中央财政大幅增加增殖放流资金投入，并带动地方和社会各界加大投入力度，增殖放流事业发展不断加快。

3. 发展规划

2010年11月26日，农业部印发《全国水生生物增殖放流总体规划（2011—2015年）》，就2011—2015年增殖放流指导思想、目标任务、适宜物种及水域、区域布局等提出了意见，是全国开展增殖放流工作和组织增殖放流活动的指导性规划，也是农业部增殖放流项目管理的重要依据，对贯彻落实《中国水生生物资源养护行动纲要》确定的增殖放流目标任务，推动增殖放流事业科学有序发展起到重要作用。2016年4月20日，农业部印发《农业部关于做好"十三五"增殖放流工作的指导意见》（简称《指导意见》），就2016—2020年增殖放流指导思想、目标任务、适宜物种和水域、区域布局提出了相关要求。作为"十三五"全国增殖放流工作的指导性文件，为加强增殖放流转移支付项目管理提供重要依据。对进一步贯彻落实《中国水生生物资源养护行动纲要》，推动"十三五"水生生物增殖放流事业科学规范有序发展具有重要意义。《指导意见》在物种选择方面，注重保障水域生态安全和保护生物多样性，在部分规划水域，删除了存在潜在生态安全风险的物种（包括区域性外来物种、可能造成天然水域生物种质混杂的物种以及部分凶猛肉食性鱼类），增加了部分原有水域特有具有重要价值的土著物种，进一步增强了增殖放流的科学性和规范性。

4. 资金来源

2003年以前，增殖放流资金主要来源于依据《渔业资源增殖保护费征收使用办法》

及地方性渔业法规和规章所征收的渔业资源保护费。2003 年，农业部印发《关于加强渔业资源增殖放流的通知》，要求将增殖放流经费纳入政府财政预算计划，渔业资源保护费和资源损失补偿费按比例用于增殖放流，并调动社会资金用于增殖放流。自 2007 年起，中央财政专项安排渔业资源增殖项目经费，并于 2009 年新增中央财政转移支付项目。2009 年颁布的《水生生物增殖放流管理规定》，明确提出"各级渔业行政主管部门应加大对水生生物增殖放流的投入，积极引导、鼓励社会资金支持水生生物资源养护和增殖放流事业。"目前来看，全国增殖放流资金主要包括 3 个方面：一是财政资金，包括中央和各级政府投入财政资金，是全国增殖放流资金的主要来源；二是生态修复资金，主要是相关单位因水电开发、港口建设、渔业污染事故导致生态环境破坏而做出补偿的资金；三是其他社会资金，包括个人和社会组织捐助、资助的资金。

二、工作过程管理

1. 供苗单位管理

《水生生物增殖放流管理规定》首次对苗种供应单位的资质和苗种质量保证提出了明确要求。第九条明确规定"用于增殖放流的人工繁殖的水生生物物种，应当来自有资质的生产单位。其中，属于经济物种的，应当来自持有《水产苗种生产许可证》的苗种生产单位；属于珍稀、濒危物种的，应当来自持有《水生野生动物驯养繁殖许可证》的苗种生产单位"。该办法对供苗单位准入门槛要求较低。为进一步规范珍稀濒危水生动物增殖放流工作，确保放流苗种质量，2009 年农业部印发《农业部办公厅关于做好珍稀濒危水生动物增殖放流苗种供应单位申报工作的通知》，对珍稀濒危物种供苗单位实行资质认定，只有通过农业部资质认定程序的供苗单位，才能承担珍稀濒危苗种供应任务。

为保障增殖放流苗种质量，提高中央财政增殖放流项目经济物种苗种供应单位准入门槛，2014 年 10 月，农业部印发了《农业部办公厅关于进一步加强水生生物经济物种增殖放流苗种管理的通知》，明确增殖放流苗种生产基本条件，包括基本要求、亲本数量与质量、生产设施和苗种生产能力、技术保障、资质和信誉以及其他相关方面。通过该文件的印发，供苗单位标准问题基本明确，但由于监管手段等原因，实际执行落实还有待加强。

为加强增殖放流苗种供应单位监管，2015 年 7 月，农业部印发《农业部办公厅关于2014 年度中央财政经济物种增殖放流苗种供应有关情况的通报》，对加强供苗单位监管提出了具体要求：一要加强对供苗单位亲本来源的监管；二要加强对供苗单位亲本种质的检查；三要加强对供苗单位生产设施、供苗能力和技术保障的审查。但由于供苗单位由公开招标确定，招标确定的单位经常变动，导致供苗单位监管难度较大，实际上渔业主管部门难以对供苗单位进行常态化监管。

为保障放流苗种质量安全，进一步推进增殖放流工作科学有序开展，根据《中国水生生物资源养护行动纲要》《水生生物增殖放流管理规定》等有关要求，2017 年 7 月 10 日农业部印发了《农业部办公厅关于进一步规范水生生物增殖放流工作的通知》。该文件针对增殖放流苗种监管方面也存在供苗单位资质条件参差不齐和放流苗种种质不纯、存在质量安全隐患等问题，提出进一步规范增殖放流工作的相关要求。针对供苗单位管理，要求健全增殖放流供苗单位的监管机制。严格增殖放流供苗单位准入，加强增殖放流苗种供应体系建设，开展增殖放流供苗单位督导检查，建立增殖放流供苗单位约束机制。

为加强增殖放流供苗单位监管，推动落实供苗单位苗种质量安全主体责任，建立增殖放流苗种供应有效约束机制，2018 年 5 月农业农村部印发了《农业农村部办公厅关于实施水生生物增殖放流供苗单位违规通报制度的通知》，决定从 2018 年起实施增殖放流违法违规供苗单位通报制度。制度具体包括以下内容：一是通报内容及具体的严重违法违规情形；二是通报程序；三是通报时间及范围；四是处理措施（限制准入、重点抽查、联动制约）。

2. 苗种质量和种质监管

《水生生物增殖放流管理规定》对增殖放流苗种种质方面提出要求：用于增殖放流的亲体、苗种等水生生物应当是本地种。苗种应当是本地种的原种或者子一代，确需放流其他苗种的，应当通过省级以上渔业行政主管部门组织的专家论证。禁止使用外来种、杂交种、转基因种以及其他不符合生态要求的水生生物物种进行增殖放流。对增殖放流苗种质量方面也提出了基本要求：用于增殖放流的水生生物应当依法经检验检疫合格，确保健康无病害、无禁用药物残留。

为确保增殖放流经济水产苗种的质量，2009 年 10 月，农业部印发了《农业部办公厅关于开展增殖放流经济水产苗种质量安全检验的通知》，明确了增殖放流苗种质量安全检验的具体实施办法。

2017 年 7 月 10 日农业部印发了《农业部办公厅关于进一步规范水生生物增殖放流工作的通知》，针对放流苗种质量监管，明确以下相关要求：一是加强增殖放流苗种种质监管。科学选择增殖放流物种，建立放流物种种质评估机制，加强增殖放流苗种种质检查。二是强化增殖放流苗种质量监管。规范增殖放流苗种质量检验程序，强化增殖放流苗种质量监管，规范增殖放流苗种投放。三是强化增殖放流苗种数量监管。做好增殖放流苗种数量统计，开展增殖放流苗种数量核查。

3. 活动举办和社会放生的管理

《水生生物增殖放流管理规定》首次对单位和个人自行开展规模性水生生物增殖放流活动提出要求：应当提前 15 日向当地县级以上地方人民政府渔业行政主管部门报告增殖放流的种类、数量、规格、时间和地点等事项，接受监督检查。

为加强增殖放流活动的规范管理，2013 年 2 月农业部印发了《农业部关于进一步规范水生生物增殖放流活动的通知》，提出要采用文明方式进行放流活动。为进一步提高宗教界水生生物放生（增殖放流）的规范性和科学性，2016 年 5 月农业部、国家宗教事务局联合印发了《农业部办公厅　国家宗教事务局办公室关于进一步规范宗教界水生生物放生（增殖放流）活动的通知》，提出渔业部门应加强对宗教界放生（增殖放流）活动的指导、协调和监督。

2016 年月新修订的《中华人民共和国野生动物保护法》，明确了放生的法律责任：随意放生野生动物，造成他人人身、财产损害或者危害生态系统的，依法承担法律责任。

4. 信息统计

《水生生物增殖放流管理规定》规定：县级以上地方人民政府渔业行政主管部门应当将辖区内本年度水生生物增殖放流的种类、数量、规格、时间、地点、标志放流的数量及方法、资金来源及数量、放流活动等情况统计汇总，于 11 月底以前报上一级渔业行政主管部门备案。《中国水生生物资源养护行动纲要》提出要制定增殖技术标准、规程和统计指标体系，规范渔业资源增殖管理，建立水生生物资源管理信息系统，为加强水生生物资源养护工作提供参考依据。《农业部关于做好"十三五"水生生物增殖放流工作的指导意见》要求健全增殖放流效果评估和基础数据统计机制，科学评估、充分论证增殖放流效果。

2016 年 10 月，农业部组织开发了全国水生生物资源养护信息采集系统，印发了《关于报送 2016 年度水生生物资源养护工作情况的函》，要求各地通过信息系统上报增殖放流基础数据。

5. 增殖放流

2010 年，农业部渔业局组织相关单位制定了《水生生物增殖放流技术规程》。该标准规定了水生生物增殖放流的水域条件、本底调查，放流物种的质量、检验、包装、计数、运输、投放、放流资源保护与监测、效果评价等技术要求，适用于公共水域的水生生物增殖放流，为相关物种的增殖放流提供科学指导。

增殖放流苗种应当是本地种的原种或 F_1 代，人工繁育的增殖放流苗种应由具备资质的生产单位提供。其中，水生经济生物苗种供应单位需持有《水产苗种生产许可证》；珍稀、濒危生物苗种供应单位需持有《水生野生动物驯养繁殖许可证》。禁止增殖放流外来种、杂交种、转基因种以及其他不符合生态要求的水生生物物种。直接用于增殖放流的水生生物亲体由原种场提供；用于繁育增殖放流苗种的亲体应为本地野生原种或原种场保育的原种。

人工繁育增殖放流苗种按照有关苗种繁育技术规范进行。其中，引用的水源水质符合 GB 11607 的规定，苗种培育用水的水质符合 NY5051 或 NY 5052 的规定。苗种培育中，投喂配合饲料符合 NY 5072 的规定，使用渔药符合 NY 5071 的规定，禁止使用国家、行业颁布的禁用药物。人工繁育水生动物苗种，在放流前 15 d 开始投喂活饵进行野性驯化，在放流前 1 d 视自残行为和程度酌情安排停食时间。

增殖放流物种质量须符合表 7 - 1 要求。主要增殖放流种类规格分类要求见表 7 - 2。

表 7 - 1 增殖放流物种质量要求

项目	类别		
	水生动物	水生植物	种子、受精卵等
感官质量	规格整齐、活力强、外观完整、体表光洁	规格整齐、外观完整、叶片平滑舒展、色泽鲜亮纯正	规格整齐、外观完整
可数指标	规格合格率≥85%，死亡率、伤残率、体色异常率、挂脏率之和<5%	规格合格率≥80%，死亡率、伤残率、体色异常率之和<5%	死亡率、伤残率等之和<10%；受精卵受精率≥85%
疫病	农业部公告第 1125 号规定的水生动物疫病病种（见附录 A）不得检出	—	受精卵适应水生动物
药物残留	国家、行业颁布的禁用药物不得检出，其他药物残留符合 NY 5070 的要求		

表 7 - 2 主要增殖放流种类规格分类

增殖放流种类	规格分类	
	大规格	小规格
鱼类	平均代表长度≥80 mm	80 mm>平均代表长度≥20 mm
虾类	平均体长≥25 mm	25 mm>平均体长≥10 mm
蟹类	平均头胸甲宽≥20 mm	20 mm>平均头胸甲宽≥6 mm
贝类	平均壳长≥20 mm	20 mm>平均壳长≥5 mm
海蜇类	平均伞径≥15 mm	15 mm>平均伞径≥5 mm
海参类	平均体重≥5 g	5 g>平均体重≥1 g
头足类	平均胴长≥30 mm	30 mm>平均胴长≥10 mm
龟鳖类	平均背甲长≥30 mm	30 mm>平均背甲长≥10 mm
大型水生植物	平均全长≥20 mm	20 mm>平均全长≥5 mm

注：鱼类代表长度按鱼种选测，执行 GB/T 12763 有关规定。

加强放流资源的保护、监测和评价。增殖放流资源保护措施主要包括：增殖放流前，对损害增殖放流生物的作业网具进行清理；在增殖放流水域周围的盐场、大型养殖场等纳水口设置防护网；增殖放流后，对增殖放流水域组织巡查，防止非法捕捞增殖放流生物资源；需特别保护的放流生物，在增殖放流水域设立特别保护区或规定特别保护期。

增殖放流后,根据 GB/T 12763 和 SC/T 9102 的方法,定期监测增殖放流对象的生长、洄游分布及其环境因子状况。提倡进行标志放流。

增殖放流后,进行增殖放流效果评价,编写增殖放流效果评价报告。效果评价内容包括生态效果、经济效果和社会效果等。其中,生态效果评价中的生态安全评价前后间隔不超过 5 年。

部分科研单位还针对具体放流物种专门制定了增殖放流技术规范,进一步提高了放流的精细化、科学化、规范化水平。已制定的技术规范包括《水生生物增殖放流技术规范　中国对虾》(SC/T 9419—2015)、《水生生物增殖放流技术规范　日本对虾》(SC/T 9421—2015)、《水生生物增殖放流技术规范　鲷科鱼类》SC/T 9418—2015)、《水生生物增殖放流技术规范　大鲵》(SC/T 9414—2014)、《水生生物增殖放流技术规范　三疣梭子蟹》(SC/T 9415—2014)、《水生生物增殖放流技术规范　大黄鱼》(SC/T 9413—2014)、《水生生物增殖放流技术规范　鲆鲽类》(SC/T 9422—2015)、《水电工程鱼类增殖放流站设计规范》(NB/T 35037—2014)》等。

三、物种选择问题及对策

1. 存在的问题

(1) 部分放流物种的种质来源不符合要求　农业部《水生生物增殖放流管理规定》明确规定:禁止使用外来种、杂交种、转基因种以及其他不符合生态要求的水生生物物种进行增殖放流。按照以上规定要求,增殖放流的物种应当是原产地原生物种(土著种)、改良种(包括选育种、杂交种和其他技术手段获得的品种)、外来种及其他不符合生态要求的物种均不适宜进行增殖放流(罗刚 等,2016)。由于科技支撑和监管力度不足,目前部分地方增殖放流物种还存在种质不符合规定的情况,存在的问题主要包括以下方面:

①放流物种是改良种。特别是鲤(*Cyprinus carpio*)、鲫(*Carassius auratus*)等物种。根据农业部的调查,增殖放流改良种以及其他不符合生态要求的物种,主要是通过国家新品种审定的一些选育种和杂交种,以及生产上使用的其他改良种。目前已发现,部分地区放流的鲤并非本地土著鲤品种,而是建鲤(*Cyprinus carpio* var. *jian*)、福瑞鲤(FFRC *strain carp*)等改良品种。改良种的放流,直接影响放流水域生物遗传多样性,造成相关物种种质混杂,种群退化,进而对水域生态安全造成不良影响。

②跨水系跨流域放流物种。由于野生资源匮乏或者本地苗种繁育成本相对较高等原因,目前,东北、西北地区放流的四大家鱼均来源于长江水系,甚至珠江水系放流的四大家鱼也并非本地种。在秦岭地区放流的秦岭细鳞鲑(*Brachymystax lenok tsinlingensis*)部分来源于黑龙江水系,而珠江、闽江水系放流的中华鲟(*Acipenser sinensis*)全部

来源于长江水系。据研究，由于我国幅员辽阔，地形复杂，气候类型多样，水生生物物种由于其分布受到水系的严格限制，地理隔离广泛存在，大多存在不同的地理种群，即地理种群间存在显著的遗传分化，形成不同的地理亚种（张雄飞 等，2004；陶峰勇，2005；张永正 等，2008；黄昊，2011；刘海侠，2014；聂竹兰，2014）。因此，增殖放流水生生物物种的亲本应来源于放流水域原产地，即"哪里来、哪里放"原则，放流物种的地理种群不宜混杂，否则可能形成潜在的生态风险（姜亚洲 等，2014）。如中华绒螯蟹在我国不同水系已形成长江、辽河、瓯江、闽江等不同种群，有不同的形态表型和特征，这是长期自然选择和进化的结果。但是，近20年来，中华绒螯蟹增养殖在我国发展很快，由于苗种北运南调和盲目移植，已引起中华绒螯蟹不同水系间种质混杂和性状衰退（吴仲庆，1999）。

③放流物种属外来物种。外来物种是指在某地区或生态系统原来不存在、由于人类活动引入的物种，其中，来自国际间的称为国外外来物种，来自同一国家不同地区的称为区域外来物种。区域外来物种又包括两类，一类是同一物种的不同地理亚种；另一类是不同物种，即本区域原来没有的物种（罗刚，2015）。通常提到的区域外来物种指的是第二类。目前，渔业部门组织的大规模增殖放流活动一般都通过专家论证，极少出现放流国外外来物种的情况。但近年来个人、企业等组织的放生活动日渐增多，由于缺乏有效监管和科学指导，放生种类很多属于外来物种，如巴西龟（*Trachemys scripta ele-gans*）、牛蛙（*Rana catesbeiana*）、克氏原螯虾（*Procambarus clarkii*）等，目前该问题已引起了社会高度关注。此外，由于观念认识的问题，部分地方还存在放流区域外来物种的情况。如团头鲂（*Megalobrama amblycephala*）原产于长江中下游的通江湖泊，属栖息于静水中的物种，现已被引入全国多个省（直辖市）开展养殖，甚至在江河中开展增殖放流（罗伟，2014）。鳙（*Aristichthys nobilis*）在黑龙江水系并没有天然分布（李思忠，1981），但近年来该区域增殖放流鲢（*Hypophthalmichthys molitrix*）和鳙基本上均是同时进行的。区域外来物种对生态环境影响也是比较突出的。我国东部江河平原区系鱼类，如"四大家鱼"被引进到西北和西南部高海拔水域，这些物种以及随这些物种的引进而带入的虾虎鱼（*Rhinogobius* sp.）、麦穗鱼（*Pseudorasbora parva*）等小型杂鱼所引起的灾难，并不亚于国外外来物种所引起的灾难（李家乐 等，2007）。大头鲤（*Cyprinus pellegrini*）是云南高原湖泊特有的国家Ⅱ级重点保护鱼类。由于众多因素，土著大头鲤与外来鲤的渐渗杂交，已在星云湖野生种群中广泛发生。近年来通过形态学和遗传分析表明，星云湖纯种大头鲤已经灭绝（杨君兴 等，2013）。

（2）放流物种重点不突出　从近年来的增殖放流实践来看，部分地区还存在增殖放流物种重点不突出、放流成效不明显等问题。主要存在3种情况：一是由于缺乏本底资源和相关资源开发利用情况调查，规划放流物种种类较多或面面俱到，没有根据水域和资源状况突出特色和重点；二是由于客观条件限制，或者缺乏增殖放流长远规划，同一水域放流的物种经常发生变动，不能很好地发挥增殖放流规模效应和累积效应；三是出于恢复水域自然生态目的，部分地方放流一些小型野生鱼类，如洛氏鱥（*Phoxinus lagowskii* Dybowskii）、红鳍鲌（*Culter erthropterus*）、马口鱼（*Opsariicjthys bidens*）等，由于这些鱼类一般个体不大，且自然繁殖条件要求不高，增殖放流对其水域资源恢复所起的作用有限。

（3）放流物种功能定位不够合理　近年来，随着经济社会的快速发展，各地水域生态环境不断恶化，部分近海渔业资源衰退，部分水域污染加剧，蓝藻赤潮的生物灾害暴发，还有的水域物种濒危程度加剧，但不同水域面临的生态问题也不尽相同。增殖放流工作应当根据各水域的具体情况，明确不同的功能目的，选择相应的主要适宜放流物种。但目前各地开展增殖放流目的还是以恢复资源、促进渔民增收为主，选择物种多属于经济性物种，珍稀濒危物种以及水域生态修复作用的物种放流较少。据 2015 年度全国水生生物增殖放流基础数据统计，各地放流经济性物种的种类数量占所有放流种类的 73.2%，数量达到放流总数量的 86.5%。

（4）凶猛性鱼类放流存在潜在风险　近年来，随着增殖放流规模的不断扩大，凶猛性鱼类放流的潜在风险也在逐步凸显。目前，凶猛性鱼类放流主要存在以下问题：一是部分放流种类存在潜在风险。出于恢复资源、渔民增收的目的，山东、陕西、江西等地近年来开展了乌鳢（*Ophiocephalus argus*）的放流，部分南方地区还开展了斑鳢（*Channa maculata*）的放流。但鳢科鱼类均属于凶猛肉食性鱼类，具极强生命力和环境适应力，可能取代其他鱼类破坏整个食物链，放流不当可能造成原生自然生态系统的改变，甚至造成生物入侵等生态灾害，因此放流存在极大的生态风险。新疆塔里木河属高盐碱水体，但乌鳢仍能适应并生存下来，并且作为外来物种对当地的土著鱼种造成一定程度的影响（陈生熬 等，2014）。南鳢（*Ophiocephalus gachua*）作为为观赏鱼，近年来被大量引进到一些原本没有该品种的地区，导致其进入自然水域并形成稳定种群，在某些地方已经形成生物入侵现象。如在云南蒙自的自然水域，2009 年以前从未发现南鳢踪迹，2009 年自然水域发现少量南鳢，2010 年就形成稳定的种群并迅速扩散，2014 年蒙自全辖区大部分自然水域都发现南鳢踪迹。二是凶猛性鱼类放流策略不当，主要是数量或规格不合理。江苏省于 2002—2004 年在太湖放流翘嘴红鲌（*Erythroculter ilishaeformis*）鱼苗，总数达 257.7 万尾，达到平均 0.09 hm² 分布 1 尾，大规模的放流对太湖大银鱼（*Protosalanx hylocranius*）和太湖新银鱼等鱼类资源产生较大影响，使 2004—2005 年太湖银鱼产量进入历史纪录以来的最低点，几乎没有产量（施炜纲，2009）。

（5）放流物种的公益属性有待提升　增殖放流属于社会公益性事业，放流物种选择应体现增殖放流活动的公益属性。但目前，受利益驱动和固有运行机制的影响，放流物种选择还存在以下方面的问题：一是注重部分地区部分人群受益，未能体现增殖放流普遍受益的原则。部分沿海地区热衷于放流贝类、棘皮类、多毛类等定居性物种，增殖放流鱼类以恋礁性、底栖性鱼类为主，游泳性、漂流性以及洄游性鱼类放流较少。部分内陆地区倾向于在河流和湖泊中放流中华绒螯蟹、泥鳅（*Misgurnus anguillicaudatus*）、中华鳖（*Trionyx Sinensis*）等移动范围小的经济物种，在水库中放流银鱼、池沼公鱼等能够快速增收的经济物种。二是注重经济效益，对社会和生态效益重视程度不够。由于经济效益明显，各地增殖放流经济性物种积极性很高，相比之下，具有水域生态修复作用的物种、特有物种以及珍稀濒危物种的增殖放流种类和数量均相对较少，投入明显不足。如兰州鲇（*Silurus lanzhouensis*）、厚唇裸重唇鱼（*Gymnodiptychus pachycheilus*）等特有物种，由于生产成本高，市场需求少，相关单位开展繁育生产的积极性不高，导致增殖放流数量远远满足不了实际需要。此外，斑鰶（*Konosirus punctatus*）、鮻（*Liza haematocheila*）、鲻（*Mugil cephalus*）等滤食性鱼类在海洋生态系统中占有比较重要的生态位，但是由于其经济效益低下，人工繁育研究和实际生产少有开展，近年来实际上基本没有开展增殖放流。三是注重短期和直接效益，对具有长远效益或间接效益的物种支持不够。目前，增殖放流物种基本以繁育技术成熟，育苗量大的物种为主，对繁育技术不成熟的物种支持力度不够。如传统名贵鱼类日本鳗鲡（*Anguilla japonica*），黑龙江水系的乌苏里白鲑（*Coregonus ussuriensis*），珠江水系四大名贵河鲜中的斑鳠（*Mystus guttatus*）、卷口鱼（*Ptychidio jordani*），长江上游重要经济鱼类圆口铜鱼（*Coreius guichenoti*）、铜鱼（*Coreius heterokon*），澜沧江水系的中国结鱼（*Tor sinensis*）等珍稀濒危物种和重要经济物种，历史上曾是水域的重要经济鱼类。然而目前资源已严重衰竭，部分鱼类已多年不见其踪迹，亟须开展增殖放流以恢复资源（黄福江 等，2013；姜作发 等，2009；李新辉 等，2009；袁希平 等，2008），但由于人工繁育技术不成熟等瓶颈限制，不能开展规模放流。

2. 对策建议

（1）坚持放流原水域原生物种

①避免放流种质混杂或可能混杂的物种。特别是鲤、鲫鱼类要慎重开展放流。主要原因：一是天然资源鲤、鲫原种难以获得。我国现有的鲤种群、品种之间，由于不加节制的杂交，杂交后代混入天然水域，造成了我国鲤种质的混杂，在长江、珠江和黄河流域已很难找到不受遗传污染的鲤原种（潘勇 等，2005）。因此，增殖放流的鲤、鲫苗种种质纯正的亲本难以从天然资源获得。二是目前国内鲤、鲫养殖品种繁多，种质混杂（汪留全和胡王，1997），因此放流苗种来源难以控制。三是放流鲤、鲫苗种种质鉴定不易。鲤、鲫苗种种质通过简单的外观鉴别、可数性状测量等方式很难鉴定区分，需要通过实验室复杂的检验检测才能有效区分，导致增殖放流苗种种质鉴定十分困难。四是鲤、鲫开展增殖放流作用有限。鲤、鲫本身繁殖条件要求不高，在静水中即能完成整个生活史，因此，保护好其栖息地也可逐渐恢复其资源。鉴于以上因素，《农业部关于做好"十三五"水生生物增殖放流工作的指导意见》（以下简称《指导意见》）在规划放流物种中

删除了鲤、鲫，即中央财政资金原则上不再支持鲤、鲫放流，各省如要开展放流，需通过专家论证，并报农业部渔业渔政管理局备案。使用其他资金开展放流，也须确保放流苗种种质纯正，来源清晰。

②不宜跨水系跨流域放流物种。为提高增殖放流的科学性和规范性，《指导意见》将全国内陆水域和近海区域按照生物区系和地理水文特征进一步划分为35个流域和16个海区，强化了流域和水系划分。各地增殖放流物种应按照"哪里来、哪里放"原则，根据《指导意见》划定方法，严格区分放流物种所属流域和水系，坚持放流种质来源为原流域或水系的本地物种。为避免跨水系跨流域放流物种，《指导意见》在部分流域删除了野生资源已难以获得的部分土著物种，如在闽江、珠江流域放流物种规划中删除了中华鲟。此外，还有一些物种经过长期进化，在不同流域或者水系形成了新的物种，更不应该跨水系跨流域放流。因此，应慎重放流未研究清楚系统关系和遗传背景的广布种，避免由于增殖对象选择不当而混淆地理种群或近缘种之间的分类界限，避免不同地理种群混养导致的苗种杂交、跨水系放流导致外来种入侵等问题。

③严禁放流外来物种。对于区域外来物种的问题，为避免放流区域外来物种对原有水域生态安全造成影响，《指导意见》已在部分区域删除了区域外来物种，并在附表中注明了淡水广布种、区域性物种的分布区域。也就是说，广布种也不是全国各流域水系均可开展放流，一般来说，不宜在青藏高原、西北内流区、西南跨国诸河流域等非原分布区域的水体放流。此外，淡水区域性物种不宜在原分布区域外的开放性水体放流，目前这种问题还比较突出，应进一步加强宣传培训，提高增殖放流的科学性和规范性。对于宗教团体或个人组织的放生活动放流外来物种的问题，2016年5月农业部和国家宗教事务局联合印发了《关于进一步规范宗教界水生生物放生（增殖放流）活动的通知》进行了规范。2016年7月新修订的《野生动物保护法》进一步强化了放生行为的法律责任，规定随意放生造成他人人身、财产损害或者危害生态系统的，将依法承担法律责任。

（2）突出重要和特色物种 重要物种是指具有重要经济价值的物种，通常是该水域历史上数量或产量比较高的物种。特有物种是部分地方特有的，具有较高经济、生态等价值的物种。对于部分小型野生鱼类，自然资源比较丰富，繁殖条件要求不高的，一般不宜作为主要增殖放流物种。为有效发挥增殖放流规模和累积效应，确保财政资金使用效益充分发挥，避免出现放流水域、物种重点不突出不匹配以及放流效果不明显等问题，水域增殖放流宜突出重要或特有增殖物种，种类不宜多，防止面面俱到或千篇一律。此外，根据增殖放流历史实践来看，增殖放流若要取得明显成效，需要在适宜水域长期重点开展一种或几种水生生物的放流。

（3）合理确定放流物种的功能定位 针对水域存在的渔业资源衰退、物种濒危程度加剧、赤潮等生物灾害暴发以及水域生态荒漠化等问题，放流时需要合理确定不同水域增殖放流功能定位及主要适宜放流物种，以形成区域规划布局与重点水域放流功能定位相协调，适宜放流物种与重点解决的水域生态问题相一致，推动增殖放流科学、规范、有序进行，实现生态系统水平的增殖放流。定位于渔业种群资源恢复的增殖放流活动，放流物种宜选择目前资源严重衰退的重要经济物种或地方特有物种；定位于改善水域生态环境，放流物种宜选择杂食性、滤食性等具备水域生态修复作用的物种；定位于濒危物种和生物多样性保护，放流物种则选择珍稀濒危物种和区域特有物种；定位于渔业增收和增加渔民收入，放流物种宜选择资源量易于恢复的重要经济物种。

目前，《指导意见》规划的主要经济物种是指具有公有属性和重要经济价值的鱼虾蟹等游泳生物，不包括贝类、藻类等定居性物种。但实际上，贝类、藻类等物种净化水质、吸收有害有毒物质能力很强。近年来，有关部门在长江口水域开展生态修复工程，通过增殖放流巨牡蛎（*Crassostrea gigas*），在河口形成面积达 75 km² 的自然牡蛎礁生态系统，每年去除营养盐和重金属所产生的环境效益等同于净化河流污水 731 万 t，相当于一个日处理能力约为 2 万 t 的大型城市污水处理厂（陈亚瞿 等，2007）。因此，建议在一些河口、港湾等污染严重水域，且不属于特定单位和私人经营利用区域，可由财政支持开展贝藻类等定居性种类试验性增殖放流，以达到水域生态修复的目的。此外，建议在人工鱼礁、海洋牧场以及内陆人工藻场等具备监管条件的公共水域，适时开展贝藻类等定居性种类的增殖放流，以利于修复水域生态，促进生态平衡。

（4）科学制订凶猛性鱼类的放流策略　凶猛性鱼类对于维持水域生态系统平衡具有重要作用，同时，可以将经济价值较低的野杂鱼转化为附加值较高的经济鱼类，有利于渔业增收。但凶猛性鱼类增殖放流的潜在风险不容忽视，其增殖放流需要经过科学论证，进行生态安全风险评估，充分考虑其不利影响和可能造成不良后果。根据其不同物种的生物习性、资源状况、水域特点及增殖放流功能定位，科学制订放流策略，以确保原有水域生态安全，具备条件的可先行开展试验性的增殖放流。考虑到可能存在潜在生态风险，各种凶猛性鱼类基本放流策略建议如下：鳡（*Elopichthys bambusa*）、鯮（*Luciobrama macrocephalus*）等大型掠食性凶猛性鱼类自然资源严重衰退，虽已部分突破人工繁育，但由于其异常凶猛，对鱼类资源危害极大，一般不作为放流对象；乌鳢、斑鳢等鳢科凶猛性鱼类人工繁育技术成熟，但其野外生存极强，并且能够自行扩散其他水域，且目前还存在一定的天然资源量，一般不应作为放流对象；鲈鲤、哲罗鲑（*Hucho taimen*）、单纹似鳡（*Luciocyprinus striolatus*）、巨鲶（*Bagarius yarrelli*）等珍稀濒危凶猛性鱼类，目前资源已严重衰竭，宜尽快开展人工繁育和增殖放流；怀头鲇（*Silurus soldatovi*）、南方鲇（*Silurus meridionalis*）、白斑狗鱼（*Esox lucius*）、黑斑狗鱼（*Esox reicherti*）等地方特有凶猛性鱼类，规模化人工繁育已突破，考虑到目前资源已不断衰竭，宜在特定区域慎重放流。翘嘴鲌、鲇（*Silurus asotus*）、鳜（*Siniperca chuatsi*）等广布性凶猛鱼类，应根据实际情况确定，慎重开展放流，一般不宜单独作为放流对象，可作为放流其他物种的搭配对象，放流数量、规格和结构也要严格控制。

此外，从凶猛性鱼类放流功能定位来看，如果单纯从渔业增收的目的考虑直接开展凶猛性鱼类的增殖放流，可能对营养级较低的种类带来不利影响，可能改变水域的生物结构，破坏原有水域生态平衡（姜亚洲　等，2014），结果往往事与愿违。如果原有水域凶猛性鱼类仍存在少量资源量，也可以考虑通过放流营养级较低的种类，修复食物链网络等间接手段恢复其种群资源。如花鲈（Lateolabrax japonicus）在山东省很少开展放流，但近年来通过放流中国对虾（Penaeus chinensis）、日本对虾（Penaeus japonicus）等，花鲈的捕获量明显提高。

（5）强化放流物种的公益属性　为充分发挥增殖放流多功能作用，体现增殖放流的公益性，物种选择要进一步强化放流物种的公益属性：一是强化放流经济效益的公益属性。增殖放流活动不能过于注重本地渔民增收，增殖放流物种选择不能以定居性或游动性不强的水生生物为主，要积极增殖放流大范围洄游性的水生生物物种，如长江流域的四大家鱼，黑龙江流域的大麻哈鱼、史氏鲟（Acipenser schrencki）等，近海的中国对虾、三疣梭子蟹（Portunus trituberculatus）、大黄鱼（Larimichthys crocea）、曼氏无针乌贼（Sepiella maindroni）等种类。二是强化放流的社会效益。增殖放流活动不能过于注重经济效益，要统筹考虑经济和社会效益，使增殖放流活动社会参与面不断扩大，社会影响力逐步提升。对于企业或个人等社会行为可以完成的放流品种，财政资金不应予以支持。如在近海滩涂底播海参、鲍鱼、扇贝等高档水产品。财政资金应重点支持企业与个人不愿进行放流的公益性物种。例如部分特有物种和珍稀濒危物种，中华鲟、兰州鲇（Silurus lanzhouensis）、哲罗鲑、大头鲤、滇池金线鲃（Sinocycheilus grahami grahami）等，由于目前人工育苗难度大成本高，且因价格、消费习惯等因素导致市场需求量很低，其生产的苗种只能主要用来增殖放流。如没有相应增殖放流工作经费支持，可能其苗种繁育生产和增殖放流工作将难以为继。因此，财政资金应积极支持这些种类的增殖放流，引导其苗种生产单位逐步扩大苗种繁育规模，以满足物种增殖放流的实际需要。三是进一步强化增殖放流的生态效益。按照现代渔业建设全面贯彻生态优先的发展理念，在放流物种和区域布局上，要以生态效益为先，兼顾经济和社会效益。在增殖放流功能定位上更加注重生态要求，物种选择突出水质净化、水域生态修复及生物多样性保护等功能作用，不断加大生态型放流的比重。中国水产科学研究院东海水产研究所在长江口水域，通过实施中华绒螯蟹产卵亲体人工增殖及产卵场环境修复等综合技术措施（彭欣悦　等，2016），成功修复长江口中华绒螯蟹产卵场生境，使产卵场面积由 56 km² 扩大至 260 km²，蟹苗资源由年产不足 1 t 恢复至 30～60 t 的历史最好水平。四是统筹规划增殖放流的间接效益和长远效益。注重潜在增殖放流品种挖掘和开发，充分发挥增殖放流综合效益和长远效益，促进增殖放流工作深入持续发展。对于斑鳠、卷口鱼等曾经是水域的重要经济鱼类，然而目前资源已严重衰竭，亟须开展增殖放流以恢复其自然资源。但由于人工繁育技术不成熟等瓶颈限制，不能开展规模放流的珍稀濒危物种和重要经济物种，财政资金应积极发挥引导和带动作用，重点支持其开展人工繁育技术研究和试验性的增殖放流活动，使其尽快通过增殖放流恢复其天然资源。

四、区域布局问题及对策

1. 增殖放流区域布局存在的问题

（1）放流水域公益性有待提高　受经济利益影响，目前部分地方增殖放流水域选择还存在偏重于易于管理的小型和封闭性湖泊水库，跨省（区、市）的开放型江河湖泊、重点城市的水源地以及边界水域等重点水域增殖放流力度不够的问题，导致增殖放流多功能作用不能充分发挥，难以体现增殖放流的公益性。特别是近年来，我国部分沿海滩涂和内陆小型水库（小于 50 km²）多被私人承包，在以上区域开展增殖放流，国家财政资金的使用效益存在很大问题。

（2）部分放流水域生态环境不适宜　近年来，随着经济社会的快速发展，水电开发、围湖造田、交通航运和海洋海岸工程等人类活动的增多，水域生态环境不断恶化，重要江河均遭受不同程度污染，部分湖泊呈现不同程度的富营养化河口、海湾等典型海洋生态系统多处于亚健康和不健康状态（鲁泉，2008）。特别是一些城市水系及小型封闭水体，水体污染情况更为严重。在这些环境污染区域开展增殖放流，放流苗种成活率和放流实际成效将受到明显影响。特别是目前有些宗教团体或个人组织的放生活动，由于水域环境不适宜，放生变成杀生。2016 年 4 月，200 kg 以上的鲢（*Hypophthalmichthys molitrix*）、鳙（*Aristichthys nobilis*）在北京通州潮白河放生，因河道水质污染严重放生鱼类全部死亡。由于不科学放生，济南大明湖景区有时每天要捞近 100 kg 死鱼。

此外，近年来部分地区大规模开发水电资源，流域生态环境和水文特征发生重大改变，也可能对增殖放流鱼类造成不良生态影响。主要影响因素包括：一是水体气体过饱和。在高水头大坝泄洪过程中，水体中的溶解气体往往处于过饱和状态，而溶解气体过饱和容易导致鱼类患气泡病死亡（谭德彩 等，2006）。热电厂等单位排放的温度较高的废水，使一定区域内的水体水温升高，也会引起气体过饱和。据有关调查，在葛洲坝建成初期，曾发生泄洪导致坝下鱼苗死亡的现象，2003 年三峡大坝初期蓄水泄洪后，下游捕捞鱼类暂养相比过去存活时间明显缩短，初步分析，这些鱼苗及暂养鱼死亡与水中溶解气体含量有关（彭期冬 等，2012）。二是调水调沙。水库进行水力排沙时水库下游河流水体的物理和化学性质的变化，可能对鱼类等水生生物产生不利影响，主要是微颗粒泥沙淤堵鱼鳃影响其摄入氧气功能和水体溶解氧下降，严重时出现死鱼。例如，位于黄河中游的三门峡水库和小浪底水库在进入汛期时进行开闸放水排沙，随着下游河流含沙量的提高和排沙时间的持续，就会使很多鱼类处于昏迷或半昏迷状态在水面漂流，被称为黄河"流鱼"现象（白音包力皋和陈兴茹，2012）。三是低温水下泄。高坝形成的水库存在温度分层现象，如果下泄水流位于"跃温层"以下，则夏秋季节下泄水温低于天然水温，冬春季节下泄水温高于天然水温。很多鱼类对水温反应是非常敏感的，水温对鱼类的生长、发育、繁殖、疾病、死亡、分布、产量、免疫等均具有重要的影响（张东亚，2011）。三峡大坝蓄水后，由于温度较高的上层水先行下泄，坝下河道秋冬季水温高于自然状态，导致近年来中华鲟（Acipenser sinensis）产卵时间从以往10月中旬延迟到11月中旬（王成友，2012）。四是其他水文特征改变。鱼类经过长时间的进化和演变，会选择适合生存的地方作为自己的产卵、索饵、越冬等栖息场所，栖息地包括水深、流速、水温、底质、弯曲度、泥沙等条件。鱼类的这种习性是一种长期与生态环境相适应的结果，大坝的修建会改变天然条件下鱼类栖息地的上述条件，鱼类往往难以适应这种变化，最常见的情况是溪流性鱼类可能在流速缓慢的水库静水区域难以生存。例如，三峡大坝蓄水后，秭归至万州段水体转为静水水体，原有喜流性鱼类白甲鱼（Onychostoma sima）、中华倒刺鲃（Spinibarbus sinensis）、岩原鲤（Procypris rabaudi）等在渔获物中比例已经很少，铜鱼（Coreius heterokon）资源也明显下降，而黄颡鱼（Pelteobagrus fulvidraco）、鲤（Cyprinus carpio）、南方鲇（Silurus meridionalis）、鲢等缓流性或静水性鱼类在渔获物中的比例上升（吴强，2007）。

（3）放流水域缺乏有效监管　由于执法监管不到位，部分放流水域还存在非法捕捞现象，甚至存在炸鱼、电鱼、毒鱼等违法行为以及使用被取缔禁用的渔具、渔法等，严重影响了放流苗种成活率。例如，上海淀山湖每年放流大量经济鱼类幼体，但禁渔期一旦结束即有大量的刺网作业，导致前几年放流的经济鱼类成体基本被捕完，同时拖网作业将底栖生物栖息地破坏，增殖放流难以达到预期效果（黄硕琳 等，2009）。更有甚者，有些地方开展增殖放流，上游刚刚放流结束，下游就有渔民非法捕捞，放流效果可想而知。此外，增殖放流贝类、两栖、爬行类等移动范围较小的水生生物，如果保护措施不到位，极易被非法捕捞分子一网打尽。

（4）放流水域分散且随意变动　根据目前的增殖放流项目管理机制，项目财政资金一般由各级渔业行政主管部门按照行政区划逐级进行分配，由于缺乏项目实施的监管考核，容易形成平均主义大锅饭或者撒胡椒面的情况，不能充分考虑各地适宜水域和水生生物资源状况、渔业发展现状以及增殖放流工作开展情况等因素。进而导致目前增殖放流项目资金分散且不固定，相应的造成增殖放流水域分散且变动性强，增殖放流难以形成规模效应和累积效应，同时也造成后期监管和效果监测评估困难。增殖放流活动如果缺乏制度性保障，通常无法形成有效机制，偶尔的增殖放流行为无法对恢复渔业资源起到实质性的作用（Miyajima et al，1999）。

2. 区域布局的原则和对策

（1）强化放流水域的公益属性　增殖放流水域应该是能够为全社会共同利用的开放

型公共水域，不包括由特定单位和个体经营利用的非公共水域。为体现增殖放流的公益性，宜选择跨行政区域的开放性江河湖泊、城市的水源地以及边界水域等重要水域开展增殖放流。特别是，近年来随着渔业转方式调结构加快推进，近海滩涂、内陆湖泊水库高密度人工养殖将逐步撤出（张成，2016），这些因政府决定取缔或限制水产养殖，导致渔民生活水平下降或者资源灭失的传统渔业水域应规划为增殖放流的重要水域，加大增殖放流力度，逐步修复水域生态环境。部分内陆中型及以上水库（大于 50 km²）如属于私人承包经营，也不宜作为增殖放流水域。在人工鱼礁及海洋牧场区域开展增殖放流，若技术措施和管理方式得当，可以取得比较好的效果。但公共财政资金一般不宜支持在功能为增殖型或休闲开发型的私人企业性质的人工鱼礁或海洋牧场区域开展增殖放流，可以支持功能为资源保护型或生态环境恢复型的，且由政府相关部门规范管理的公益性质的人工鱼礁或海洋牧场区域。

（2）加强放流水域的生态环境适宜性论证　增殖放流水域一般宜选择增殖放流对象的产卵场、索饵场或洄游通道，要求水域生态环境良好，水域畅通，温度、盐度、硬度等水质因子适宜。增殖放流区域选择要加强生态环境适宜性论证，选择生态环境适宜区域开展增殖放流，具备条件的可以提前开展试验性的增殖放流活动。在环境污染区域开展增殖放流，需充分考虑放流苗种成活率和实际放流成效。增殖放流功能定位宜选择净化水质和改善水域生态环境，放流地点宜选择污染程度较轻的水域，避开污染源和重度污染区域，远离排污口、倾废区等不利于水生生物栖息的水域。同时，加强放流活动的监管，严禁宗教团体或个人随意开展放生活动，尤其在严重污染的城市河道以及小型封闭水体要禁止开展增殖放流。在水电开发区域开展增殖放流，要充分考虑水电工程可能对增殖放流鱼类造成不良的生态影响，科学选择放流地点，避开库坝水体气体过饱和和低温水下泄区域，溪流性鱼类需选择适宜区域开展放流。

（3）强化放流水域监管保护　放流水域是否具备有效的保护措施是增殖放流取得实效的关键，放流水域缺乏有效保护也是目前增殖放流效果不明显的重要原因。为确保放流取得实效，切实提高放流成活率，就要强化增殖放流水域监管，通过采取划定禁渔区和禁渔期等保护措施，强化增殖放流前后区域内有害渔具清理和水上执法检查，以确保放流效果和质量（李陆嫔和黄硕琳，2011）。从提高增殖放流成效的角度，增殖放流实施水域宜选择具备执法监管条件或有效管理机制，违法捕捞可以得到严格控制的天然水域。其中部分鱼类、两栖、爬行类、贝类等活动范围较小的珍稀濒危物种建议仅支持在自然保护区、水产种质资源保护区以及特定的渔业资源增殖区内放流。

（4）注重放流水域工作积累和整合　增殖放流是一项长期的系统工程，实际成效的取得可能需要历年不断的工作积累。20 世纪 80 年代以来，山东省通过持续在近海开展中国对虾（*Penaeus chinensis*）增殖放流，严重衰退的渔业资源得到了有效补充，中国对虾形成了较为稳定的秋季渔汛，山东省秋汛中国对虾回捕产量 2005 年为 1 089 t，2010 年以来一直稳定在 3 000 t 左右，5 年增加了近 2 倍。参与回捕的渔船单船日产中国对虾最高达 2 000kg，近海中国对虾资源基本恢复到了 20 世纪 80 年代中期的水平（罗刚 等，2016）。为有效发挥增殖放流规模和累积效应，应加强增殖放流区域布局的统筹规划，放流水域宜相对固定，具备条件的地方应积极探索建立固定的渔业资源增殖区及配套的增殖站，专业化从事增殖放流。同时，应加强各地增殖放流工作的监督考核，建立工作激励和惩罚机制，推进增殖放流项目资金优化整合，对增殖放流工作基础较好、放流成效明显的地方应加大支持力度。

另外，从国内外资源增殖实践来看，孤立地进行水生生物资源增殖放流往往成效较低，应积极提倡"资源增殖体系"的观念，把各种孤立的措施按照时空特点组合为一个体系，形成近似于生产农艺或工艺的程序化的制度或习惯，以获取渔业经济的最佳的、持续的效益。为此，日本先后提出并开展了"栽培渔业""海洋牧场"建设工作，自 20 世纪 60 年代在濑户内海建立第一个栽培渔业中心后，把多种技术的应用与海洋牧场结合起来，积累了丰富的增殖放流经验和成熟的技术，鲑鱼、扇贝、牙鲆（*Paralichthys oliva-ceus*）等增殖已十分成功（李继龙 等，2009）。因此，各地增殖放流区域选择应根据增殖放流功能定位，积极与水产种质资源保护区、人工鱼巢、人工鱼礁及海洋牧场建设等工作相结合，辅以相关禁渔养护措施，有效整合相关工作，形成资源养护合力，发挥更大成效。

第二节　长江口增殖放流现状与应用前景

近年来，为保护渔业资源，促进渔业可持续利用，各级渔业部门纷纷采取措施，向自然水域投放各类水生生物的亲体与苗种，实行人工增殖放流和生态修复。水生生物资源增殖放流是建设都市现代渔业的重要内容，2002 年开始上海市开展渔业资源增殖放流工作，在前期试验成功的基础上，增殖放流规模逐年扩大，产生了良好的社会影响，提升了长江口水生生物多样性，增殖了渔业资源，维护了水域生态平衡（李陆嫔和黄硕琳，2011）。

一、增殖放流水域和现状

1. 增殖放流水域

（1）长江口　长江口是太平洋西岸的第一大河口，江水从上游源源不断地带来大量的营养物质，海淡水交汇，生态环境独特，为水生生物提供了良好的生存条件，是许多经济鱼类、虾、蟹等水生动物的产卵场、索饵场、育幼场和洄游通道。长江口鱼类以鲈形目最多，包括洄游性鱼类、咸淡水鱼类、江河半洄游性鱼类、定居性鱼类。已经放流了暗纹东方鲀、长吻鮠、花鲈、中华圆田螺、翘嘴红鲌、中华绒螯蟹等。

（2）杭州湾　杭州湾是钱塘江的入海口，属于海湾型水域。由于受潮流和上游来水的影响，杭州湾悬浮物含量较高，水体中光合作用受影响，营养物质相对贫乏，是江海洄游鱼类的洄游通道和索饵场，也是近海鱼类和咸淡水鱼类的产卵场，主要分布有滩涂和潮间带生物。已经放流了暗纹东方鲀、菊黄东方鲀、拟穴青蟹、青蛤等。

（3）淀山湖　淀山湖是上海市境内最大的淡水湖泊，属于太湖水系，位于苏、浙、沪两省一市交界处，湖泊面积 62 km²，多年平均水位 2.60 m 以下，主要受太湖流域上游来水，沿湖进出河流有 59 条。淀山湖的渔业资源以鲤科鱼类为主，其次为定居性小型淡水鱼类和洄游性鱼类。已经放流了鳜、花鳎、黄颡鱼、鲫、鲤、鲢、鳙、翘嘴红鲌、三角蚌、中华绒螯蟹等。

（4）黄浦江　黄浦江发源于太湖，全长 114 km，兼有饮用水源、航运、排洪排涝、纳污、渔业生产、旅游等多种利用价值。黄浦江上游水域是鱼类生长繁殖的良好场所，是上海市重要的内陆渔业水域。捕获的经济水产动物种类有鲫、鲤、翘嘴红鲌、黄颡鱼、鲢、鳙、草鱼、团头鲂、中华绒螯蟹等。已经放流了花鳎、黄颡鱼、鲫、鲤、鲢、鳙、中华绒螯蟹等。

2. 增殖放流现状

为规范自然水域渔业资源增殖放流工作，2005 年上海市水产办公室先后印发了《上海市自然水域渔业资源增殖放流技术操作细则》《上海市自然水域渔业资源增殖放流种苗定点培育基地建设规范（试行）》《上海市自然水域渔业资源增殖放流操作规程（试行）》等 3 个文件。3 个规范性文件，分别对各部门分工、苗种基地内部管理规范、操作流程做了具体规定。

上海市水生生物的增殖放流工作起步早，综合经费来源、实施区域、组织化程度等因素，可分以下几个阶段：

（1）2002 年以前起步试验阶段　根据"收之于民、用之于民"的原则，按一定比例，将收取的渔业资源费用于购买鱼种进行渔政放流。实施主体是区县渔政站，放流鱼种主要是鲢、鳙、鲤、鲫等，放流区域为区（县）级河道，基本上达到"春放秋捕、渔民增收"的目的。

（2）2002—2009 年发展扩大阶段　2002 年，长江实行春季禁渔，为宣传春季禁渔政策、促进渔业可持续发展，利用春禁的间隙，养护渔业资源，开始在长江（自然水域）放流长吻鮠，当年放流长吻鮠 2 万尾；2003 年，在长江放流翘嘴红鲌 20 万尾；2004 年，提出养护渔业资源的理念，开始在长江、淀山湖、黄浦江上游等水域进行大范围的渔业资源增殖放流，放流品种达到 8 个，并陆续出台一些内部的操作规范，明确了渔业资源增殖放流的性质与要求，确定了包括长江河口、杭州湾北岸、淀山湖和黄浦江上游四大重要放流水域；2005 年，渔业资源增殖放流的经费纳入市级财政预算，放流区域覆盖全市重要的天然渔业水域；截至 2008 年，放流各类鱼、蟹、贝、蚌的亲体、苗种、夏花 20 883 万尾（只）。

（3）2009 年以后稳步提升阶段　根据《中国水生生物资源养护行动纲要》、十七届三中全会以及 2009 年中央 1 号文件的要求，提出水生生物增殖放流的理念，不断扩大增殖放流规模。根据报道，2018 年 3 月"世界水日"，上海市共放流各类鱼苗约 20 万尾，包括鲢、鳙 1 000 kg、鲫 1 500 kg、鲤 1 000 kg、黄颡鱼 2.5 万尾、鳊 4 万尾、细鳞鲴 2 万尾等，均为 1 龄鱼种。放流前，渔业部门对放流水域水质情况进行了检测，确保水域环境适合鱼类生长；对放流鱼苗进行了种质鉴定、药残和疫病检测，确保水域生态安全。通过放流不同品种的鱼类，以期改善生物种群结构，维护生物多样性，改善水质和生态环境。根据计划，还将继续在黄浦江、淀山湖、长江和杭州湾等重要水域实施放流，计划放流各类苗种超过 1 亿尾，放流品种 20 余种，除了鲢、鳙、鲤、鲫等常见品种，还有刀鲚、暗纹东方鲀、中华绒螯蟹等特色名贵品种，首次增加了黄姑鱼、华鳈、似刺鳊鮈等品种的试验性放流，进一步提高水域生物多样性水平。

上海市放流存在的主要问题：一是技术问题，包括缺少对增殖放流种类的选择，忽视遗传多样性的保护，对增殖效果评估研究不够深入；二是增殖放流的管理问题，需要将降低捕捞力量、修复栖息地等结合起来；三是公众参与问题，需要加强当地渔民的知情权、参与权（黄硕琳 等，2009）。

二、区域布局和放养种类

1. 区域布局

不同的水域，具有不同的功能。长江口增殖放流的主要功能目标是恢复生物种群和增加濒危物种，杭州湾是恢复生物种群和渔民增收，淀山湖和黄浦江主要是渔民增收和生态净水（表 7 - 3）。对于主要的内陆水域如黄浦江上游和淀山湖等，通过规范的生物种类移植和增殖放流来增加资源量。投放一些生长速度快、经济价值较高的种类，改善鱼类群体结构，并形成区域性渔场，为渔民增收提供保障。在海湾、滩涂、河口等许多水生野生生物资源严重衰退的水域，增殖放流一些资源已衰退的种类，恢复其生物物种的多样性，以及生物资源的生产力。长江口区域大多数江河湖泊处于富营养化的程度，根据生物操纵的核心理论，对长江口区域江河或湖泊污染和富营养化的治理应采取以生物治理为主的综合措施，放流滤食性、杂食性等鱼类，清除水域中的浮游生物、杂草和有机碎屑等，使水质恢复，避免杂草影响河道水流，将大量的内源性和外源性营养物质转化为鱼产品，从而达到改善水域生态环境保护和净化水质的作用。

表 7 - 3　重点增殖放流水域基本情况

序号	水域名称	面积（km²）	生态问题	功能定位
1	长江河口区	3 000	生物多样性破坏、资源量减少	生物种群恢复，濒危物种增加
2	杭州湾	1 000	生物多样性破坏、资源量减少	生物种群恢复，渔民增收
3	淀山湖	47	种群结构脆弱	渔民增收，生态净水
4	黄浦江	15	种群结构脆弱	渔民增收，生态净水

2. 放流种类

重点放流水域长江口、杭州湾、淀山湖及黄浦江水域，分别代表河口区、海湾、湖泊及通江河流等水域。各区域的主要放流苗种如下：

（1）长江口　主要放流长吻鮠、中华绒螯蟹、暗纹东方鲀、翘嘴红鲌、花鲟、拟穴青蟹、刀鲚、鲻、鲮、鳡、文蛤、菲律宾蛤、中华鲟、胭脂鱼、淞江鲈等。

（2）杭州湾　主要放流暗纹东方鲀、菊黄东方鲀、拟穴青蟹、青蛤、文蛤、缢蛏、乌贼、海蜇、梭子蟹、大黄鱼等。

（3）淀山湖　主要放流鲢、鳙、鲤、鲫、黄颡鱼、花鲟、蚌、中华绒螯蟹、翘嘴红鲌、赤眼鳟、鳡、鳊、中华圆田螺、细鳞斜颌鲴等。

（4）黄浦江上游　主要放流鲢、鳙、鲤、鲫、黄颡鱼、花鲟、中华绒螯蟹、翘嘴红鲌、河蚬等。

在海湾、滩涂、河口等许多水生野生生物资源严重衰退的水域，增殖放流一些资源已衰退的种类，恢复其生物物种的多样性，以及生物资源的生产力。需要进行生物种群修复的主要种类：暗纹东方鲀、菊黄东方鲀、鳜、长吻鮠、黄颡鱼、拟穴青蟹、中华绒螯蟹、花鲈、细鳞斜颌鲴、大黄鱼、赤眼鳟、鲻、鲮、大黄鱼、红鳍鲌、蒙古红鲌、中华鲟、胭脂鱼、淞江鲈等。

三、放流规格和放流时间

1. 放流规格

为保证增殖放流苗种的成活率，最大限度地发挥增殖放流投入资金的使用效益，提高放流成效，结合增殖放流近年来的实践情况，建议长江口水域增殖放流物种规格标准如表 7 - 4 所示。

表7-4 长江口水域增殖放流物种规格标准

序号	放流物种	放流规格	序号	放流物种	放流规格
1	鲫（鱼种）	苗种30尾/kg	17	中华绒螯蟹（扣蟹）	5 g/只
2	暗纹东方鲀	全长6 cm	18	文蛤	壳长5 mm以上
3	鲫（夏花）	全长4 cm	19	鳜	全长4 cm
4	菊黄东方鲀	全长6 cm	20	青蛤	壳长5 mm以上
5	鲤（鱼种）	15尾/kg	21	中华圆田螺	壳长4 mm以上
6	长吻鮠	全长10 cm	22	缢蛏	壳长5 mm以上
7	鲤（夏花）	夏花全长4 cm	23	青鱼	夏花全长4 cm
8	花鳕	全长10 cm	24	中华鲟（苗种）	全长5 mm以上
9	鲢、鳙（鱼种）	苗种15尾/kg	25	鲛	全长5 cm
10	黄颡鱼	全长8 cm	26	中华鲟（亚成体）	全长100 cm以上
11	鲢、鳙（夏花）	夏花全长4 cm	27	海蜇	伞径2 cm以上
12	花鲈	全长8 cm	28	胭脂鱼	全长5 cm以上
13	翘嘴红鲌	全长10 cm	29	草鱼	夏花全长4 cm以上
14	鲻	全长5 cm	30	淞江鲈	全长3 cm以上
15	中华绒螯蟹（成蟹）	雄150 g、雌100 g；1龄蟹80只/kg	31	刀鲚	全长6 cm以上
16	拟穴青蟹	壳长8 mm以上	32	鳊	全长6 cm以上

2. 放流时间

（1）长江口 由于长江口是咸淡水交汇处，所以适合放流的鱼种主要有中华绒螯蟹、暗纹东方鲀、长吻鮠、翘嘴红鲌、花鲈、拟穴青蟹、鲻、缢蛏、文蛤、中华鲟、胭脂鱼、淞江鲈等，在滩涂地带可放养。具体放流鱼种、适宜数量、规格及其放流时间如表7-5所示。

表7-5 长江口放流鱼种、适宜数量、规格及其放流时间

放流物种	放流数量（万尾/只）	放流规格	放流时间
中华绒螯蟹	10	雄蟹150 g/只、雌蟹100 g/只	12月
暗纹东方鲀	20	全长10 cm以上	9月
长吻鮠	40	全长10 cm以上	10月

（续）

放流物种	放流数量（万尾/只）	放流规格	放流时间
翘嘴红鲌	30	全长 10 cm 以上	4 月
花鲈	20	全长 10 cm 以上	9 月
鲻	20	全长 10 cm 以上	9 月
拟穴青蟹	50	壳长 8 mm 以上	8 月
文蛤	3 000	壳长 5 mm	4 月
中华鲟（苗种）	18	全长 5 cm 以上	5 月
中华鲟（亚成体）	10	全长 100 cm 以上	1 月
胭脂鱼	4	全长 5 cm 以上	5 月
淞江鲈	2	全长 3 cm 以上	5 月

（2）杭州湾北岸　放流品种主要有菊黄东方鲀、暗纹东方鲀、拟穴青蟹、缢蛏、青蛤等。其中，贝类主要放流在南汇地区的浅滩。具体放流品种、适宜数量、规格及其放流时间如表 7-6 所示。

表 7-6　杭州湾北岸放流鱼种、适宜数量、规格及其放流时间

放流物种	放流数量（万尾/只）	放流规格	放流时间
菊黄东方鲀	10	全长 10 cm 以上	9 月
暗纹东方鲀	20	全长 10 cm 以上	9 月
拟穴青蟹	50	壳长 8 mm 以上	8 月
青蛤	3 000	壳长 4 mm	6 月
缢蛏	2 000	壳长 1 cm	4 月
文蛤	2 000	壳长 4 mm	6 月

（3）淀山湖　放流鱼种主要有河蚬、红鳍鲌、三角帆蚌、鲤、鲫、鳙、鲢、黄颡鱼、花鲈、翘嘴红鲌、中华绒螯蟹等。其放流品种、适宜数量、规格及其放流时间如表 7-7 所示。

表7-7 淀山湖放流鱼种、适宜数量、规格及其放流时间

放流物种	放流数量（万尾/只）	放流规格	放流时间
鲢（鱼种）	鱼种 50 000 kg	15 尾/kg	3 月
鲢（夏花）	夏花 3 000 万尾	全长 4 cm	6 月
鳙（鱼种）	鱼种 20 000 kg	15 尾/kg	3 月
鳙（夏花）	夏花 1 000 万尾	全长 4 cm	6 月
鲤（鱼种）	鱼种 20 000 kg	15 尾/kg	3 月
鲤（夏花）	夏花 1 000 万尾	全长 4 cm	6 月
鲫（鱼种）	鱼种 10 000 kg	30 尾/kg	3 月
鲫（夏花）	夏花 3 000 万尾	全长 4 cm	6 月
翘嘴红鲌	30	全长 10 cm 以上	4 月
黄颡鱼	20	全长 8 cm 以上	3 月
花鲭	60	全长 10 cm 以上	3 月
中华绒螯蟹	40	5 g/只	3 月
三角帆蚌	50	壳长 8 cm	4 月

（4）黄浦江上游 放流的品种主要有鲢、鳙、鲤、鲫、翘嘴红鲌、红鳍鲌、黄颡鱼、花鲭、中华圆田螺、河蚬等。具体放流品种、适宜数量、规格及其放流时间如表7-8所示。

表7-8 黄浦江上游放流鱼种、适宜数量、规格及其放流时间

放流物种	放流数量（万尾/只）	放流规格	放流时间
鲢（鱼种）	鱼种 30 000 kg	15 尾/kg	3 月
鲢（夏花）	夏花 2 000 万尾	全长 4 cm	6 月
鳙（鱼种）	鱼种 10 000 kg	15 尾/kg	3 月
鳙（夏花）	夏花 600 万尾	全长 4 cm	6 月
鲤（鱼种）	鱼种 10 000 kg	15 尾/kg	3 月
鲤（夏花）	夏花 500 万尾	全长 4 cm	6 月
鲫（鱼种）	鱼种 5 000 kg	30 尾/kg	3 月
鲫（夏花）	夏花 1 500 万尾	全长 4 cm	6 月
翘嘴红鲌	20	全长 10 cm 以上	4 月

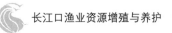

（续）

放流物种	放流数量（万尾/只）	放流规格	放流时间
黄颡鱼	20	全长 10 cm 以上	3 月
花鲭	40	全长 10 cm 以上	3 月
中华绒螯蟹	30	5 g/只	3 月
红鳍鲌	10	全长 10 cm 以上	4 月
中华圆田螺	100	螺长 0.5 cm	6 月
河蚬	500	壳长 0.5 cm	4 月

参 考 文 献

安静，韩勤，毕广有，2011. 浅谈受损湿地生态系统恢复与重建 [J]. 防护林科技 (4)：96-97.

白音，包力皋，陈兴茹，2012. 水库排沙对下游河流鱼类影响研究进展 [J]. 泥沙研究 (1)：74-80.

蔡德陵，李红燕，唐启升，等，2005. 黄东海生态系统食物网连续营养谱的建立：来自碳氮稳定同位素方法的结果 [J]. 中国科学，35 (2)：123-130.

曹勇，陈吉余，张二凤，等，2006. 三峡水库初期蓄水对长江口淡水资源的影响 [J]. 水科学进展，17 (4)：554-558.

曹侦，冯广朋，庄平，等，2013. 长江口中华绒螯蟹放流亲蟹对环境的生理适应 [J]. 水生生物学报，37 (1)：34-41.

常剑波，曹文宣，1999. 中华鲟物种保护的历史与前景 [J]. 水生生物学报 (6)：712-720.

晁敏，平仙隐，李聪，等，2010. 长江口南支表层沉积物中5种重金属分布特征及生态风险 [J]. 安全与环境学报，10 (4)：97-104.

陈炳良，堵南山，叶鸿发，1989. 中华绒螯蟹的食性分析 [J]. 水产科技情报，23 (1)：1-5.

陈大庆，段辛斌，刘绍平，等，2002. 长江渔业资源变动和管理对策 [J]. 水生生物学报，26 (6)：685-690.

陈大庆，邱顺林，黄木桂，等，1995. 长江渔业资源动态监测的研究 [J]. 长江流域资源与环境，4 (4)：303-307.

陈吉余，陈沈良，2003. 长江口生态环境变化及对河口治理的意见 [J]. 水利水电技术，34 (1)：19-25.

陈丕茂，2006. 渔业资源增殖放流效果评估方法的研究 [J]. 南方水产，2 (1)：1-4.

陈生熬，范镇明，向伟，等，2014. 塔里木河2种入侵鱼类的解剖学分析 [J]. 新疆农垦科技 (11)：26-28.

陈亚瞿，施利燕，全为民，2007. 长江口生态修复工程底栖动物群落的增殖放流及效果评估 [J]. 渔业现代化 (2)：35-39.

陈渊泉，龚群，黄卫平，等，1999. 长江河口区渔业资源特点、渔业现状及其合理利用的研究 [J]. 中国水产科学，6 (5)：48-51.

成水平，吴振斌，况琪军，2002. 人工湿地植物研究 [J]. 湖泊科学，2 (14)：179-184.

程家骅，姜亚洲，2010. 海洋生物资源增殖放流回顾与展望 [J]. 中国水产科学，17 (3)：610-617.

邓景耀，杨纪明，1997. 渤海主要生物种间关系及食物网的研究 [J]. 中国水产科学 (4)：1-7.

邓景耀，1995. 我国渔业资源增殖业的发展和问题 [J]. 海洋科学 (4)：21-24.

邓志强，阎百兴，李旭辉，2013. 人工浮床技术开发与应用研究进展 [J]. 环境污染与防治，5 (35)：88-92.

董金凯，贺锋，肖蕾，等，2012. 人工湿地生态系统服务综合评价研究 [J]. 水生生物学报，36 (1)：

109 - 118.

堵南山，2004. 中华绒螯蟹的洄游 [J]. 水产科技情报，31（2）：56 - 57.

杜怀光，于深礼，1992. 影响增殖对虾回捕效果主要因素分析及其对策 [J]. 水产科学，11（2）：1 - 4.

冯广朋，庄平，刘健，等，2007. 崇明东滩团结沙鱼类群落多样性与生长特性 [J]. 海洋渔业，29（1）：38 - 43.

冯广朋，庄平，章龙珍，等，2009a. 长江口纹缟虾虎鱼胚胎发育及早期仔鱼生长与盐度的关系 [J]. 水生生物学报，33（2）：170 - 176.

冯广朋，庄平，章龙珍，等，2009b. 纹缟虾虎鱼人工繁殖技术与早期仔鱼生存活力 [J]. 海洋渔业，31（3）：263 - 269.

冯广朋，庄平，章龙珍，等，2009c. 长江口纹缟虾虎鱼早期发育对生态因子的适应性 [J]. 生态学报，29（10）：5185 - 5194.

冯广朋，卢俊，庄平，等，2013. 盐度对中华绒螯蟹雌性亲蟹渗透压调节和酶活性的影响 [J]. 海洋渔业，35（4）：468 - 473.

冯广朋，张航利，庄平，2015. 长江口中华绒螯蟹雌性亲蟹放流群体与自然群体能量代谢比较 [J]. 海洋渔业，37（2）：128 - 134.

冯广朋，庄平，卢俊，2012. 不同盐度时中华绒螯蟹雌性亲蟹血清渗透压、离子水平及鳃酶活性的变化 [M] //王清印. 海水养殖与碳汇渔业. 北京：海洋出版社：363 - 367.

冯广朋，庄平，张涛，等，2017. 长江口中华绒螯蟹资源增殖技术 [M]. 北京：科学出版社.

冯广朋，2008. 鱼类群落多样性研究的理论与方法 [J]. 生态科学，27（6）：506 - 514.

冯锦龙，1992. 国内外渔业资源增殖综述 [J]. 现代渔业信息，7（7）：11 - 14.

高彦华，汪宏清，刘琪璟，2003. 生态恢复评价研究进展 [J]. 江西科学，3（21）：168 - 174.

葛亚非，1999. 新世纪的渔业资源增殖前瞻 [J]. 海洋水产科技（2）：16 - 18.

谷孝鸿，赵福顺，2001. 长江中华绒螯蟹的资源与养殖现状及其种质保护 [J]. 湖泊科学（3）：267 - 271.

韩东燕，薛莹，纪毓鹏，等，2013. 胶州湾 5 种虾虎鱼类的营养和空间生态位 [J]. 中国水产科学，20（1）：148 - 156.

何池全，2002. 三江平原毛果苔草湿地能量流动过程分析 [J]. 生态学报，22（8）：1350 - 1353.

贺舟挺，薛利建，金海卫，2011. 东海北部近海棘头梅童鱼食性及营养级的探讨 [J]. 海洋渔业，33（3）：265 - 273.

洪巧巧，庄平，杨刚，等，2012. 长江口中国花鲈食性分析 [J]. 生态学报，32（13）：4181 - 4190.

胡梦红，王有基，2006. 长吻鮠的生物学特性及人工繁养技术 [J]. 渔业致富指南（24）：27 - 29.

胡小兵，鲍静，2010. 人工湿地复合系统处理餐饮废水 [J]. 水处理技术，5（36）：115 - 117.

黄福江，马秀慧，叶超，等，2013. 中国结鱼性腺发育的组织学观察 [J]. 四川动物，32（3）：406 - 409.

黄昊，2011. 小黄鱼五个地理群体形态变异和遗传多样性研究 [D]. 南京：南京农业大学.

黄良敏，张会军，张雅芝，等，2013. 入海河口鱼类生物与水环境关系的研究现状与进展 [J]. 海洋湖沼通报（1）：61 - 68.

黄硕琳，戴小杰，陈琪，2009. 上海市水域水生生物增殖放流现状及存在问题［J］. 中国渔业经济（4）：79-87.

黄孝锋，邴旭文，陈家长，2012. 基于 Ecopath 模型的五里湖生态系统营养结构和能量流动研究［J］. 中国水产科学，19（3）：471-481.

贾敬德，1999. 长江渔业生态环境变化的影响因素［J］. 中国水产科学，6（2）：112-114.

姜亚洲，林楠，杨林林，等，2014. 渔业资源增殖放流的生态风险及其防控措施［J］. 中国水产科学，21（2）：413-422.

姜作发，霍堂斌，马波，等，2009. 黑龙江流域鱼类资源现状及放流鱼类选择［J］. 渔业现代化，36（2）：64-69.

蒋金鹏，冯广朋，章龙珍，等，2014. 长江口中华绒螯蟹抱卵蟹生境适宜度初步评估［J］. 海洋渔业，36（3）：232-238.

蒋玫，沈新强，王云龙，等，2006. 长江口及其邻近水域鱼卵、仔鱼的种类组成与分布特征［J］. 海洋学报，28（2）：171-174.

康鑫，张远，张楠，等，2011. 太子河洛氏鱥幼鱼栖息地适宜度评估［J］，生态毒理学报，3（6）：310-320.

柯福恩，危起伟，1992. 中华鲟产卵洄游群体结构和资源量估算的研究［J］. 淡水渔业（4）：7-11.

柯福恩，1999. 论中华鲟的保护与开发［J］. 淡水渔业，29（9）：4-7.

乐佩琦，陈宜瑜，1998. 中国濒危动物红皮书鱼类［M］. 北京：科学出版社.

雷霁霖，2005. 海水鱼类养殖理论与技术［M］. 北京：中国农业出版社.

李继龙，王国伟，杨文波，等，2009. 国外渔业资源增殖放流状况及其对我国的启示［J］. 中国渔业经济，27（3）：111-123.

李家乐，董志国，李应森，等，2007. 中国外来水生动植物［M］. 上海：上海科学技术出版社.

李菊，韦布春，2013. 浅析生物浮床技术在水产养殖中的应用［J］. 农民致富之友（12）：151-151.

李俊清，2012. 保护生物学［M］. 北京：科学出版社.

李陆嫔，黄硕琳，2011. 我国渔业资源增殖放流管理的分析研究［J］. 上海海洋大学学报，20（5）：765-772.

李明德，王祖望，1982. 渤海梭鱼的年龄与生长［J］. 海洋学报，4（4）：508-515.

李培军，马莹，林兆岚，等，1994. 黄海北部中国对虾放流虾的生物环境［J］. 海洋水产研究（15）：19-30.

李庆彪，李泽东，1991. 放流增殖的基础——幼体生态与放流生态［J］. 海洋湖沼通报（1）：85-89.

李庆彪，1991. 一个成功的渔业资源增殖事例剖析［J］. 海洋科学（2）：30-32.

李思忠，1981. 中国淡水鱼类的分布区划［M］. 北京：科学出版社.

李小恕，李继龙，贾静，2005. 基于 GIS 的东黄海渔场影响因子分析［J］. 广东海洋大学学报，25（4）：44-48.

李新辉，谭细畅，李跃飞，等，2009. 珠江中下游鱼类增殖放流策略探讨［J］. 中国渔业经济，27（6）：94-100.

李长松，俞连福，戴国梁，等，1997. 长江口及其邻近水域中华绒螯蟹大眼幼体和其他蟹类大眼幼体的

调查研究 [J]. 水产学报 (S1)：111-114.

练兴常，2000. 大目洋渔场大黄鱼放流现状 [J]. 中国水产 (1)：22-23.

林金錶，陈琳，郭金富，等，2001. 大亚湾真鲷标志放流技术的研究 [J]. 热带海洋学报，20 (2)：75-79.

林龙山，2007. 长江口近海小黄鱼食性及营养级分析 [J]. 海洋渔业，29 (1)：44-48.

刘海侠，2014. 秦岭细鳞鲑的生物学特征及遗传多样性研究 [D]. 西安：西北农林科技大学.

刘海峡，王文波，何继开，2000. 关于发展增殖渔业的讨论 [J]. 水产科学，19 (1)：42-45.

刘海映，王文波，刘锡山，等，1994. 黄海北部中国对虾放流增殖回捕率研究 [J]. 海洋水产研究 (15)：1-6.

刘家富，翁忠钗，唐晓刚，1994. 宫井洋大黄鱼标志放流技术与放流标志鱼早期生态习性的初步研究 [J]. 海洋科学 (5)：53-58.

刘建康，曹文宣，1992. 长江流域的鱼类资源及其保护对策 [J]. 长江流域资源与环境，1 (1)：17-23.

刘凯，段金荣，徐东坡，等，2007. 长江口中华绒螯蟹亲体捕捞量现状及波动原因 [J]. 湖泊科学 (2)：212-217.

刘乐和，1996. 胭脂鱼生物学特征的研究 [J]. 水利渔业 (3)：3-15.

刘瑞玉，崔玉珩，徐凤山，1993. 胶州湾中国对虾增殖效果与回捕率的研究 [J]. 海洋与湖沼，24 (2)：137-142.

刘锡山，孟庆祥，1996. 放流增殖中的政策问题 [J]. 水产科学，15 (4)：31-33.

刘永昌，高永福，邱盛尧，等，1994. 胶州湾中国对虾增殖放流适宜量的研究 [J]. 齐鲁渔业，11 (2)：27-30.

卢伙胜，欧帆，颜云榕，等，2009. 应用氮稳定同位素技术对雷州湾海域主要鱼类营养级的研究 [J]. 海洋学报，31 (3)：167-174.

卢进登，陈红兵，赵丽娅，等，2006. 人工浮床栽培 7 种植物在富营养化水体中的生长特性研究 [J]. 环境污染治理技术与设备，7 (7)：58-61.

鲁泉，2008. 水域荒漠化治理和渔业可持续发展初步及研究 [D]. 青岛：中国海洋大学.

罗秉征，韦晟，窦硕增，1997. 长江口鱼类食物网与营养结构的研究 [J]. 海洋科学集刊 (1)：147-157.

罗刚，王云中，隋然，2016. 坚持机构专管，做细做实增殖放流工作 [J]. 中国水产 (4)：34-38.

罗刚，庄平，章龙珍，等，2008. 长江口中华鲟幼鱼的食物组成及摄食习性 [J]. 应用生态学报，19 (1)：144-150.

罗刚，2015. 不宜增殖放流的水生生物物种情况分析 [J]. 中国水产 (11)：32-35.

罗民波，庄平，沈新强，等，2010. 长江口中华鲟保护区及临近水域大型底栖动物群落变迁及其与环境因子的相关性研究 [J]. 农业环境科学学报，29 (增刊)：230-235.

罗伟，2014. 团头鲂 EST-SSR 的开发及在育种中的应用 [D]. 武汉：华中农业大学.

毛翠凤，庄平，刘健，等，2005. 长江口中华鲟幼鱼的生长特性 [J]. 海洋渔业，27 (3)：177-181.

孟田湘，任胜民，1988. 渤海半滑舌鳎的年龄与生长 [J]. 渔业科学进展 (9)：173-183.

倪达书，蒋燮治，1954. 花鲢和白鲢的食料问题 [J]. 动物学报，69：59-71.

倪勇，陈亚瞿，2006. 长江口区渔业资源、生态环境和生产现状及渔业的定位和调整［J］. 水产科技情报，33（3）：121-123.

倪正泉，张澄茂，1994. 东吾洋中国对虾的移植放流［J］. 海洋水产研究（15）：47-53.

聂智凌，安达，黄民生，2006. 人工浮床池净化富营养河水试验研究［J］. 净水技术，5（25）：1-3.

聂竹兰，2014. 三角鲂转录组分析与不同地理种群遗传多样性研究［D］. 武汉：华中农业大学.

潘勇，曹文宣，徐立蒲，等，2005. 鱼类入侵的生态效应及管理策略［J］. 淡水渔业，35（6）：57-60.

彭期冬，廖文根，李翀，等，2012. 三峡工程蓄水以来对长江中游四大家鱼自然繁殖影响研究［J］. 四川大学学报，44（2）：230-237.

彭欣悦，赵峰，张涛，等，2016. 基于线粒体 $CO\text{I}$ 序列比较长江口中华绒螯蟹放流与野生群体的遗传多样性［J］. 海洋渔业，38（3）：254-261.

秦海明，2011. 长江口盐沼潮沟大型浮游动物群落生态学研究［D］. 上海：复旦大学.

邱竞真，廖晓玲，胡云康，2009. 人工生物浮床床体材料的研究现状［J］，重庆科技学院学报：自然科学版，6（11）：56-58.

全成干，王军，丁少雄，等，1999. 大黄鱼养殖群体遗传多样性的同工酶［J］. 厦门大学学报（自然科学版），38（4）：584-588.

全为民，张锦平，平仙隐，2007. 巨牡蛎对长江口环境的净化功能及其生态服务价值［J］. 应用生态学报，18（4）：871-876.

全为民，2007. 长江口盐沼湿地食物网的初步研究：稳定同位素分析［D］. 上海：复旦大学.

沈新强，晁敏，2005. 长江口及邻近渔业水域生态环境质量综合评价［J］. 农业环境科学学报，24（2）：270-273.

施炜纲，周昕，杜晓燕，等，2002. 长江中下游中华绒螯蟹亲体资源动态研究［J］. 水生生物学报，26（6）：641-647.

施炜纲，2009. 长江中下游流域放流物种选择与生态适应性研究［J］. 中国渔业经济，27（3）：45-52.

施炜纲，1992. 近年长江中、下游中华绒螯蟹资源变动特征及原因［J］. 淡水渔业（2）：39-40.

孙帼英，陈建国，1993. 斑尾复鰕虎鱼的生物学研究［J］. 水产学报，17（2）：146-153.

孙帼英，吴志强，1993. 长江口长吻鮠的生物学和渔业［J］. 水产科技情报（6）：246-250.

孙帼英，朱云云，1994. 长江口花鲈的生长和食性［J］. 水产学报，18（3）：183-189.

谭德彩，倪朝辉，郑永华，等，2006. 高坝导致的河流气体过饱和及其对鱼类的影响［J］. 淡水渔业，36（3）：53-59.

唐启升，韦晟，姜卫民，1997. 渤海莱州湾渔业资源增殖的敌害生物及其对增殖种类的危害［J］. 应用生态学报，8（2）：199-206.

陶峰勇，2005. 中国大鲵（Andrias davidianus）不同地理种群遗传分化的初步研究［D］. 上海：华东师范大学.

汪留全，胡王，1997. 我国的鲫品种（系）资源及其生产性能的初步分析［J］. 安徽农业科学，25（3）：287-289.

王成海，陈大刚，1991. 水产资源增殖理论［J］. 河北渔业（2）：33-35.

王成海，1990. 水产资源增殖理论与实践—海洋增殖生态学基础［J］. 河北渔业（4）：33-43.

王成友，2012. 长江中华鲟生殖洄游和栖息地选择 ［D］. 武汉：华中农业大学.

王海华，庄平，冯广朋，等，2016. 长江赣皖段中华绒螯蟹成体资源变动及资源保护对策 ［J］. 浙江农业学报，28（4）：567－573.

王鹤霏，贾艾晨，张晓东，等，2013. 人工浮岛对城市景观用水水质净化效果的研究 ［J］. 环境保护科学，39（5）：14－17.

王洪全，黎志福，1996. 水温、盐度双因子交互作用对河蟹胚胎发育的影响 ［J］. 湖南师范大学自然科学学报，19（3）：63－66.

王吉桥，庞璞敏，于静，等，2000. 中华绒螯蟹对食物的选择性、摄食量及摄食节律的研究 ［J］. 水生态学杂志，20（4）：6－7.

王婕，张净，达良俊.2011. 上海乡土水生植物资源及其在水生态恢复与水景观建设中的应用潜力 ［J］. 水生生物学报，5（35）：841－850.

王金秋，潘连德，梁天红，等，2004. 松江鲈（*Trachidermus fasciatus*）胚胎发育的初步观察 ［J］. 复旦学报（自然科学版），43（2）：250－254.

王令玲，仇潜如.1989a. 黄颡鱼胚胎和胚后发育的观察研究 ［J］. 淡水渔业（5）：9－12.

王令玲，仇潜如.1989b. 黄颡鱼生物学特点及其繁殖和饲养 ［J］. 淡水渔业（6）：23－24.

王如柏，叶惠恩，黄卫平，等，1992. 长江口渔场中国对虾增殖研究 ［J］. 海洋渔业（3）：105－110.

王思凯，2016. 互花米草入侵对长江口盐沼湿地底栖动物食源与食物网的影响 ［D］. 上海：复旦大学.

王幼槐，倪勇，1984. 上海市长江口区渔业资源及其利用 ［J］. 水产学报，8（2）：147－159.

韦正道，王昌燮，杜懋琴，等，1997a. 孵化期温度对松江鲈鱼胚胎发育的影响 ［J］. 复旦学报：（自然科学版）（5）：577－580.

韦正道，王昌燮，杜懋琴，等，1997b. 控制松江鲈鱼（*Trachidermus fasciatus*）生长的环境因子的研究 ［J］. 复旦学报（自然科学版）（5）：581－585.

吴强，2007. 长江三峡库区蓄水后鱼类资源现状的研究 ［D］. 武汉：华中农业大学.

吴湘，叶金云，杨肖娥，等，2011. 生态浮岛植物在富营养化养殖水体中去磷途径的初步分析 ［J］. 水产学报，6（35）：905－910.

吴仲庆，1999. 论我国水产动物种质资源的保护 ［J］. 集美大学学报（自然科学版），4（3）：84－91.

徐大建，2002. 浅谈江河渔业资源的增殖保护工作 ［J］. 内陆水产（6）：4－41.

徐君卓，湛彦，沈云章，等，1992. 中国对虾放流群体在象山港中的移动和分布 ［J］. 水产学报，16（2）：137－145.

徐君卓，湛彦，沈云章，1993. 象山港的生态环境和中国对虾移植放流技术. 东方海洋，11（1）：53－60.

徐君卓，1994. 象山港放流虾群亲虾的产卵回归和生物学性状 ［J］. 海洋水产研究（15）：41－46.

徐君卓，1999. 积极审慎科学运筹——对我省当前放流增殖工作的几点思考 ［J］. 海洋水产科技（2）：13－16.

徐姗楠，陈作志，何培民，2008. 杭州湾北岸大型围隔海域人工生态系统的能量流动和网络分析 ［J］. 生态学报，28（5）：2065－2072.

徐兴川，李伟，高光明，2004. 黄颡鱼，黄鳝养殖7日通 ［M］. 北京：中国农业出版社.

许品诚，1984. 太湖翘嘴红鲌的生物学及其增殖问题的探讨［J］. 水产学报，8（4）：275 - 286.

闫光松，2016. 基于稳定同位素技术对长江口主要渔业生物营养结构的研究［D］. 上海：上海海洋大学.

闫喜武，张跃环，左江鹏，等，2008. 北方沿海四角蛤蜊人工育苗技术的初步研究［J］. 大连海洋大学学报，23（5）：348 - 352.

杨君兴，潘晓赋，陈小勇，等，2013. 中国淡水鱼类人工增殖放流现状［J］. 动物学研究，34（4）：267 - 280.

叶昌臣，邓景耀，韩光祖，1987. 用世代分析方法估算秋汛渤海对虾世代数量［J］. 海洋与湖沼，18（6）：540 - 548.

叶昌臣，李玉文，韩茂仁，等，1994. 黄海北部中国对虾合理放流数量的讨论［J］. 渔业科学进展（15）：9 - 18.

叶昌臣，孙德山，1994. 黄海北部放流虾的死亡特征和去向的研究. 渔业科学进展（S1）：31 - 39.

叶冀雄，1991. 苏联的水域环境保护及渔业资源增殖［J］. 水产科技情报，18（6）：186 - 187.

易雨君，程曦，周静，2013. 栖息地适宜度评价方法研究进展［J］. 生态环境学报，5（22）：887 - 893.

易雨君，乐世华，2011. 长江四大家鱼产卵场的栖息地适宜度模型方程［J］. 应用基础与工程科学学报（S1）：117 - 122.

余宁，陆全平，1996. 黄颡鱼生长特征与食性的研究［J］. 水产养殖（3）：19 - 20.

余志堂，邓中粦，蔡明艳，等，1988. 葛洲坝下游胭脂鱼的繁殖生物学和人工繁殖初报［J］. 水生生物学报，12（1）：87 - 89.

俞连福，李长松，陈卫忠，等，1999. 长江口中华绒螯蟹蟹苗数量分布及其资源保护对策［J］. 水产学报（23）：34 - 38.

袁传宓，林金榜，刘仁华，等，1978. 刀鲚的年龄和生长［J］. 水生生物学报，2（3）：285 - 298.

袁希平，严莉，徐树英，等，2008. 长江流域铜鱼和圆口铜鱼的遗传多样性［J］. 中国水产科学，15（3）：377 - 385.

袁兴中，2001. 河口潮滩湿地底栖动物群落的生态学研究［D］. 上海：华东师范大学.

袁兆祥，吴泊君，汪永忠，等，2010. 滁州鲫鱼食性的初步研究［J］. 河北渔业（1）：7 - 9.

张波，唐启升，2003. 东、黄海六种鳗的食性［J］. 水产学报，27（4）：307 - 314.

张成，2016. 农业部全面部署推进渔业转方式调结构［J］. 中国水产（6）：7 - 9.

张从义，胡红浪，2001. 黄颡鱼养殖实用技术［M］. 武汉：湖北科学技术出版社.

张东亚，2011. 水利水电工程对鱼类的影响及保护措施［J］. 水资源保护，27（5）：75 - 79.

张航利，冯广朋，庄平，等，2013. 长江口中华绒螯蟹雌性亲蟹自然群体与放流群体血淋巴生化指标的比较［J］. 海洋渔业，35（1）：47 - 53.

张航利，王海华，冯广朋，2012. 长江口中华绒螯蟹和中华鲟的增殖放流及其效果评估［J］. 江西水产科技（3）：45 - 48.

张佳蕊，张海燕，陆健健，2013. 长江口淡水潮滩芦苇地上与地下部分月生物量变化比较研究［J］. 湿地科学，11（1）：7 - 12.

张列士，朱传龙，杨杰，等，1988. 长江口河蟹繁殖场环境调查［J］. 水产科技情报（1）：3 - 7.

张列士，朱选才，李军，2001. 长江口中华绒螯蟹蟹苗与常见野杂蟹苗主要形态的初步鉴别及资源利用

[J]. 水产科技情报（2）：59－63.

张涛，庄平，章龙珍，等，2010. 长江口中华鲟自然保护区及临近水域鱼类种类组成现状 [J]. 长江流域资源与环境，19（4）：370.

张小谷，熊邦喜，2005. 翘嘴鲌的生物学特性及养殖前景 [J]. 河北渔业（1）：27－27.

张雄飞，周开亚，常青，2004. 中国大陆黑斑侧褶蛙基于 mtDNA 控制区序列的种群遗传结构 [J]. 遗传学报，31（11）：1232－1240.

张永正，张海琪，何中央，等，2008. 中华鳖（Pelodiscus sinensis）5 个不同地理种群细胞色素 b 基因序列变异及种群遗传结构分析 [J]. 海洋与湖沼，39（3）：234－239.

赵传絪，1991. 当前海洋渔业资源增殖工作的疑难点与对策 [J]. 现代渔业信息，6（2）：1－8.

赵明辉，黄洪辉，齐占会，等，2010. 南海北部浮游动物的景观格局分析 [J]. 南方水产，6（6）：41－45.

周进，李伟，刘贵华，等，2001. 受损湿地植被的恢复与重建研究进展 [J]. 植物生态学报，25（5）：561－572.

朱成德，余宁，1987. 长江口白鲟幼鱼的形态、生长及其食性的初步研究 [J]. 水生生物学报（4）：289－298.

朱耀光，郑玉水，叶泉土，等，1994. 对虾放流增殖的技术探讨 [J]. 福建水产（3）：1－3.

庄平，罗刚，张涛，等，2010. 长江口水域中华鲟幼鱼与 6 种主要经济鱼类的食性及食物竞争 [J]. 生态学报，30（20）：5544－5554.

庄平，王幼槐，李圣法，等，2006. 长江口鱼类 [M]. 上海：上海科学技术出版社.

庄平，张涛，侯俊利，等，2013. 长江口独特生境与水生动物 [M]. 北京：科学出版社.

庄平，章龙珍，张涛，等，2008. 长江口水生生物资源及其保护对策 [M] //庄平. 河口水生生物多样性与可持续发展. 上海：上海科学技术出版社：2－12.

庄平，2012. 长江口生境与水生动物资源 [J]. 科学，64（2）：19－24.

Belicka Laura L，Burkholder Derek，Fourqurean James W，et al，2012. Stable isotope and fatty acid biomarkers of seagrass, epiphytic, and algal organic matter to consumers in a pristine seagrass ecosystem [J]. Marine & Freshwater Research，63（11）：1085－1097.

Bouillon S，Raman A V，Dauby P，Dehairs F，2002. Carbon and nitrogen stable isotope ratios of subtidal benthic invertebrates in an estuarine mangrove ecosystem（Andhra Pradesh，India）[J]. Estuarine Coastal & Shelf Science，54（5）：901－913.

Budge S M，Springer A M，Iverson S J，et al，2007. Fatty acid biomarkers reveal niche separation in an Arctic benthic food web [J]. Marine Ecology Progress，336（12）：305－309.

Caffrey J M，1993. Aquatic plant management in relation to irish recreational fisheries development [J]. Journal of Aquatic Plant Management，31（4）：162－168.

Chang Y H，Chenruei K，Naichia Y，2014. Solar powered artificial floating island for landscape ecology and water quality improvement. [J]. Ecological Engineering，69（4）：8－16.

Choy E J，An S，Kang C K，2008. Pathways of organic matter through food webs of diverse habitats in the regulated Nakdong River estuary（Korea）[J]. Estuarine Coastal & Shelf Science，78（1）：215－226.

Christensen V，Walters C J，Pauly D，2004. Ecopath with Ecosim：A User's Guide ［M］. Vancouver，Canada：Fisheries center University of British Columbia，36 - 42.

Cummins K W，1974. Structure and Function of Stream Ecosystems ［J］. Bioscience，24（11）：631 - 641.

Dobberteen R A，Nickerson N H，1991. Use of created cattail（Typha）wetlands in mitigation strategies ［J］. Environmental Management，15（6）：797 - 808.

Dou S，1995. Food utilization of adult flatfishes co-occurring in the Bohai Sea of China ［J］. Netherlands Journal of Sea Research，34：183 - 193.

Duffy E J，Beauchamp D A，Buckley R M，2005. Early marine life history of juvenile Pacific salmon in two regions of Puget Sound ［J］. Estuarine Coastal & Shelf Science，64（1）：94 - 107.

Finn J T，1976. Measures of ecosystem structure and function derived from analysis of flows. ［J］. Journal of Theoretical Biology，56（2）：363 - 380.

Hall Robert O，Wallace J B，Eggert S L，2008. Organic matter flow in stream food webs with reduced detrital resource base ［J］. Ecology，81（12）：3445 - 3463.

Hannon B，1973. The structure of ecosystems ［J］. Journal of Theoretical Biology，41（3）：535 - 546.

Harvey C J，Williams G D，Levin P S，2012. Food web structure and trophic control in central puget sound ［J］. Estuaries & Coasts，35（3）：821 - 838.

Hijosavalsero M，Fink G，Schlüsener M P，et al，2011. Removal of antibiotics from urban wastewater by constructed wetland optimization ［J］. Chemosphere，83（5）：713 - 719.

Hoeger S，1988. Schwimmkampen：Germany's artificial floating islands ［J］. Journal of Soil & Water Conservation，43（4）：304 - 306.

Hsu C B，Hsieh H L，Yang L，et al，2011. Biodiversity of constructed wetlands for wastewater treatment ［J］. Ecological Engineering，37（10）：1533 - 1545.

Huang X R，Feng G P，Zhao F，et al，2016. Effects of vitrification protocol on the lactate dehydrogenase and total ATPase activities of Chinese mitten crab *Eriocheir sinensis* embryos ［J］. Cryoletters，37（3）：142 - 153.

Huang X R，Zhuang P，Zhang L Z，et al，2013. Effects of different vitrificant solutions on the embryos of Chinese mitten crab *Eriocheir sinensis*（decapoda，brachyura）［J］. Crustaceana，86（1）：1 - 15.

Irisarri J，Fernández-Reiriz M J，De T M，et al，2014. Fatty acids as tracers of trophic interactions between seston，mussels and biodeposits in a coastal embayment of mussel rafts in the proximity of fish cages ［J］. Comparative Biochemistry & Physiology Part B：Biochemistry & Molecular Biology，105（1）：172 - 173.

Knaepkens G，Bruyndoncx L，Coeck J，et al，2004. Spawning habitat enhancement in the European bullhead（*Cottus gobio*），an endangered freshwater fish in degraded lowland rivers ［J］. Biodiversity & Conservation，13（13）：2443 - 2452.

Kohler E A，Poole V L，Reicher Z J，et al，2004. Nutrient，metal，and pesticide removal during storm and nonstorm events by a constructed wetland on an urban golf course ［J］. Ecological Engineering，23（4 - 5）：285 - 298.

Levin L A, Neira C, Grosholz E D, 2006. Invasive cordgrass modifies wetland trophic function [J]. Ecology, 87 (2): 419 - 432.

Lindeman R L, 1942. The trophic-dynamic aspect of ecology [J]. Ecology, 23 (4): 399 - 417.

Lindeman R L, 1991. The trophic-dynamic aspect of ecology [J]. Bulletin of Mathematical Biology, 53 (1): 167 - 191.

Liu Q G, Chen Y, Li J L, et al, 2007. The food web structure and ecosystem properties of a filter-feeding carps dominated deep reservoir ecosystem [J]. Ecological Modelling, 5 (3 - 4): 279 - 289.

Ma X H, Liu X T, Wang R F, 1993. China wetlands and agroecological engineering [J], Ecological Engineering, 2 (3): 291 - 301.

Martin D R, Powell L A, Pope K L, 2012. Habitat selection by adult walleye during spawning season in irrigation reservoirs: a patch occupancy modeling approach [J]. Environmental Biology of Fishes, 93 (4): 589 - 598.

Minello T J, Rozas L P, Baker R, 2012. Geographic variability in salt marsh flooding patterns may affect nursery value for fishery species [J]. Estuaries & Coasts, 35 (2): 501 - 514.

Miyajima T, Hamanaka Y, Toyota K, 1999. A marking method for kuruma prawn *Penaeus japonicus* [J]. Fisheries Science (Japan), 65 (1): 31 - 35.

Nash K T, Hendry K, Cragg-Hine D, 2010. The use of brushwood bundles as fish spawning media [J]. Fisheries Management & Ecology, 6 (5): 349 - 356.

Ning D, Huang Y, Pan R, et al, 2014. Effect of eco-remediation using planted floating bed system on nutrients and heavy metals in urban river water and sediment: a field study in China [J]. Science of the Total Environment, 485 - 486: 596 - 603.

Odmu E. P, 1971. Fundamental of ecology (Third Edition) [M]. Philadelphia: Sounders Company.

Page H M, 1997. Importance of vascular plant and algal production to macro-invertebrate consumers in a southern California salt marsh [J]. Estuarine Coastal & Shelf Science, 45 (6): 823 - 834.

Pan W, Lin L, Luo A, et al, 2010. Corridor use by Asian elephants [J]. Integrative Zoology, 4 (2): 220 - 231.

Parrish C C, Abrajano T A, Budge S M, et al, 2000. Lipid and phenolic biomarkers in marine ecosystems: analysis and applications [M]. Wangersky P J. Marine Chemistry. Springer Berlin Heidelberg: 193 - 223.

Payne N F, 1992. Techniques for wildlife habitat management of wetlands [M]. New York: McGraw-Hill.

Peterson Bruce J, Howarth Robert W, Garritt Robert H, 1986. Sulfur and carbon isotopes as tracers of salt marsh organic matter flow [J]. Ecology, 67 (4): 865 - 874.

Peterson M S, Lowe M R, 2009. Alterations to estuarine and marine habitat quality and fish and invertebrate resources: What have we wrought and where do we go [J]. Cbd Int, 61: 256 - 262.

Phillips D L, 2001. Mixing models in analyses of diet using multiple stable isotopes: a critique [J]. Oecologia, 127: 166 - 170.

Pimm S L, Lawton J H, Cohen J E, 1991. Food web patterns and their consequences [J]. Nature, 350

（6320）：669 - 674.

Pimm S L，1979. The structure of food webs ［J］. Theoretical Population Biology，16 （2）：144 - 158.

Piyush Malaviya，Asha Singh，2012. Constructed wetlands for management of urban stormwater runoff ［J］. Critical Reviews in Environmental Science & Technology，42 （20）：2153 - 2214.

Pontier H，Williams J B，May E，2004. Progressive changes in water and sediment quality in a wetland system for control of highway runoff ［J］. Science of the Total Environment，319 （1 - 3）：215 - 224.

Post D M，2002. Using stable isotopes to estimate trophic position：models，methods，and assumptions ［J］. Ecology，83 （3）：703 - 718.

Qin H M，Chu T J，Xu W，et al，2010. Effects of invasive cordgrass on crab distributions and diets in a Chinese salt marsh ［J］. Marine Ecology Progress，415 （12）：177 - 187.

Riera P，Stal L J，Nieuwenhuize J，et al，1999. Determination of food sources for benthic invertebrates in a salt marsh（Aiguillon Bay，France）by carbon and nitrogen stable isotopes：importance of locally produced sources ［J］. Marine Ecology Progress，187 （1）：301 - 307.

Rodrigueziturbe I，Muneepeerakul R，Bertuzzo E，et al，2009. River networks as ecological corridors：a complex systems perspective for integrating hydrologic，geomorphologic，and ecologic dynamics ［J］. Water Resources Research，45 （1）：1413.

Roger V，Bell C D，Richard M，et al，2011. Phylogeny and palaeoecology of polyommatusblue butterflies show beringia was a climate-regulated gateway to the New World ［J］. Proceeding Biological Science，278 （1719）：2737 - 2744.

Rozas L，Zimmerman R，2000. Small-scale patterns of nekton use among marsh and adjacent shallow nonvegetated areas of the Galveston Bay Estuary，Texas（USA）［J］. Marine Ecology Progress，193 （1）：217 - 239.

Rybarczyk H，ElkaiM B，2003. An analysis of the trophic network of a macrotidal estuary：the seine estuary（eastern channel，Normandy，France）［J］. Estuarine Coastal & Shelf Science，58 （4）：775 - 791.

Santos L N，Araújo F G，Brotto D S，2008. Artificial structures as tools for fish habitat rehabilitation in a neotropical reservoir ［J］. Aquatic Conservation Marine & Freshwater Ecosystems，18 （6）：896 - 908.

Sasser C E，Gosselink J G，Swenson E M，et al，1996. Vegetation，substrate and hydrology in floating marshes in the mississippi river delta plain wetlands，USA ［J］. Vegetatio，122 （2）：129 - 142.

Shaver D J，Hart K M，Fujisaki I，et al，2016. Migratory corridors of adult female Kemp's ridley turtles in the Gulf of Mexico ［J］，Biological Conservation，194：158 - 167.

Sirami C，Jacobs D S，Cumming G S，2013. Artificial wetlands and surrounding habitats provide important foraging habitat for bats in agricultural landscapes in the Western Cape，South Africa ［J］. Biological Conservation，164 （8）：30 - 38.

Skarin A，Nellemann C，Ronnegard L，et al，2015. Wind farm construction impacts reindeer migration and movement corridors ［J］. Landscape Ecology，30 （8）：1527 - 1540.

Strandberg R，Klaassen R H，Hake M，et al，2009. Converging migration routes of Eurasian hobbies Falco subbuteo crossing the African equatorial rain forest [J]. Proceedings Biological Sciences，276 (1657)：727 - 733.

Thoren A K，Legrand C，Herrmann J，2003. Transport and transformation of de-icing urea from airport runways in a constructed wetland system [J]. Water Science & Technology，A Journal of the International Association on Water Pollution Research，48 (5)：283 - 290.

Ulanowicz R E，1986. Growth and development：ecosystems phenomenology [M]. New York：Spinger-Verlag.

Villanueva M C，Laleye P，Albaret J J，et al，2006. Comparative analysis of trophic structure and interactions of two tropical lagoons [J]. Ecological Modelling，197 (3)：461 - 477.

Wakefield E D，Phillips R A，Matthiopoulos J，2009. Quantifying habitat use and preferences of pelagic seabirds using individual movement data：A review [J]. Marine Ecology Progress，393 (1)：165 - 182.

Wallace J B，Eggert S L，Meyer J L，et al，1997. Multiple trophic links of a forest stream linked to terrestrial litter inputs [J]. Science，277 (5322)：102 - 104.

Walters C，Pauly D，Christensen V，et al，2000. Representing density dependent consequences of life history strategies in aquatic ecosystems：EcoSim II [J]. Ecosystems，3 (1)：70 - 83.

Wang H H，Zhuang P，Feng G P，et al，2016. Acute toxicities of three heavy metal ions to embryo development of Chinese mitten-handed crab，*Eriocheir sinensis* [J]. Oxidation Communications，39 (1)：917 - 926.

Wang R F，Zhuang P，Feng G P，et al，2012. Osmoic and ionic regulation and $Na^+/k^+ - ATPase$，carbonic anhydrase activities in mature Chinese mitten crab *Eriocheir sinensis* exposed to different salinities [J]. Crustaceana，85 (12 - 13)：1431 - 1447.

Wang R F，Zhuang P，Feng G P，et al，2013. The response of digestive enzyme activity in the mature Chinese mitten crab，*Eriocheir sinensis* (decapoda：brachyura)，to gradual increase of salinity [J]. Scientia marina，77 (2)：323 - 329.

Wang S，Chu T，Huang D，et al，2014. Incorporation of exotic spartina alterniflora into diet of deposit-feeding snails in the Yangtze river estuary salt marsh：Stable Isotope and Fatty Acid Analyses [J]. Ecosystems，17 (4)：567 - 577.

Wang S K，Jin B S，Qin H M，et al，2015. Trophic dynamics of filter feeding bivalves in the Yangtze estuarine intertidal marsh：stable isotope and fatty acid analyses [J]. Plos One，10：2757 - 2771.

Weng K C，Boustany A M，Pyle P，et al，2007. Migration and habitat of white sharks (*Carcharodon carcharias*) in the eastern Pacific Ocean [J]. Marine Biology，152 (4)：877 - 894.

Will G C，Crawford G I，1970. Elevated and floating nest structures for Canada Geese [J]. Journal of Wildlife Management，34 (3)：583.

Yang J，1982. A tentative analysis of the trophic levels of north sea fish [J]. Marine Ecology Progress，7 (3)：247 - 252.

Zanden M J V，Cabana G，Rasmussen J B，1997. Comparing trophic position of freshwater fish calculated using stable nitrogen isotope ratios（δ^{15}N）and literature dietary data［J］．Journal Canadien Des Sciences Halieutiques Et Aquatiques，54（5）：1142 – 1158.

Ziober S R，Reynalte-Tataje D A，Zaniboni-Filho E，2015. The importance of a conservation unit in a subtropical basin for fish spawning and growth［J］．Environmental Biology of Fishes，98（2）：725 – 737.

作者简介

冯广朋 男，博士，副研究员，硕士研究生导师，现任中国水产科学研究院东海水产研究所河口渔业实验室副主任。长期从事河口渔业生态学研究工作，涉及资源增殖养护、水产养殖、生态渔业等研究领域。主持省部级以上课题 12 项，参加课题 50 余项。截至 2017 年，获农业部、国家海洋局、上海市、湖北省、中国水产科学研究院等各级科技奖励 17 项，其中，主持完成的"长江口中华绒螯蟹增殖放流与效果评估研究"，获 2015 年上海海洋科技进步奖特等奖；主持完成的"中华绒螯蟹产卵场修复和种质保存技术研究与示范"，获 2016 年海洋工程科学技术奖一等奖。发表研究论文 152 篇，其中，第一作者和通讯作者 48 篇。获国家授权发明专利 20 余项，出版专著 6 部。